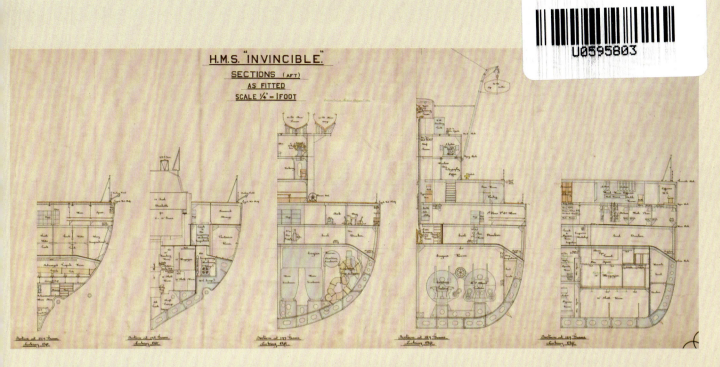

"无敌"号舰首及舰尾部分竣工图（本页）。此图包括本页下方的图纸显示出了军舰完工时的状态，包括 1914 年 8 月该舰在 1914 年大规模改装末期的改装部分（图纸中绿色部分）。不幸的是，图纸中进行了修改的部分既模糊又不完整，一些改装并未在图纸中体现出来，而图纸中显示出的一些改装实际上也未实施——有可能是因为大战的爆发迫使"无敌"号匆忙返回舰队，由于有更重要的工作，图纸因此没来得及更新。（国家海事博物馆：J9364、J9365）

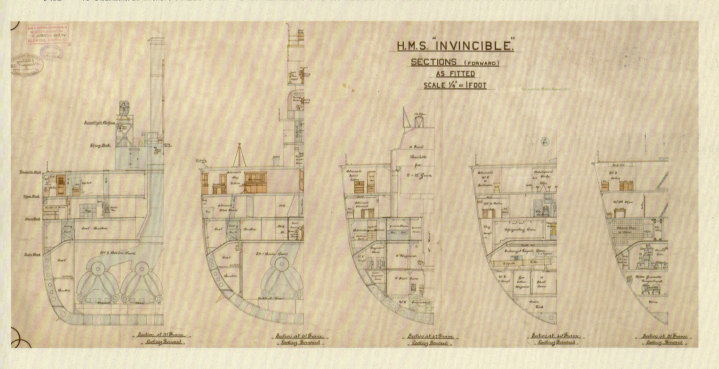

"无敌"号小艇存放及舰桥平台竣工图（下页上）。根据标准程序，舰载小艇只以概图显示。重型小艇被存放在后部上层建筑上方的垫木上，轻型小艇则以类似方式处于前部烟囱之间；这两个位置存放了大部分小艇，不过两艘 32 英尺救生艇被存放在第三烟囱两侧的吊架上。"无敌"号布置有前后两座司令塔，两者都具有指挥和鱼雷控制的功能。前部司令塔的后方是设有装甲防护的信号塔，其功能是在战斗中为悬挂旗语信号的人员提供保护。图纸中显示 1914 年 8 月所进行的改装包括导航平台部分的扩充（概图）、第一烟囱两侧增设的 36 英寸探照灯、安装于前桅楼下方的指挥仪平台（平面图），以及（本图及该舰露天甲板竣工图均有展示）该舰部分被重新布置的 4 英寸副炮（示意图）。（国家海事博物馆：J9363）

"无敌"号露天甲板竣工图（下页下）。"露天甲板"（Flying Deck）是旧术语，不久后就被"Shelter Deck"所取代。注意右舷后部、露天甲板侧面位置最后的那门 4 英寸副炮和 A 炮塔顶部的 4 英寸副炮是仅有的显示细节的副炮线图——其余副炮仅以圆圈代表炮座和射界（呈扇形）。同样，右舷前部和后部露天甲板两侧的小艇吊车和绞盘也是仅有的显示细节的此类设备。1914 年 8 月对图纸做出的有限修改包括为 A 炮塔顶部的那部测距仪增设防护罩。（国家海事博物馆：J9362）

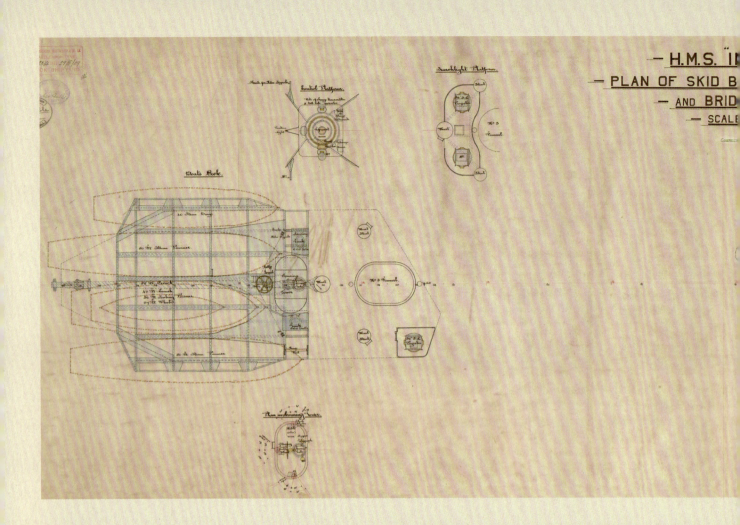

H.M.S. "I[NVINCIBLE]"
PLAN OF SKID B[EAMS]
AND BRID[GE]
SCALE[...]

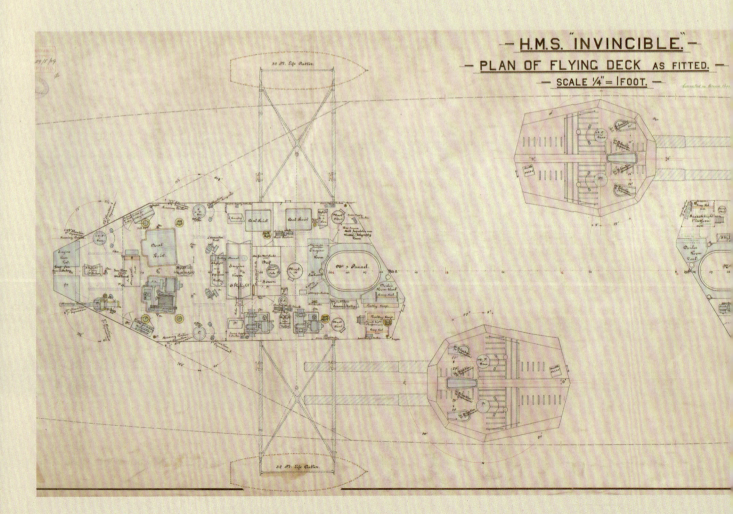

H.M.S. "INVINCIBLE."
PLAN OF FLYING DECK AS FITTED.
SCALE ¼" = 1 FOOT.

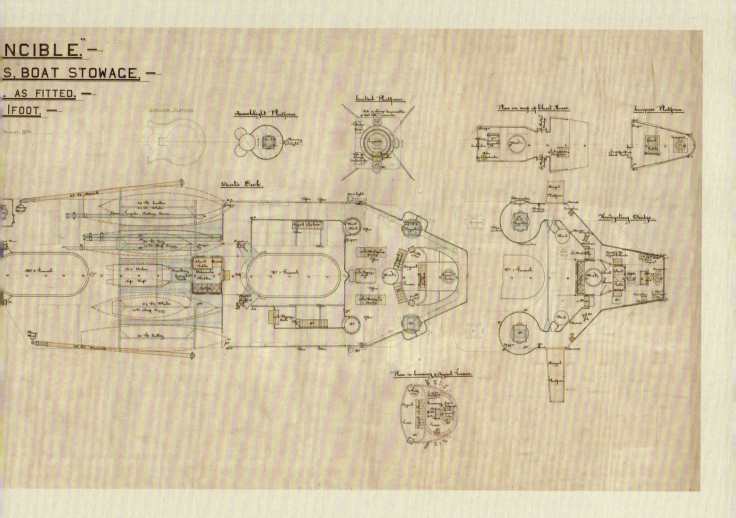

NCIBLE." —
S, BOAT STOWAGE, —
. AS FITTED. —
1 FOOT. —

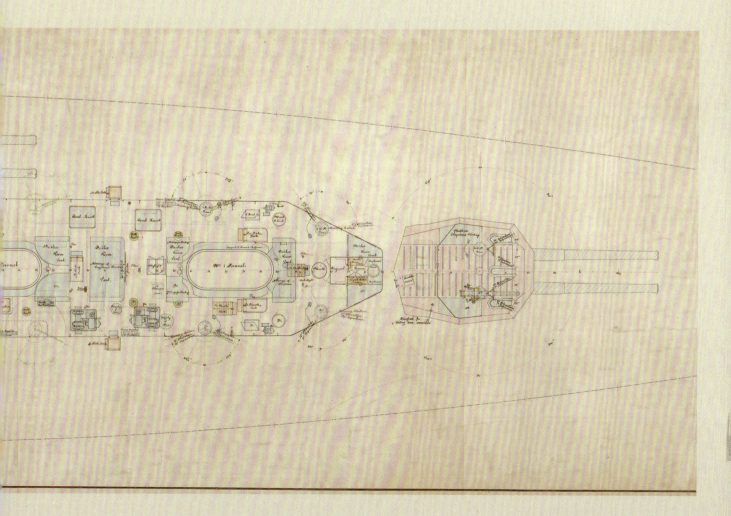

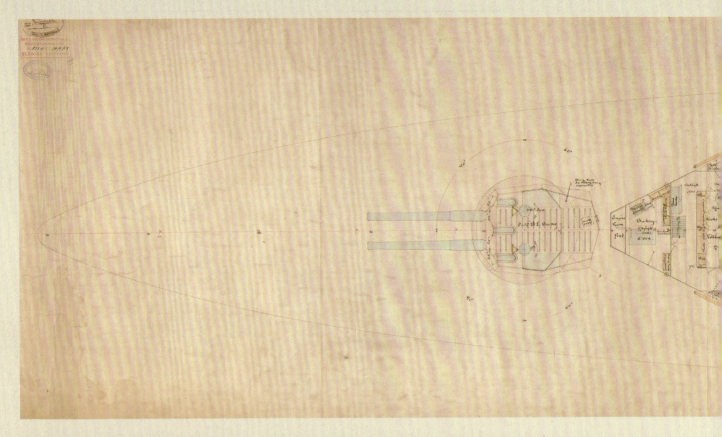

"无敌"号首楼甲板竣工图。1914年进行的改装包括将A、X炮塔顶部的4英寸副炮移至上层建筑(司令塔平台两侧及第二烟囱两侧露天甲板上)。图中呈现出的一种可能意图是在首楼甲板上安装4门4英寸副炮,因为前部上层建筑(一个在第二烟囱右侧,一个在左舷靠前位置——这样可以免受P炮塔炮口风暴影响)和后部上层建筑末端两侧都有与副炮炮座直径相等的圆形标志。但可能是随着战争的爆发,由于迫切需要(尽快地)完成改装,这些本应做出的改变最终未及实施。另外,P、Q炮塔顶部的副炮似乎已被移除。(国家海事博物馆:J9361)

"无敌"号上甲板竣工图。在以往的军舰上,水兵住舱在前,军官住舱在后;但1905年时海军部做出决定,将官兵住舱的位置调换,以便军官能更接近他们的指挥岗位,本图纸就反映出了这种变化——首楼下方从舰尾横向装甲一直到A炮塔基座的空间被军官生活区占用,特别是高级军官(即舰队司令、舰长和参谋长)的住舱都被布置在了舰桥正下方。(国家海事博物馆:J9360)

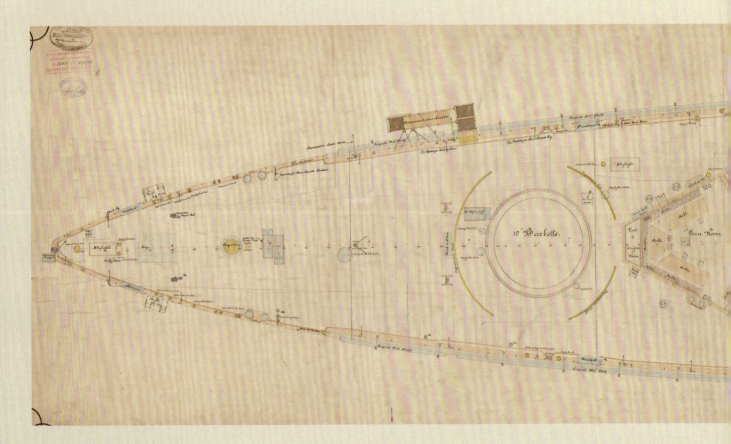

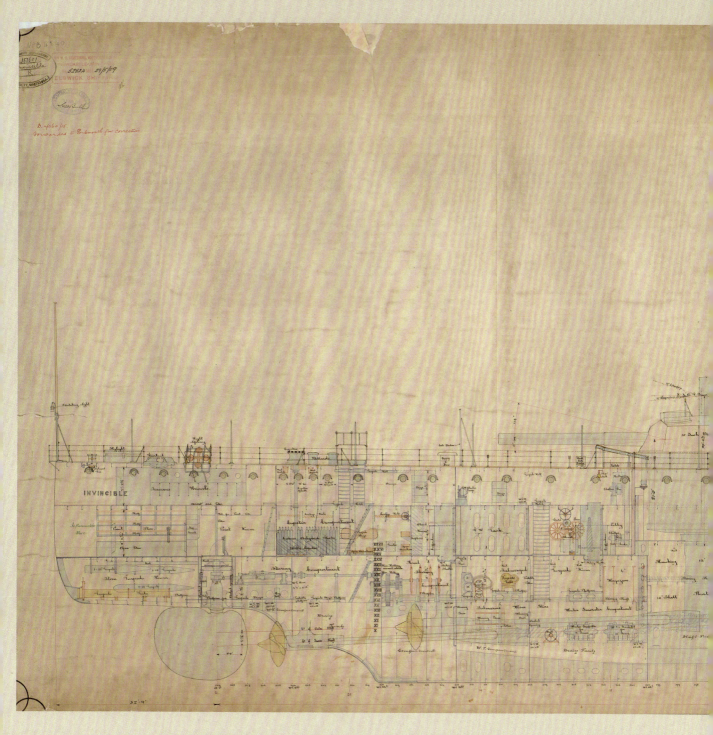

"无敌"号竣工图。本图清楚地显示了1914年8月图纸做出改变但实际并未完成的部分，包括前桅楼下方的指挥仪平台、A炮塔顶部的测距仪防护罩、4英寸副炮位置的改变、扩大了的导航平台，以及增设的36英寸探照灯。未显示出的有军舰新前桅楼（应于1912年安装）和对罗经平台的降低（以使海图室顶部向前延伸）；还有一个升高第一烟囱的计划，不过相关改装直到1915年1—2月该舰在直布罗陀修理时才得以完成。（国家海事博物馆：J9358）

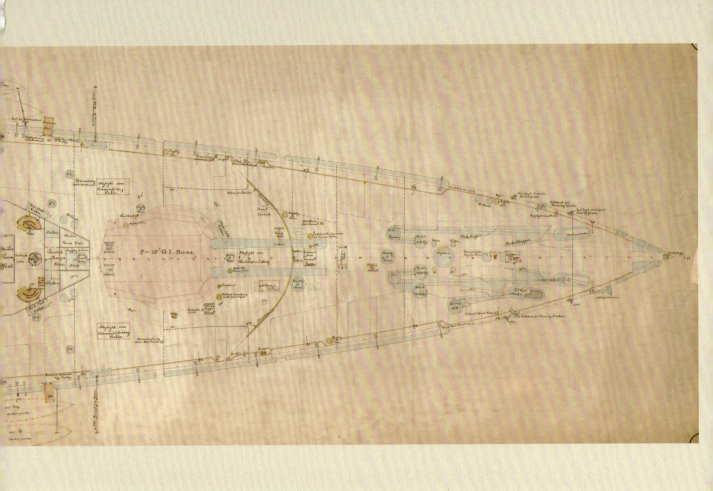

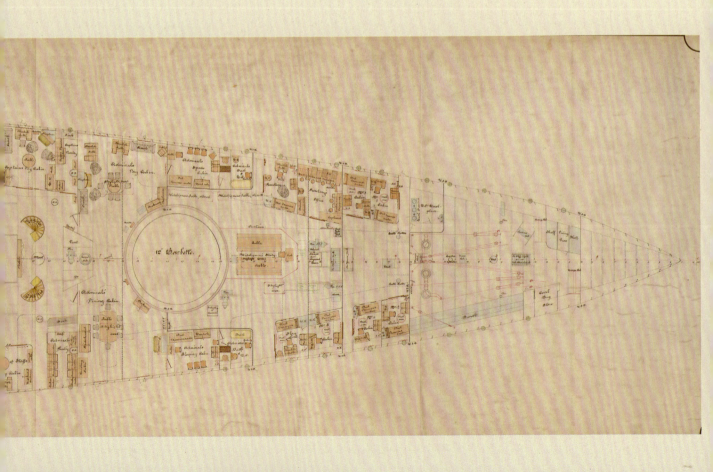

— H.M.S. "INVINCIBLE". —
— PLAN OF FORECASTLE DECK AS FITTED —
— SCALE ¼ = 1 FOOT —

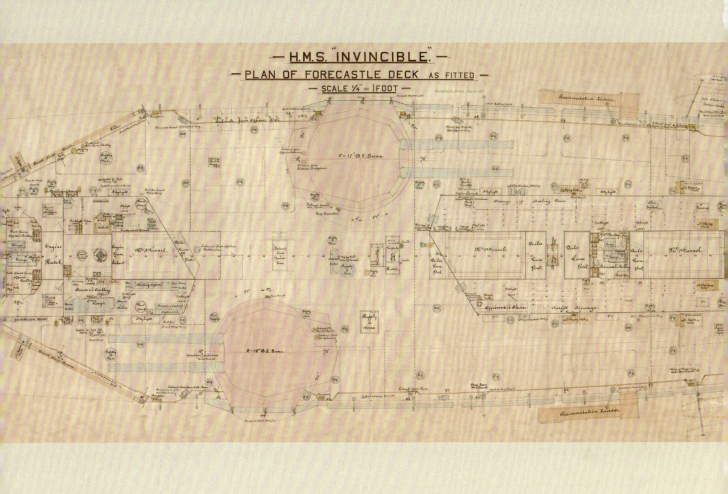

H.M.S. "INVINCIBLE."
PLAN OF UPPER DECK. AS FITTED.
SCALE ¼ = 1 FOOT.

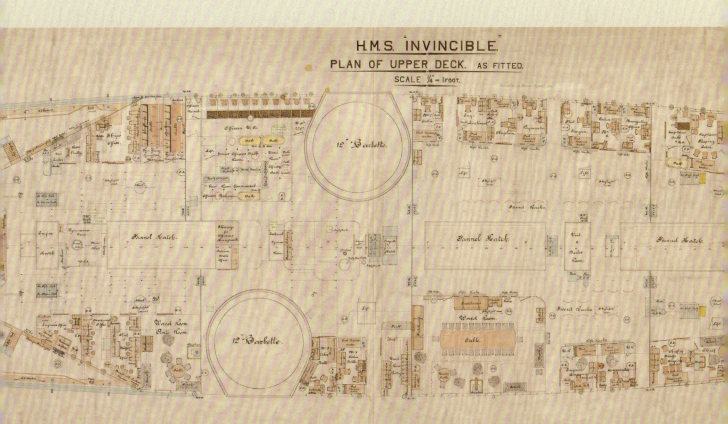

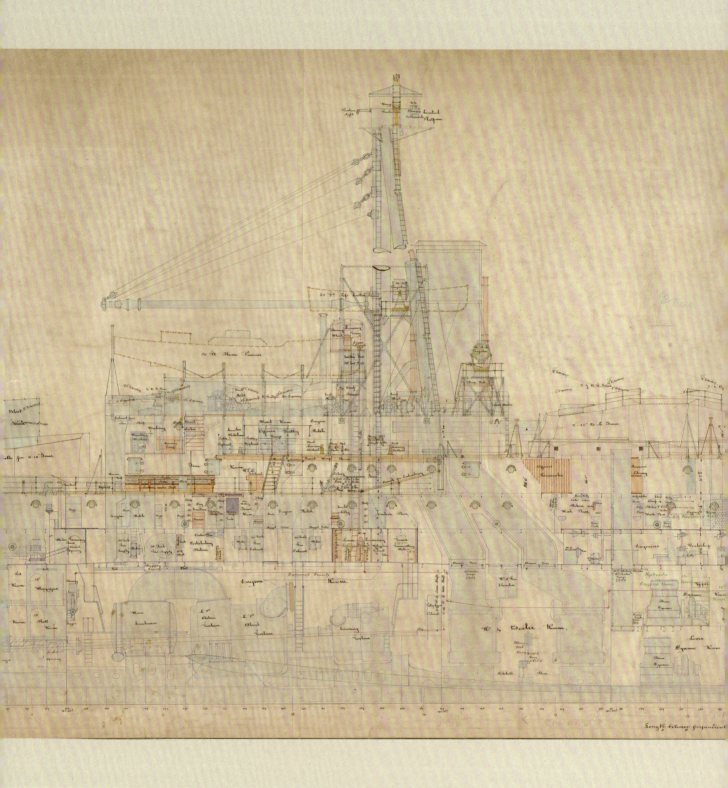

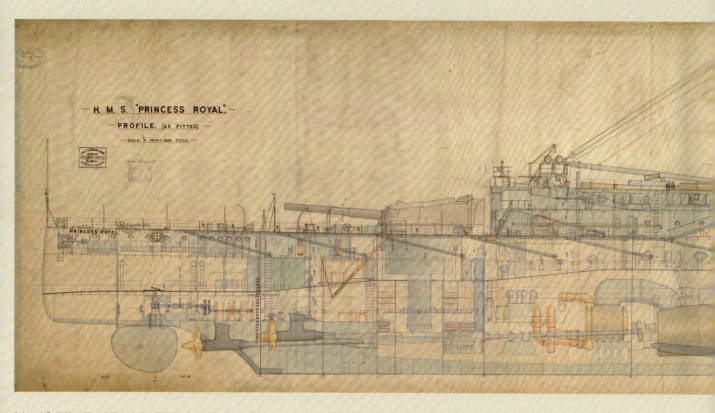

"大公主"号竣工图。本图和本页下图展示出了该舰完工时的状态。和所有英国战列巡洋舰一样，它没有中甲板，所以比当时的战列舰少了一层（甲板）——部分原因是它们的设计源于"巡洋舰"，另外也是因为（战巡与战列舰的）舰体比例不同所致。（国家海事博物馆：J9081）

"大公主"号平台甲板竣工图。本图清楚地反映出了该舰为提高航速和排水量所付出的代价——它安装有 42 部锅炉，而"无敌"号设有 31 部，与之同时代的"猎户座"级战列舰更是只有 18 部；另外，该舰发动机舱和冷凝器舱的长度达 112 英尺，而"猎户座"级上这两个舱室的长度只有 99 英尺。（国家海事博物馆：J9368）

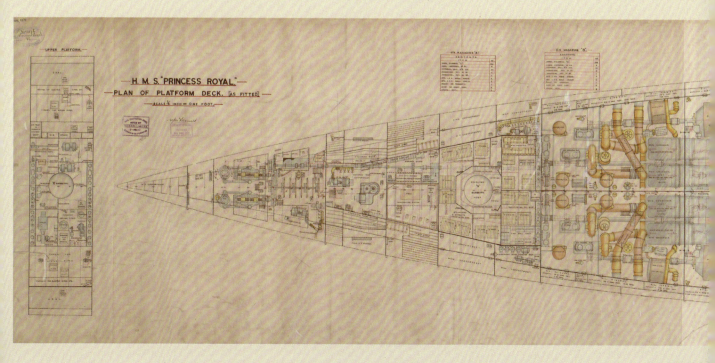

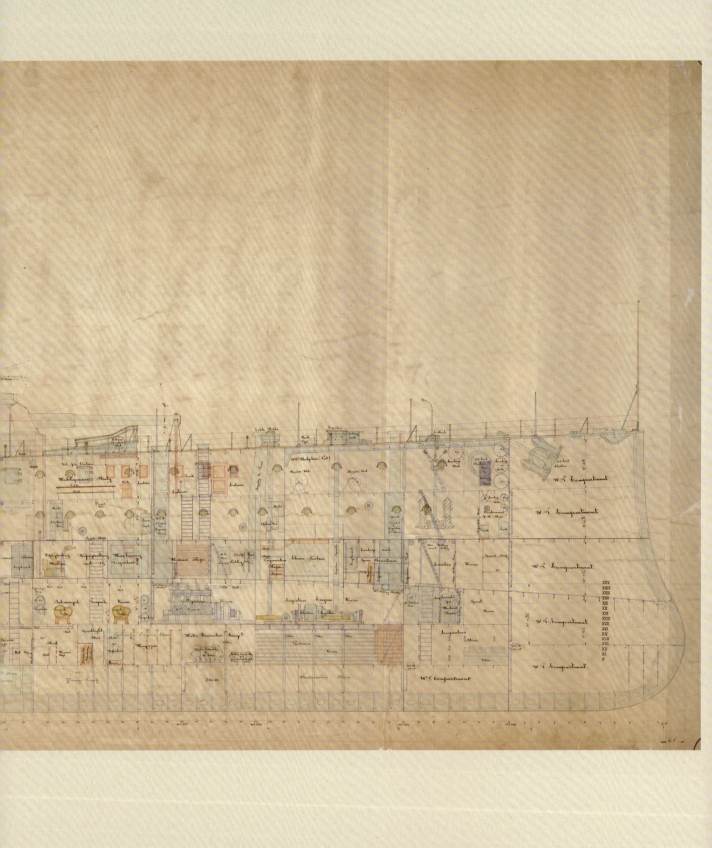

H.M.S. "INVINCIBLE".

PROFILE
AS FITTED
SCALE ¼" = 1 FOOT.

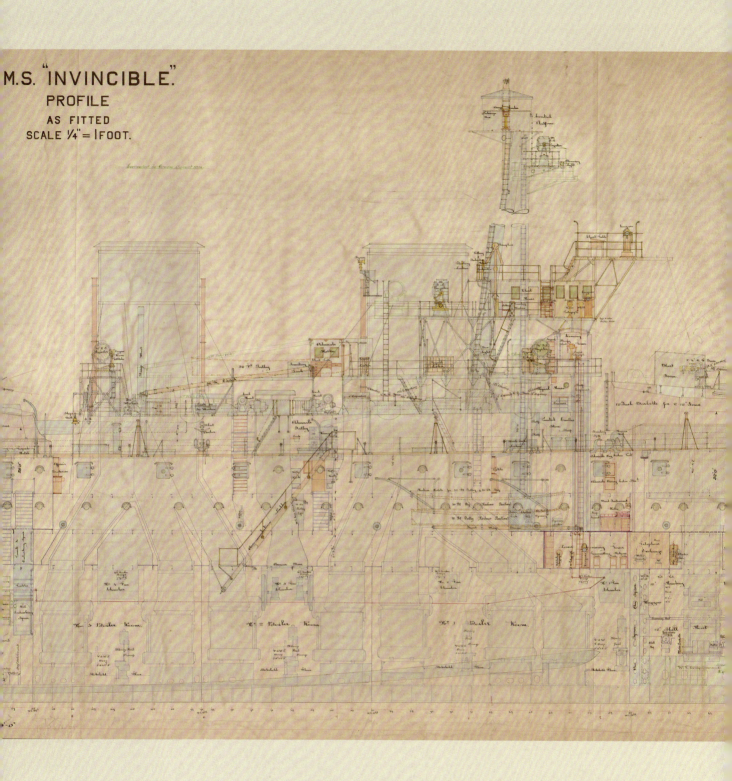

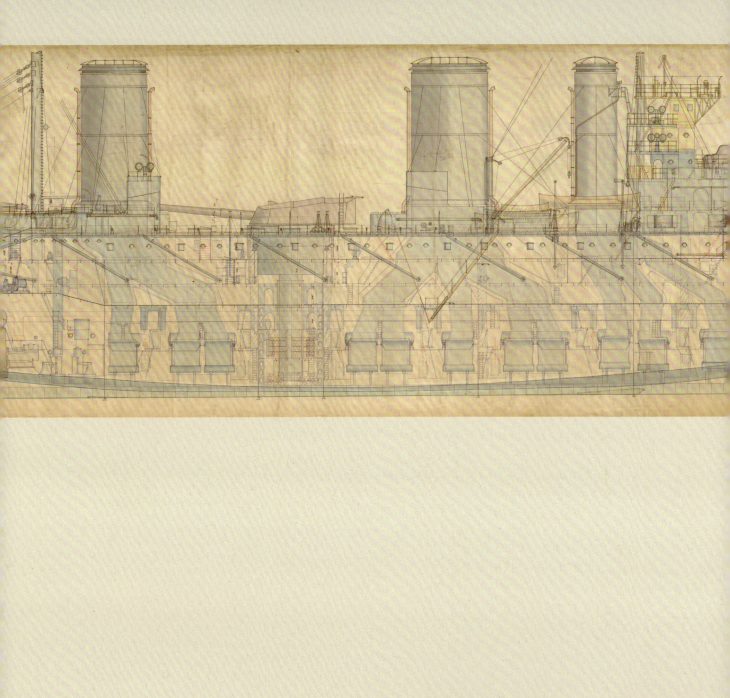

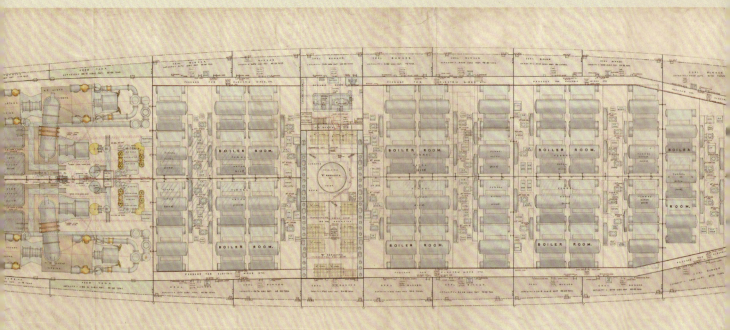

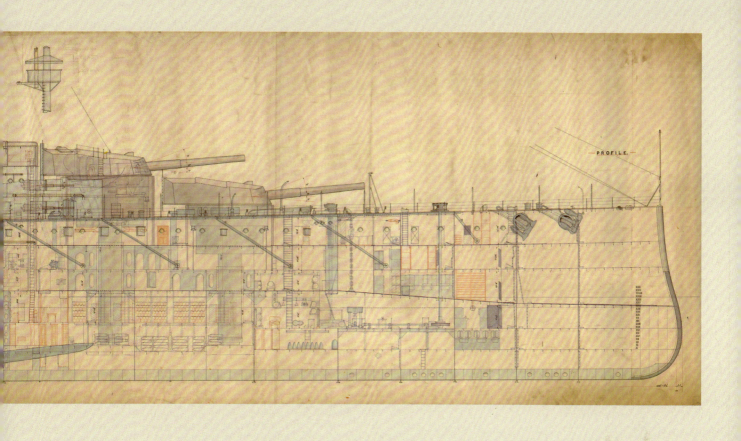

PROFILE.

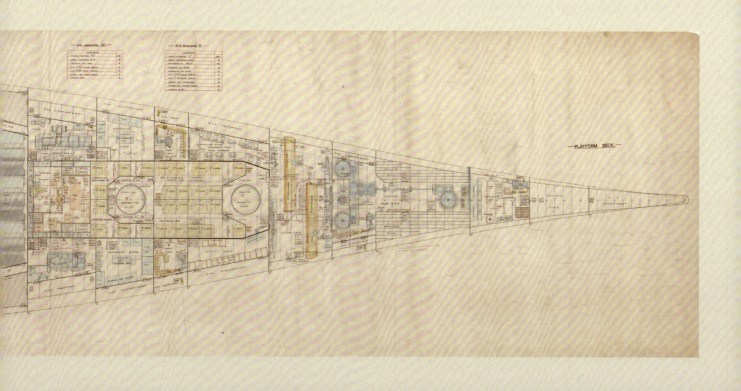

PLATFORM DECK.

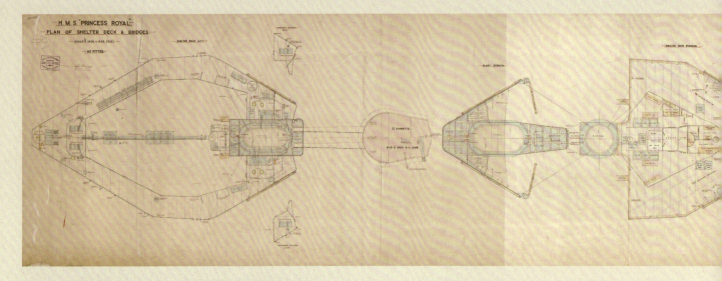

"大公主"号露天甲板和舰桥竣工图。军舰的主要指挥位置是舰桥上的罗经平台,战斗开始后(相关人员)则是在司令塔内指挥。注意司令塔两侧各有一个舰长平台,那里的视野要比在塔内更为开阔(特别是向后视野)。司令塔环绕着阿果测距仪塔的基座,后者的装甲旋转防护罩穿过了司令塔顶部。(国家海事博物馆:J9370)

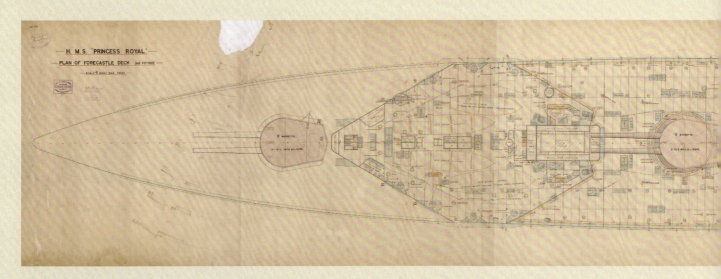

"大公主"号首楼甲板竣工图。虽然4英寸副炮设有遮板来应对恶劣天气,但它并不具有战斗防护(即抵御来袭炮弹)的作用。后部副炮的遮板同时兼有保护小艇不受Q、X炮塔炮口风暴影响的功能,前部小艇则由布置在第二烟囱周围的遮板提供保护。(国家海事博物馆:J9369)

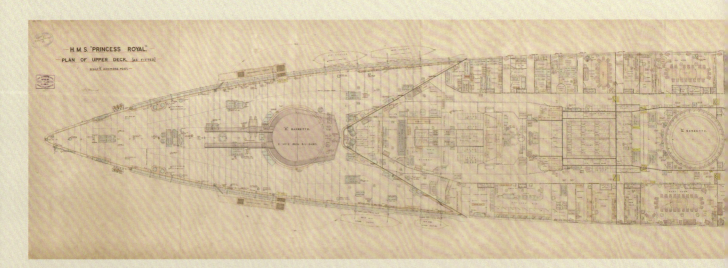

"大公主"号上甲板竣工图。和"无敌"号一样,该舰首楼下方的大部分空间都被军官居住区所占据,高级军官的住舱则在舰桥正下方。"大公主"号是最后一艘采用这种布置方式的战列巡洋舰,从"玛丽女王"号开始就又恢复了士兵住舱在前、军官住舱在后的布置格局。注意尾炮塔被命名为"X",英国战列巡洋舰的尾炮塔直到"虎"号都被称为X炮塔,但之后的战巡尾炮塔被称为Y炮塔。(国家海事博物馆:J9367)

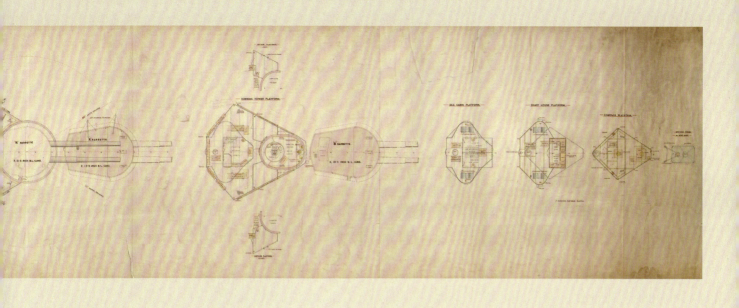

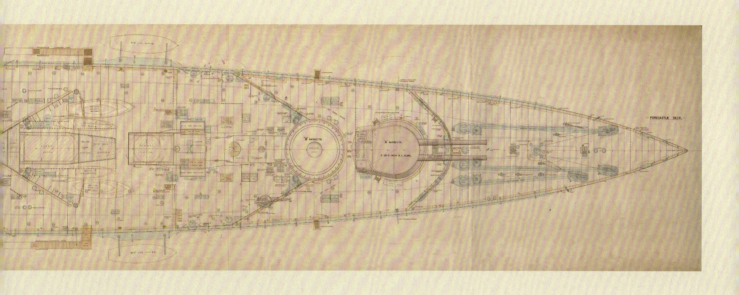

FORECASTLE DECK.

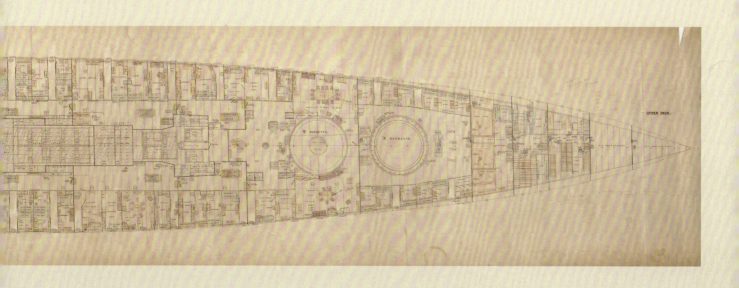

UPPER DECK.

"大公主"号尾部截面竣工图。注意下甲板升起部分为发动机舱提供了空间，主甲板的中央部分并未显示。(国家海事博物馆：J9366)

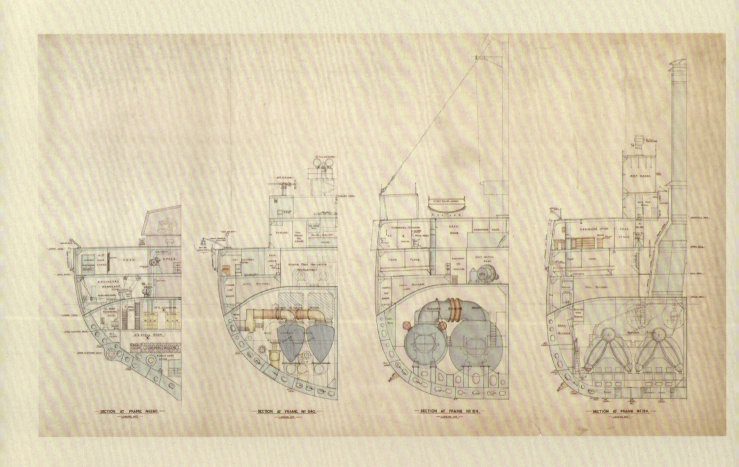

英国战列巡洋舰

1905—1920 年

[英] 约翰·罗伯茨 著　　杨坚 译

吉林文史出版社
JILINWENSHICHUBANSHE

图书在版编目（CIP）数据

英国战列巡洋舰：1905—1920年 /（英）约翰·罗
伯茨著；杨坚译. -- 长春：吉林文史出版社，2019.10
　　ISBN 978-7-5472-6679-3

Ⅰ.①英… Ⅱ.①约… ②杨… Ⅲ.①战列舰－军事
史－英国－1905-1920②巡洋舰－军事史－英国－1905-
1920 Ⅳ.①E925.61-095.61②E925.62-095.61

中国版本图书馆CIP数据核字(2019)第238600号

中文简体字版权专有权属吉林文史出版社所有
吉林省版权局著作权登记图字：07-2019-61

YINGGUO ZHANLIE XUNYANGJIAN: 1905—1920NIAN

英国战列巡洋舰：1905—1920年

著 /［英］约翰·罗伯茨　　　　译 / 杨坚
责任编辑 / 吕莹　特约编辑 / 童星
装帧设计 / 杨静思
策划制作 / 指文图书　出版发行 / 吉林文史出版社
地址 / 长春市福祉大路 5788 号　邮编 / 130118
印刷 / 重庆共创印务有限公司
版次 / 2019 年 11 月第 1 版　2019 年 11 月第 1 次印刷
开本 / 787mm×1092mm　1/16
印张 / 10.5　字数 / 150 千
书号 / ISBN 978-7-5472-6679-3
定价 / 109.80 元

新版序言

　　再版此书使我有机会对原有的一些内容进行更新和修改。更新主要源于更深入的研究，因此扩充和改变了原版的部分文字。这些研究促使我修改了有关战列巡洋舰发展的部分观点，特别是有关德国海军对皇家海军在日德兰海战后火控系统发展的影响；更重要的修改集中于武备和装甲章节，尤其是关于火控和被帽穿甲弹的内容；在结论一章的结尾处，我也增加了一些对战列巡洋舰概念的叙述，希望借此说明以前就试图解释过的设计质量与设计概念之间的区别。

约翰·罗伯茨，2016 年 3 月

术语表

Anti-aircraft（AA）: 防空

Assistant Director of Naval Construction（ADNC）: 助理海军造舰总监（并非由一人担任）

Admiralty Experiment Works（AEW）: 海军部试验基地

Armour piercing shell（AP）: 穿甲弹

Armour piercing capped shell（APC）: 被帽穿甲弹

Anti-torpedo-boat gun（ATB）: 反鱼雷艇火炮

Battlecruiser Squadron（BCS）: 战列巡洋舰中队

Breech loading（BL）: 后装（火炮）

Board Margin（BM）: 预留重量

Circa（c）: 大约, 近似

Calibre（cal）: 口径

Commander-in-Chief（C-in-C）: 司令官

Common pointed shell（CP）: 共聚点穿甲弹

Common pointed capped shell（CPC）: 被帽共聚点穿甲弹

Calibre radius head（crh）: 弹头曲率半径

Cruiser Squadron（CS）: 巡洋舰中队

Conning tower（CT）: 司令塔

Director of Naval Construction（DNC）: 海军造舰总监

Director of Naval Intelligence（DNI）: 海军情报总监

Director of Naval Ordnance（DNO）: 海军军械总监

Equivalent full charge（efc）: 全装药（炮弹）

Engineer-in-Chief（E-in-C）: 总工程师

Feet per second（fps）: 英尺 / 秒

Gun control tower（GCT）: 火力控制塔

High angle（HA）: 高角（多指仰角）

High explosive（HE）: 高爆弹

High pressure（HP）: 高压

High tensile steel（HT）: 高强度钢

Indicated horse power（ihp）: 设计输出功率（马力）

Krupp Cemented armour（KC）: 克虏伯渗碳装甲

Krupp Non-Cemented armour（KNC）: 克虏伯非渗碳装甲

Light Cruiser Squadron（LCS）: 轻巡洋舰中队

Low pressure（LP）: 低压

Load water line（LWL）: 标准吃水线

Mean Point of Impact（MPI）: 平均弹着点

Mild Steel（MS）: 低强度钢

Nickel steel（NS）: 镍钢

Pounder（pdr）: 磅（火炮）

Quick-Firing（QF）: 速射

Royal Marine Artillery（RMA）: 皇家海军陆战队炮兵

Royal Marine Light Infantry（RMLI）: 皇家海军陆战队轻步兵

Rounds per gun（rpg）: 每门火炮备弹量

Revolutions per minute（rpm）: 转 / 分钟

Shaft horse power（shp）: 轴输出功率（马力）

Steel wire（SW）: 钢缆（通常指锚链）

Transmitting station（TS）: 通信站

Torpedo tube（TT）: 鱼雷发射管

Warrant Officer（WO）: 准尉

Wireless transmitter（W/T）: 无线电发射机

目录

前言

1900 年至 1914 年间，英国皇家海军经历了一次程度剧烈的革命。这一方面是由于有关海军技术的多个方面出现了重大进步，同时也是因为一位海军的高级将领以坚定意志和强烈愿望将这些技术投入应用、以维持本国海军的海上霸主地位所致。新技术的投入使皇家海军以吨位更大、火力更强，并且更符合现代海战需求的军舰完全取代了旧式一线主力舰。但是，这次海军革命的具体内容并非源于实战，使用新技术的舰队在海战中的成败在很大程度上将取决于参战军官能否做出正确判断和决定。在有关这场革命的军官中，最为显赫的无疑是海军上将约翰·费舍尔。此人在 1904 年到 1911 年间担任英国第一海军大臣，被公认为"无畏舰革命"发起人——是他创造出了这种装备全重型火炮，且由涡轮蒸汽机推进的高速战列舰。从技术本身来看，无畏舰是费舍尔的一项巨大成就，不过他倾向于认为战列舰的时代已经落幕，因为后者在面对鱼雷和水雷的威胁时显得过于脆弱。费舍尔认为应该在未来发展鱼雷舰艇，特别是潜艇和装甲巡洋舰；但从其对于这些观点的表述上来看，如今已很难准确捕捉他当时的思路。从费舍尔所写文件中可以得出的大致结论是，他认为鱼雷舰艇和水雷将在欧洲水域爆发的海战中发挥主要作用，装甲巡洋舰则可用于在远洋打击商业袭击舰（只是不曾通过清晰明了的文字论述这一观点）；他还暗示装甲巡洋舰能在舰队作战中取代战列舰这一角色，却没有解释前者（装甲巡洋舰）为何或如何能避免鱼水雷打击所带来的危险。不过，皇家海军对战列舰的钟爱连费舍尔也无力改变，最终他也只能无奈接受海军将继续建造并装备战列舰的事实。新型装甲巡洋舰装备了和无畏舰（战列舰）相同的全重型火炮，后来改称为战列巡洋舰，主要被编入无畏舰队负责侦察或组成快速侧翼分队。尽管如此，费舍尔依然

坚持认为战列巡洋舰（而非战列舰）才是未来的主力舰，因为他相信高航速将是取得海战胜利的一大关键要素。

英国战列巡洋舰的建造并不具有连续性（相关原因将在后文进行分析），因此可将这些军舰划分为几个批次。一战前所造战列巡洋舰可以清晰地分成使用 12 英寸[1]主炮和 13.5 英寸主炮的两个批次，前者的设计直接来源于装甲巡洋舰，而后者更接近于高速战列舰。12 英寸主炮战巡共有两个级别——"无敌"级，包含"无敌"号（Invincible）、"不屈"号（Inflexible）和"不挠"号（Indomitable）；"不倦"级，包含"不倦"号（Indefatigable）、"澳大利亚"号（Australia）和"新西兰"号（New Zealand）。13.5 英寸主炮战巡共有 4 艘，分别为"狮"号（Lion）、"大公主"号（Princess Royal）、"玛丽女王"号（Queen Mary）和"虎"号（Tiger）。以上 4 艘军舰在设计上非常相似，但只有前 2 艘是真正的姊妹舰。12 英寸主炮战巡中的最后 2 艘和几艘早期的 13.5 英寸主炮战巡在设计和建造时间上有部分重叠，这种同时建造新式和旧式军舰的模式也是战前英国舰艇建造的特点之一。战时的战列巡洋舰建造显得更加多样化，各级别之间呈现出了明显区别。最先建造的 2 艘，"声望"号（Renown）和"反击"号（Repulse）完全体现了 1905 年时战列巡洋舰的设计概念，接下来的"勇敢"级（共 3 艘）则是非传统意义上的大型轻巡洋舰；该时代（20 世纪初）最后的那艘英国战巡——"胡德"号的设计最接近"高速战列舰"这一概念，也是唯一一艘未受费舍尔观点影响而更加体现其他海军军官，尤其是海军上将杰利科有关军舰设计思想的战列巡洋舰。

英国战列巡洋舰在第一次世界大战爆发前就引来众多争议，有人认为它们非常昂贵，却又不具备传统意义上装甲巡洋舰的全部功能。不管怎样，这一舰种的确吸

---

① 编者注：为准确表达数据，中文版保留了原书的英制单位。1 英寸 =25.4 毫米，12 英寸 =304.8 毫米。下文出现该单位时，读者可自行换算。

第一艘完工的战列巡洋舰"不挠"号，本图摄于 1908 年该舰建成后不久。（国防部）

引了公众关注，并被认为是皇家海军舰队中最具"魅力"的一种军舰——这一特质又在战时因为它们由最受推崇的海军英雄戴维·贝蒂少将所率领而更显突出。

在第一次世界大战中，英军战列巡洋舰共参与了三次大规模海战和数次小规模作战。第一次大规模海战发生于 1914 年 12 月 8 日的福克兰群岛海战，战巡在战

斗中完美体现了费舍尔当初为其所设想的海战角色和定位。主要战斗发生在两艘英国最早建造的战列巡洋舰"无敌"号和"不屈"号，以及两艘德国最新式装甲巡洋舰"沙恩霍斯特"号（Scharnhorst）和"格奈森诺"号（Gneisenau）之间——两艘德国军舰先后被击沉、损失大量人员，但英国人的胜利也并不轻松。"沙恩霍斯特"号在海战开始三小时后才最终沉没，"格奈森诺"号更是坚持了五个多小时，这导致英军战舰的主炮在海战中消耗了大部分备弹（"无敌"号和"不屈"号分别发射了 513 枚

和 661 枚 12 英寸炮弹）。造成英国军舰表现糟糕的原因既包括自身所形成烟尘对视界的干扰，也包括双方在海战中进行了大量机动以及英方为降低德国军舰主炮命中率而有意与其保持了较远距离。这些因素都会影响军舰火控系统的有效性，从而降低主炮命中率。但费舍尔曾在 1904 年进行预测，他认为英国主力舰将在远程火力方面占据优势——这也是评价战列巡洋舰的基础观点之一。

战巡参与的第二次大规模海战是 1915 年 1 月 24 日在北海爆发的多戈尔沙洲海战，这也是英国战列巡洋舰第一次与同类型对手——德国第一侦察群的战列巡洋舰交手。这场海战几乎是一场追逐战，英国战巡的阵型从头到尾分别为"狮"号（旗舰）、"虎"号、"大公主"号、"新西兰"号和"不挠"号，向己方基地逃窜的德国战巡次序（从前到后）则是"赛德利茨"号（Seydlitz，旗舰）、"毛奇"号（Moltke）、"德弗林格"号（Derfflinger）和"布吕歇尔"号（Blücher）。大部分战斗都是在高速航行中进行，德方"布吕歇尔"号（装备有统一的 210 毫米口径主炮）由于航速稍慢，己方舰队为了支援它逐渐被航速更快的英国舰队赶上。海战在很远的距离上展开，因为能见度差，所以双方在开火后很长时间内都没有命中敌舰。总的来说，双方受创最重的都是距敌方最近的军舰——德舰纵队的殿后舰"布吕歇尔"号和英舰纵队的先导舰"狮"号。"布吕歇尔"号由于遭到英舰轮番打击，在身受重创后逐渐减速并落后于己方舰队；"狮"号虽然抵抗住了大部分打击，但也因为一次命中被迫关闭左侧发动机，最终退出战斗。尤为不幸的是，当"狮"号逐渐落后时，一次混乱的旗语信号使其他英舰误解了贝

蒂的意图，它们转为围攻并击沉了不走运的"布吕歇尔"号，而使另外的德舰得以高速逃脱。放走德国舰队无疑是己方的失误，不过除此之外英国人还是对本国舰队的表现相当满意，并相信他们给德舰造成了重大损伤。但实际上除"布吕歇尔"号外，"赛德利茨"号和"德弗林格"号各自只被击中了 3 次，而且这 6 次命中里只有导致"赛德利茨"号两座尾炮塔失去作用的那次算得上造成威胁；相比之下，英方的"虎"号被击中 6 次，"狮"号则被命中 17 次以上。此外，一些本可以作为此次海战中所得的教训却被忽略，特别是德舰出色的炮术以及远距离上陡直下落炮弹造成的威胁。"狮"号舰长查特菲尔德（Chatfield）和海军少将摩尔（Moore，担任以"新西兰"号作为旗舰的战列巡洋舰队副司令）都提到过大角度下落炮弹带来的危险，摩尔还建议加强炮塔顶部的防护，可他们的意见并没有得到重视。

战列巡洋舰参与的最后以及最重要一次海战是 1916 年 5 月 31 日至 6 月 1 日在北海东部爆发的日德兰海战。这次海战以在己方主力舰队前方执行侦察任务的双方战列巡洋舰队之间的战斗拉开帷幕。刚开始时，战斗的模式与多戈尔沙洲海战几乎相同，唯一区别在于德国海军中将希佩尔（Hipper）的意图并不是逃脱，而是打算把英国（战巡）舰队引向南方的己方主力舰队。英舰队包括"狮"号（旗舰）、"大公主"号、"玛丽女王"号、"虎"号、"新西兰"号和"不倦"号。它们

德国的"布吕歇尔"号是唯一一艘装备有统一口径主炮的装甲巡洋舰，虽然从逻辑上讲这明显符合该舰种的发展，但其性能已经全面落后于战列巡洋舰。（作者收藏）

"狮"号正率领"虎"号航行，图中最远处还可见"大公主"号。本图摄于
1917 年。（作者收藏）

得到了临时调配给贝蒂指挥的第 5 战列舰中队 4 艘高速
战列舰的支援，而原本属于贝蒂舰队、由胡德海军少将
指挥的第 3 战列巡洋舰中队（旗舰为"无敌"号，另包
含"不挠"号和"不屈"号）当时已北上至斯卡帕湾进
行炮术训练。但是，由于信号方面的失误，第 5 战列舰
中队未能及时投入战斗，因此最初的战斗仍是双方战列
巡洋舰之间的对决。德方舰队由"吕措夫"号、"德弗
林格"号、"赛德利茨"号、"毛奇"号和"冯·德·塔
恩"号（Von der Tann）组成。

在向南航行的过程中，光线和能见度都对德方有利
而不利于英方。这导致英国舰队遭受了惨重伤亡，"不
倦"号和"玛丽女王"号先后因弹药舱爆炸而迅速沉没，
而且两舰上只有极少数人幸存。发现德国主力舰队后，
贝蒂立即向北转向实施撤退，同时试图逆转之前的态势，
将敌方舰队引向己方主力舰队的炮口方向。此时，光线
对德舰队稍有不利，英方战列巡洋舰（但不包括第 5 战
列舰中队，它们当时正处在德主力舰队的密集火力打击
下）的命中率有所提升，这导致希佩尔舰队遭到了更猛
烈的打击。

与此同时，位于主力舰队前方、准备加入贝蒂舰队
的第 3 战列巡洋舰中队（由胡德指挥）到达战场的东北
方位。希佩尔发现自己正处在位于舰首左侧的贝蒂舰队
和舰首右侧的胡德中队夹击之中，他正确判断出新出现
敌舰是英国主力舰队的前锋，所以立即右转，向本国主

力舰队方向撤退，但随即与胡德的第 3 战列巡洋舰中队
激烈交火。英舰最初占据上风，不过仅仅 12 分钟后"无
敌"号就因爆炸沉没。战巡虽然在剩余时间里继续参与
战斗，但这场海战已经不再以其作为主角。英方令人震
惊地损失了 3 艘战列巡洋舰，这使得很多人开始强烈反
对该型军舰，或是至少反对费舍尔当初创造该舰种时提
出的作战构想。日德兰海战后，英国战列巡洋舰队成立
了一个委员会研究战巡的作战表现，在他们提交的技术
报告中有如下评价：

> 委员会认为英国在役和即将服役的战列巡洋
> 舰都无法顺利执行赋予它们的任务，因为其防护过
> 于薄弱，难以在不致冒被摧毁的风险下与敌方主力
> 舰交战。
>
> 此外，委员会认为完成以上任务要求相应的军
> 舰具有非常完备的防护、强大的火力和高速机动能
> 力。鉴于现代海战的特点和外国海军最新建造的主
> 力舰性能，这种军舰必须是一型高速战列舰，而非
> 战列巡洋舰——"伊丽莎白女王"级战列舰就比其
> 他任何军舰更符合上述要求。但海军仍然需要尝试
> 获得速度更快、防护和火力性能更为优秀的军舰，
> 同时还要减少吃水线（深度）以降低水下舰体的受
> 创概率。

这一总结性的观点在当时极具代表性，但它无视了
战列巡洋舰作为一个舰种的真正价值，它们的损失并不
能也不应该简单归结为防护不足，作者希望本书能对此
起到相应的澄清作用。

起源

无敌舰的起源与无畏舰完全不同。其设计意图在于充当一个长期以来没有任何军舰能胜任的角色，即有足够航速追歼所有类型的武装商船，同时也能与任意一种巡洋舰交战——"交战"一词在费舍尔那里的意思就是"粉碎"。在他看来，设计一种在航速和火力上与敌方巡洋舰"相当"的军舰是不行的，因为这样无法在海战中稳操胜算；费舍尔试图建造一种在数量、火炮及其威力、航速和人员上全面碾压敌人的军舰——这样，也只有这样，这个国家的人民才能安睡于榻。

海军上将 R. 培根（R.Bacon），《基尔维斯顿的费舍尔爵士》，1929 年

费舍尔所创造的战列巡洋舰（比无畏型战列舰）招致了更猛烈的批评，因为它们不符合战略和战术上的真正需求——那种让它们去追歼德国邮轮的说法是荒谬的。决不能用在广阔大洋上追歼袭击舰的方法来保护海上贸易，即使想这样做，更为有效的军舰也是那些造价只有战列巡洋舰一半的小型巡洋舰。

海军中将 K.G.B. 德瓦尔（K.G.B.Dewar），《海军内幕》，1939 年

1904 年 10 月 20 日，海军上将约翰·费舍尔上任英国海军部第一海军大臣。他带来了一系列激进的海军改革方案，包括改革皇家海军组织、训练和装备使之更加现代化，并以备战和节约开支为目标提高海军战斗力。虽然我们在这里只是主要关注他装备改革中最具争议的一项——建造战列巡洋舰——但也有必要在了解这一舰种起源前先认识费舍尔其人以及当时战列舰的发展状况。

海军上将培根对费舍尔的工作进行了大量评述，他写道："费舍尔向每一个有想法的军官咨询，并综合概括了他们的见解，最后将自己化身为舰队全体军官的代表人物。"[1] 当费舍尔完成意见的收集和消化后，就投入到了将新思想付诸实施的不懈努力中。这些思想的发展和提炼需要数年时间，他也根据环境的变化和技术的发展不断修正甚至否定部分内容。在 1899 年至 1902 年担任地中海舰队司令官期间，费舍尔召集年轻军官主持召开了一系列技术讲座，这些讲座的内容在 1904 年被整理付印成册，并命名为《海军的必需》，成为他所领导技术改革的思想纲领。但即使是该书以及费舍尔在这一时期的大量信件可能也无法清晰反映出其在发展主力舰方面的真实想法，虽然他宣称自己是依照这些文件列出的思路，按部就班地将海军技术革命付诸实施。费舍尔以极大热情发展自己的思想，他的信件中同时包含了逻辑性很强的思考和简单武断的论调——很难说清楚这其中有多少是其真实想法，有多少只是用于宣传，目的在于说服读者和听众相信这些都是明显符合海军未来发展的合乎逻辑的意见。以上信件的内容有很大一部分属于他人撰写，或是在其他人的启发下才得以完成。费舍尔对这些（提供自己见解的）军官评价甚高，并在自己不算擅长的技术和战术领域非常倚重后者的观点，虽然其自身背景就是炮术军官和舰队指挥官。他最信任的顾问有海军上校约翰·杰利科（John Jellicoe）、雷金纳德·培根（Reginald Bacon）、亨利·杰克逊（Henry Jackson）和查尔斯·麦登（Charles Madden）——这些人都是极具天赋的技术军官，不管有没有费舍尔支持，他们都注定会成为海军的高级将领；此外还有海军造舰总监（DNC）部门的设计师 W.H. 加德（W.H.Gard）和费尔柴尔德公司的船舶工程师亚历山大·格拉西（Alexander Gracie）；他最亲密的朋友包括菲利普·瓦茨爵士（Philip Watts，1902 年至 1912 年间担任海军造舰总监）和安德鲁·诺布尔爵士（Andrew Noble，阿姆斯特朗–惠特沃斯造船与武器公司董事长），他们使费舍尔能够直接了解到最新的舰艇设计和武器发展思想。

大多数情况下，费舍尔都对自己有绝对的信心，他最伟大的天赋之一就是说服别人接受自己的观点。当海军在某些技术领域趋向保守时，他总能以自己无尽的

大型防护巡洋舰"可怖"号，该图摄于 1899 年。该舰与其姊妹舰"强大"号排水量均达 14200 吨，仅比同时代的"庄严"级战列舰略轻，而远超了英国当时所有巡洋舰。相对增加的排水量主要用于容纳大型动力装置，从而使两舰的航速可达 22 节（当时英国一级巡洋舰的标准航速为 20 节）。这两艘军舰都是在费舍尔担任海军审计官时期（1892—1897 年）设计和建造的。（作者收藏）

精力和热忱来高效推动技术变革。历史已经证明费舍尔是一位伟大的领导者，因为他的大多数革新都是正确的。当然，这其中也有一个原因是他并非海军部的独裁者——作为第一海军大臣，他需要部下和政界领袖支持，而正是一些来自后者的反对意见，才阻止了他思想中最偏激最狂热部分的实施。不过需要指出的是，这些未能实现的激进理念中的部分内容后来也被证明是极具先见和天才的。

费舍尔能迅速预见新技术带来的优势，但通常对其缺点和局限性认识不足。当涡轮蒸汽机、柴油机、水管、燃油锅炉以及潜艇刚出现时，他就以极大热情推动它们的应用，因此人们总是赞扬其远见卓识；不过，他试图将这些创新立即全部付诸实践（然而这并不现实），对新技术应用的预测也时常出错。涡轮机是一种革命性的

舰用动力，但柴油机除了在潜艇上得以使用外就未在水面舰艇上普及；燃油锅炉迅速得到应用，而水管锅炉在历经磨难后才达到人们最初对它的期望。潜艇最终成了一种海战利器，不过也没有像费舍尔曾经预言的那样使战列舰过时。另外值得注意的是，费舍尔在推动新技术应用时虽然不是孤军奋战，可由于海军内部支持技术革新的主要还是年轻军官（由于资历原因他们对海军部政策的影响力有限）——但不管怎么说，他还是依靠这些忠实的军官建立了自己的顾问圈子。

在费舍尔对军舰设计的发展建议中，他对高速性，或者说"己方军舰需要拥有远超敌方同级舰艇的航速"有着毫不动摇甚至着魔般的信念。从费舍尔撰写的以下文字中就可以看出他在推崇高航速方面具有的完美逻辑性：

战列舰必须拥有（相对于其他类型军舰的）大排水量，因为它们必须具备高速性这一特征——因为我们是主动进攻的一方，而且速度是海军战略战术中的首要因素。这一优势甚至可以与风帆时代战舰的"上风位置"相对应——速度优势能让你在战斗中进退自如，从战略上预测出敌人所处方位；速

度优势能为你提供必要的视野和无尽的机会，引诱敌人落入你的圈套；速度优势还能让你更高效地在大洋上进行巡航。[2]

但是，费舍尔高估了（高）航速具有的战术价值，还错误地做出了"敌人无法造出与英国军舰速度相同的舰艇"这一判断。事实上，任何一个试图挑战英国海上霸权的国家都势必会努力造出能对其海军形成威胁的军舰，而接下来以技术升级为较量手段的海军竞赛也自然无法避免。不过，也许费舍尔还有另一种他从未清晰表达过的意图——他在故意挑起海军竞赛，以迫使其他国家放弃对英国海上霸主地位的挑战。19 与 20 世纪之交，英国主要的潜在敌对国都已拥有大规模陆军，同时对卷入一场不断升级且成本昂贵的海军竞赛不感兴趣。就如本国海军大部分人士那样，费舍尔对英国在新的 20 世纪保持海军技术优势并继续控制海洋信心十足。不幸的是，在装备上拥有的优势使得英国人过于自信（加上政府的相关财政投入有所限制），因而在第一次世界大战爆发前对军舰和海军装备方面的评价出现了误差。

如前文所述，要想获得高航速就必须增加军舰的尺寸，但后者又会受到岸基设施和财政投入的限制。英国战列舰的尺寸已经大于对手同类军舰，而且尺寸的增加也意味着成本的上涨，在政治上必然会受到强烈抵制。虽然费舍尔在主持设计无畏舰时就已经获准增加新主力舰的排水量，可还是面临着来自政府方面要求缩减海军经费以控制军舰制造成本的巨大压力；不过他也知道，自己可以通过修改设计中各项性能的原有数据来提高航速。1901 年 1 月，费舍尔提出将速度和火力分别置于军舰设计中第一和第二要素的要求；与此同时，他还提出："在设计中，入坞能力（指舰艇能进入船坞的数量，舰船尺寸越大，能进入的船坞就越少，入坞能力就越差）的下降必须通过牺牲其他性能加以补偿，比如防护、弹药和物资的储备能力等方面……因此，在舰船的内部设计上就要为达到入坞要求而做出相应牺牲，即必须对所

有的辅助设施进行无情削减。"[3]

有关费舍尔军舰设计思路的最早记录出现在 1900 年初至 1901 年夏天之间，他当时向海军部提交了很多关于军舰设计的建议。1900 年 12 月，他建议新主力舰的尺寸应比法国新设计的排水量达 14865 吨的同类军舰更大，而且航速应为 19 节[①]——比法国新主力舰高 0.5 节。[4] 但这样的话英舰优势并不明显（特别是法国新主力舰的实际航速本就达到了 19 节），不过费舍尔对航速的要求也很快增至 21 节。他在"第六次讲座提纲"（地中海舰队，1901 年 12 月 30 日）中写道：

武备的重要性是毋庸置疑的！不过一旦我们拥有速度上的优势——这也是所有类型军舰（包括战列舰）性能的第一要素——这样，也只有这样，我们才能够选择交战的距离。如果可以选择交战的距离，我们就能选择交战的武器！但过去是怎样选择武器的呢？我们有没有根据未来海战模式的要求来布置武器呢？我们有时候是不是就像在安置诺亚方舟上形形色色的居民那样，也想在军舰上布满各种口径的舰炮呢？

现在需要做的是给军舰配置尽可能多、口径尽可能大而且拥有防护的速射火炮——人们称这类火炮为副炮，可实际上它才是真正的主炮！

现代军舰都能够进行快速机动，射速（相对而言）较慢的大口径舰炮就像布尔战争中的步兵那样已经过时了。

胜利属于首先命中，并能持续命中的一方！

一门 10 英寸舰炮——所发射炮弹初速为 3300 英尺 / 秒[②]的新型号要优于多门口径更大的舰炮，为什么？因为它的射速高得多。我们可以将 10 英寸舰炮称为速射火炮，而且它重量相对较轻，可以在机械或电动装置失灵的情况下通过人力操作继续射击，而那些口径更大的舰炮就很难做到这一点。

……所以解决问题的方法就是将（口径）最小

① 编者注：为准确表达数据，中文版保留了原书的英制单位。1 节 =1.852 千米 / 小时，19 节 =35.188 千米 / 小时。下文出现该单位时，读者可自行换算。

② 编者注：为准确表达数据，中文版保留了原书的英制单位。1 英尺 =0.3048 米，1 英尺 / 秒 =0.3048 米 / 秒，3300 英尺 / 秒 =1005.84 米 / 秒。下文出现该单位时，读者可自行换算。

的重炮布置在军舰首尾，而将最大的小口径速射炮布置在其他位置，以获取最佳视野和射界。[5]

费舍尔要求将主炮口径从 12 英寸减至 10 英寸的主要原因是 19 世纪 90 年代的 12 英寸舰炮射速缓慢，而且非常笨重——虽然它使用的炮弹更重、杀伤力也更强，但与重量较轻、射速较快且易于操作的（较小口径）舰炮相比，前者在远距离上的命中率显然低得多。[6] 费舍尔所建议"最大的小口径速射炮"是 7.5 英寸舰炮，使用这一口径型号而不是传统 6 英寸舰炮的理由如下：一、可提高炮弹在远距离上的命中率；二、可对付外国军舰上的增强型中等厚度装甲；三、可增强炮弹的杀伤效果。总的来说，费舍尔对速射火炮的偏爱缘于他认为这种火炮可以在极短时间内向敌人倾泻弹雨，从而摧毁敌舰的中小口径火炮，瘫痪其指挥、操舰及通信系统。

随着远程炮术及火炮火控技术的进步，费舍尔的观念也在日益发展和完善。从 19 世纪 90 年代初到 1897 年，法国海军首先为延长海战的交战距离付出努力，当传统交战距离还是 1000 码[①]至 2000 码时，他们就已经成功

进行了 4000 码距离上的炮术试验。[7]1901 年时，费舍尔提出："两名意大利海军将领告诉我们，继法国海军之后，他们在去年进行了将交战距离延长至 7000 码的试验。两国海军的试验最终都取得成功，虽然在这一距离上有很多炮弹被浪费了，但即使是运气使然，事实也证明在这一距离上是能够（使炮弹）命中目标的……加之己方能主动开火而对方无法还击的话，我方官兵的士气也会大大提升。以上这些因素以及最近在速射火炮上取得的进展将使海战距离被迅速延长。"[8] 费舍尔在这里所说的"进展"是指一种由法国海军率先使用的速射火炮校射方法（即炮术）——首先以一个较测量距离更近的射程开火，然后逐渐抬高火炮仰角以增加射程，直到对目标形成跨射。相比之下，笨重的 12 英寸舰炮就无

"敏捷"号战列舰及其姊妹舰"凯旋"号是分别由阿姆斯特朗公司和维克斯公司为智利所建造的，但在 1903 年被英国政府购买，以阻止两舰落入俄国人之手。它们非常接近于费舍尔理想中的主力舰，装备有 4 门 10 英寸和 14 门 7.5 英寸舰炮，具有防护较轻且航速较高（20 节）的特点。（作者收藏）

---

① 编者注：为准确表达数据，中文版保留了原书的英制单位。1 码 =0.9144 米，1000 码 =914.4 米。下文出现该单位时，读者可自行换算。

表 1: 怀特的装甲巡洋舰

级别	设计时间	完成时间	建造数量	排水量（吨）	武备	航速（节）	克虏伯渗碳装甲带厚度（英寸）
克莱西	1897	1901—1902	6	12000	2×9.2英寸, 12×6英寸	21	6
德雷克	1898	1902—1903	4	14150	2×9.2英寸, 16×6英寸	23	6
蒙默斯	1899	1903—1904	10	9800	14×6英寸	23	4
德文郡	1901	1905	6	10850	4×7.5英寸, 6×6英寸	22	6

法实施这一炮术。在担任地中海舰队司令不久后，费舍尔也开始了延长海战距离的试验；到1902年，他的舰队已将6000码作为日常训练中的交战距离。费舍尔声称，这种炮术（即速射火炮校射方法）具有以下作用：一、在将敌我双方距离缩短至3000码至4000码之前最大限度地给予敌舰打击；二、能让那些与敌舰相距较远的战舰用远程火力支援正在与敌舰展开近距离交火的友舰。总之，早在1901年，他就预测未来海战会于6000码距离上展开，并计划在第二年的炮术演习中探索火炮在不同射程上的命中率。在这一战术方针指导下，费舍尔舰队的（最大）交战距离很快就延长至8000码，并将5000码至6000码作为正常交战距离。在如此遥远的距离上交战自然需要提升军舰的火控系统性能——自1902年到1905年间，英国海军在发展火炮操作系统，以及测距、指挥和通信方面付出了巨大努力，一些更为复杂精密的仪器也陆续被装在了他们的军舰上。

增加火炮射程的主要原因是鱼雷的精准度有了很大提高。直到19世纪90年代中期，鱼雷还只是一种近距离攻击武器，因为当时的技术根本无法确保它在水下以直线航行。1898年，这个难题得以攻克，陀螺稳定仪的应用成功避免了鱼雷在航行中的"偏航"（指航行中偏离原航向的漂移），发展远程鱼雷武器也终于成为可能。同年，英国海军最新式18英寸鱼雷的最大射程还只有800码；到1902年，其射程已经增至2000码，而且随着时间的推移还在迅速增加。在这一情况下，舰炮的射程也必须有所延长。但就算这样，费舍尔还是找到了托词来鼓吹自己的速度优势论："由于陀螺稳定仪（对于鱼雷）的应用，我们万不可与敌人接近到2000码以内，在追击时则应远于3000码！不过这也更加凸显了优势航速的重要性，尤其是对战列舰而言。"[9]

1900年初，培根向费舍尔呈递了一篇文章，指出即将到来的远程火力时代要求舰队在作战时采用单线式战术。直到此时，大多数海军战术家仍然推崇使用半独立的中队，以此集中火力撕开敌人的阵型——这种战术依靠的是近程火力优势和由蒸汽动力带来的机动性，同时要求舰队能实施复杂机动，指挥官也必须具有高超的指挥能力。培根争辩说，首尾衔接的线式战术可最大限度地发挥齐射火力，保证射界的清晰并拥有"巨大的灵活性和简单的机动方式"；他还认为，当舰炮成为海战中的首要武器时，"最好的战术就是赋予舰炮最大的射界。回旋式机动明显对舰炮瞄准不利，所以单线式战术的优点也就会显得更加突出。"培根认为，在此情况下速度更快的舰队将获得很多优势——这种从战术层面鼓吹高航速优势论的观点自然会为费舍尔所用了。[10]

虽然拥护单线式战术，并且赞同培根为此做出的解释，但费舍尔似乎心有不甘。他曾说："英国海军现在使用的是侧舷齐射战术，这虽然有些遗憾，可毕竟是事实。"[11]他将这种战术（侧舷齐射）当成一个既成事实来接受，原因在于主力舰的相关设计而不是（单线式）战术思想。很可能的是，侧舷齐射会促使他将主力舰的设计原则定为"为了使舰队重获机动性并集中力量，而让舰炮'实施同等火力齐射'"。不幸的是，军舰在实际设计时并没有在火力分布上符合这一要求，大部分早期无畏舰都在舰炮布置上对新旧两种战术进行了妥协，因此过于强调首尾向的火力。值得注意的是，由于军舰的横摇运动，火控系统在指挥首尾向火炮射击时比指挥侧舷（火炮）齐射更为困难。培根提出了一个有趣的观点——"没有速度优势的机动性是没有用的"——费舍尔没理由不将这一观点应用在自己的速度优势论上。

装甲巡洋舰

19世纪90年代，世界各主要国家海军已普遍装备装甲巡洋舰。这是一种大型军舰——排水量与当时的战列舰相当——具有"航速高"和"配置速射火炮"两大特征。它被用于取代那些吨位较小的巡洋舰，但生产成本相当高昂，对英国这种拥有众多海外领地的国家来说根本无法在建造数量上满足需求。装甲巡洋舰的"装甲"是相对于"防护"来讲的，因为它主要的被动防御手段是位于两舷的垂直装甲，而不是防护巡洋舰那样的钢制穹甲，所以更适合用来抵御速射火炮的攻击。英国比其他国家更晚建造装甲巡洋舰——从 1897 年至 1901 年，在海军造舰总监（DNC）威廉·怀特爵士（William White）的主持下设计了 4 个级别（总共 26 艘），第一艘于 1901 年建成服役（见表 1）。这些军舰都采用首尾布置的炮塔——"克莱西"级（Cressy）和"德雷克"级（Drake）采用单联装 9.2 英寸舰炮，"蒙默斯"级（Monmouth）采用双联 6 英寸舰炮，"德文郡"级（Devonshire）则是单联 7.5 英寸舰炮（这一级别的舰桥两侧还各设有 1 座 7.5 英寸单联舰炮）。此外，以上所有级别装甲巡洋舰都在位于舰体两侧的炮廓中布置了 6 英寸舰炮。

"蒙默斯"级是怀特时代里一级典型的装甲巡洋舰，本图所示为"埃塞克斯"号，摄于 1913 年。注意位于该舰侧舷的 6 英寸炮廓式副炮。（作者收藏）

费舍尔极为推崇大型巡洋舰——尤其是装甲巡洋舰，尽管他的（喜爱）理由和怀特设计这种军舰的初衷不尽相同。费舍尔认为 2 艘"郡"级（County）巡洋舰的排水量太小，也不喜欢布置在炮廓中的舰炮这一设计。他希望所有舰炮都被放置于炮塔中，操作独立、防护良好，并且拥有独立的供弹系统——这样就能提高舰炮的生存能力，避免布置过于广泛的弹药供应通道被敌方火力，特别是鱼雷所损毁（后来事实证明威胁最大的还是远程火力）；采用炮塔还能减少用于运输弹药的舰员人数。此外，费舍尔也强烈反对布置不必要的上层建筑，因为它们有更大的可能引爆敌弹，而怀特设计的军舰就在上甲板以上布置了繁复的上层建筑（这一风格在 1902 年，即瓦茨接替怀特担任海军造舰总监后有了很大改观）。瓦茨共主持设计了三级装甲巡洋舰（见表 2），均为大排水量设计，上层建筑风格极为简约；另外，除最开始 2 艘采用了 10 门布置在炮廓中的副炮外，其余所有的主、副炮均被放置于炮塔之中。但人们还是批评这些装甲巡洋舰的供弹系统布置不佳，而且以费舍尔的设计标准来看其 23 节航速也不算太高。

费舍尔还对另一种军舰表现出了欣赏——这就是皇家海军和其他国家海军都有装备的二级战列舰。从总体

表2：瓦茨的装甲巡洋舰

级别	设计时间	完成时间	建造数量	排水量（吨）	武备	航速（节）	克虏伯渗碳装甲带厚度（英寸）
爱丁堡公爵	1902	1906	2	13550	6×9.2英寸，10×6英寸	23	6
勇士	1903	1906—1907	4	13550	6×9.2英寸，4×7.5英寸	23	6
米诺陶	1904	1908—1909	3	14600	4×9.2英寸，10×7.5英寸	23	6

上看，二级战列舰比一级战列舰火力和防护更弱，但速度稍快。费舍尔最喜爱的"声望"号（Renown）是其在担任海军审计官时（1891—1897年）设计和建造的，他在担任北美和西印度海军站司令（1897—1899年）和地中海舰队司令（1899—1902年）期间都把它作为自己的旗舰（该舰具体性能见表3）。值得注意的是"声望"号的轻型火力和较薄装甲；此外，它不仅比同时期的"君主"级（Majestic）一级战列舰更快，而且由于排水量大、适航性好，在恶劣海况中的航速甚至比巡洋舰还高。

1901年时，费舍尔建议使用10英寸舰炮作为战列舰的主炮，并声称为了提高其航速可以适当削弱装甲防护；此外，他也建议使用这一口径舰炮装备自己理想中的装甲巡洋舰。这个提议从根本上模糊了两个舰种之间的区别，也启发了他用装甲巡洋舰代替战列舰的想法（但

也可能是费舍尔打算将这两个舰种合并成一种强大的新型主力舰，并作为舰队中唯一的主力舰使用）。1900年12月，费舍尔在一次评价法国最新型的装甲巡洋舰时将其称为"伪装的战列舰"，在他之后数年内有关装甲巡洋舰的设计建议中更是多次提及这个说法；他将自己设计的高速战列舰称为"升格的装甲巡洋舰"，对于"声望"号也是如此。费舍尔有好几次连自己也搞不清楚到底应该发展战列舰还是装甲巡洋舰，并在一些文件中表达出了相互矛盾的观点。根据后来的事实，有人认为他个人强烈希望使用装甲巡洋舰作为未来的主力舰，

"勇士"级是由菲利普·瓦茨爵士主持设计的一级装甲巡洋舰，本图所示为"科克伦"号。注意该舰的所有主炮都被安装在单联炮塔内——2门9.2英寸舰炮分别位于首尾，2门9.2英寸及2门7.5英寸舰炮位于侧舷。（作者收藏）

费舍尔所钟爱的旗舰——二级战列舰"声望"号。（作者收藏）

但由于无法在同僚中得到足够的支持，因此被迫接受了"将战列舰作为未来造舰计划中必不可少的一部分"这一观点。在早期，费舍尔的观点其实不乏支持，因为人们对速射火炮和远程火力持认可态度（它们都允许军舰采用较薄的装甲）；不过随着重型舰炮的重新启用，他继续鼓吹通过削弱防护来提高航速就令人难以理解了。

1902 年初，费舍尔邀请在马耳他基地的总造舰师 W.H. 加德根据他的要求设计一种航速为 25 节的装甲巡洋舰。这艘被他（费舍尔）命名为"完美"号（Perfection）的军舰性能如下：

排水量：15000 吨（使用燃油锅炉的型号为 14000 吨）

尺寸：500 英尺（最小舰长）×70 英尺（最小舰宽）×26 英尺 6 英寸（平均吃水量）

武备：4×9.2 英寸舰炮（2×2）；12×7.5 英寸速射炮（6×2）

动力：35000 马力（最大），25 节

表 3："声望"号

开工时间	1893
下水时间	1895
完工时间	1897
排水量（吨）	12350
航速（节）	18
武备	4×10 英寸（40 倍身管，2×2） 10×6 英寸（10×1） 12×12 磅[1]（12×1）
装甲	主装甲带 8 英寸；上部装甲带 6 英寸；横向装甲 10 英寸或 6 英寸*；炮廓装甲 4 英寸～6 英寸；司令塔 10 英寸；水平装甲 2 英寸～3 英寸

* 军舰内部设有多道横向装甲，厚度为 6 英寸或 10 英寸不一。

---

① 编者注：为准确表达数据，中文版保留了原书的英制单位。文中用于表示相应火炮，如"12 磅炮"时可看作"3 英寸炮"；用作重量单位时，1 磅 =0.4536 千克。下文出现该单位时，读者可自行换算。

表 4：高级军官研究班进行对比所用的两种舰艇数据，1902 年 1 月

	A 型（重火力战列舰）	B 型（轻火力战列舰）
标准排水量（吨）	17604	15959
航速（节）	18	22
武备	4×12 英寸（2×2），8x8 英寸（4×2），12×7 英寸（7×1）	4×10 英寸（2×2），16×6 英寸（16×1）
装甲	水线 8 英寸～10 英寸；水线上 6 英寸；主炮塔 11 英寸；8 英寸炮塔 8 英寸；7 英寸炮塔 7 英寸；水平装甲 1.5 英寸	水线 6 英寸；水线上 5 英寸；主炮塔 9.5 英寸；副炮塔 5 英寸

防护：侧舷 5～6 英寸；横向 6 英寸；9.2 英寸火炮炮塔 6 英寸；7.5 英寸火炮炮塔 4 英寸；司令塔 10 英寸；上甲板 2 英寸；下甲板 2.5 英寸（前），2.5～3 英寸（后）

1902 年 3 月，费舍尔在给海军大臣塞尔伯恩的信中声称，他的设计已经"可以递交给梅（海军少将 W.H. 梅——W.H.May，在 1901 年至 1904 年间担任海军审计官）和瓦茨"，同时附上了军舰的基本数据。它（该设计方案）能以 10 门主炮向前或向后开火；全部舰炮均布置在炮塔内，每座炮塔都能独立操作；舰上没有桅杆、吊臂、锚具和舰桥；甲板上敷设的是油布而不是木板；烟囱可兼作瞭望塔使用。最后一项尤为费舍尔所看重，这样做的优点包括减少军舰作战时的受弹面积和执行侦察任务时更利于隐蔽——但关于如何处理烟尘的干扰却没有说明。费舍尔的建议对海军部的造舰计划没有产生任何影响，他设计的军舰和英国在随后两年内建造的装甲巡洋舰之间的几个相似之处就是采用了更大口径的副炮、减少了上层建筑面积和舰炮的全炮塔化——不过这些改进都是梅和瓦茨提出的。

1902 年 6 月，费舍尔离开地中海舰队，前往海军部担任第二海军大臣。如果他当时还不知道，那么很快也将发现，海军部主导的战列舰设计与他在地中海舰队时所期望的大相径庭。海军少将梅根据外国海军最新建造的主力舰（主要是美国战列舰和装甲巡洋舰[12]）及新的火炮技术，对皇家海军新一代主力舰的初步设计已经完成，开始进入细节设计阶段。海军部的结论是大口径舰炮的地位不可挑战，因此副炮的口径必须加大（以应对外国军舰上更远射程的舰炮和更厚的装甲），而且防护装甲不仅要增加厚度还要扩大覆盖面积。这样将使英国主力舰在与外国军舰一对一交战时占据优

势，但也意味着必须增加军舰的排水量。在瓦茨主持下，以上述结论为指导的新型战列舰设计于 1902 年展开，这就是后来建成的"纳尔逊勋爵"号（Lord Nelson）和"阿伽门农"号（Agamemnon）——它们也是英国建造的最后一级，同时是（吨位）最大以及火力和防护性能最优的前无畏舰；但两舰的航速依然与其他同型舰一样，均为 18 节。[13]

1902 年 1 月，作为上述新主力舰设计研究的一部分，同时也是在费舍尔的力促之下，海军部要求格林威治海军学院的高级军官研究班开展一项调查，即研究"一种轻火力、轻防护但拥有 4 节速度优势的军舰，能否在海战中对另一种将火力和防护的重要性置于航速之上的军舰占据优势。"研究班负责人、海军上校 H.J.梅（H.J.May）于 1902 年 2 月 8 日完成了调查报告，他认为当双方都决心投入战斗时，火炮的威力比航速更重要。虽然这项调查中的两种军舰（见表 4）被分别命名为 A 型和 B 型战列舰，但实际上对比的是美国最新设计的战列舰（A型）和装甲巡洋舰（B 型）。[14] 设想中，两者之间的战斗将在 6000 码的距离上展开，然后双方距离逐渐缩短，先是接近到 4000 码，最终是 3000 码。报告指出轻防护军舰在面对对手的（较强）火力时会更加脆弱，而后者具有良好防护性能的舰体和主炮将使它在所有交战距离上都不被击穿——不过 3 艘较轻型军舰仍可以依靠高射速的舰炮与 2 艘较重型军舰在远距离上作战。"因此，B 型军舰很明显地应该使用远程火力战术，并利用速度优势避免对手靠近。可是不管距离多近它的 6 英寸舰炮都无法击穿对手（A 型）的装甲。所以，轻型军舰在与拥有厚重装甲的对手交战时只能被看作速射火炮平台。"报告还称，轻型军舰可以在"撤退"时利用速度优势与重型军舰保持距离，但前提是对方有主动追击的意图。报告总结说："……对舰队作战而言，B 型军舰的作用

远不如 A 型军舰。它们（B 型）的速度在战略上可能是最有用途的，在战术上却毫无优势可言。"[15] 1902 年 7 月，海军情报总监（DNI）、海军上校 R.卡斯腾斯（R.Custance）对这份报告评论说：

……（报告）证明了耗资百万、航速达 22 节的大型装甲巡洋舰在战列线中所起作用不如 18 节的战列舰，而且这种强大的战舰不能脱离舰队单独行动，所以实在难以看出它存在的合理性。

如果在战略层面上进行类似调查，很可能还会得出与战术层面所做调查相似的结论。

一直以来，海军作战思想都受到拿破仑战争的影响。相较于对手，我们的海军优势非常明显，可以将敌人封锁在港口中，敌人无论何时出动都要竭力逃离我方封锁舰队。我们一直被灌输的就是那种相信敌人必须和渴望避战的自负心态。但这一模式已经成为过去，并不适用于当前境况。我们应该从更早期的英荷战争中寻找未来海战的模式——那时双方实力相当，我们的海权受到挑战。在 17 世纪，荷兰舰队在面对英国舰队时从来不选择避战，而 20 世纪的法国和德国海军同样如此；此外，这两个国家也必然不会单独与英国交战。我们将不得不通过苦战确立己方的海权，就像海军上校梅和他同僚们所揭示的那样，即胜负将由火力而不是速度来决定。[16]

同一时期，海军上校梅发表了一篇文章，这是他在格林威治对航速的战术价值进行演习和问题调查中所做研究笔记的汇编。[17]其中一些重要的结论可以总结如下：

主炮：不论（目标处于）远距还是近距，12 英寸舰炮都被认为远比（口径相对较小的）速射火炮更有效——由于它所具有的重要性和优势，海战的战术任务就是要将尽可能多的 12 英寸舰炮指向敌舰。为达此目的，理想的作战阵型便是单列纵向战列线，并以侧舷向敌。

速射火炮：在中距离上这些火炮极具价值，可用于击穿敌舰上副炮的装甲。但是，如果要击穿 7 至 8 英寸厚的克虏伯渗碳装甲，那么 6 英寸炮弹将无能为力，7.5 英寸炮弹勉强合格，而我会建议使用 9.2 英寸舰炮的炮弹。

战术：虽然理想的战术机动方式是横跨敌人舰首（即 T 字跨射），但这在远距离交战时很难做到，因为进行任何向敌方舰首方向的机动都会导致对方以转向作为应对手段。毫无疑问，最后的势态将是航速较慢的舰队在内侧做环形运动，而速度较快的舰队在外侧进行相同形状机动，两支舰队的运动半径与其航速成正比。

费舍尔似乎并没有被这些观点所干扰，尽管后者无疑对他的思想产生了一些影响。他当然可以争论说海军学院研究班调查中的装甲巡洋舰在航速和装甲防护上都不符合自己的要求。此时，费舍尔正被第二海军大臣的工作缠身，忙于发展新的官兵招募和相关训练计划；但无论如何，在海军部委员会中的地位至少使他能够了解到舰艇设计的发展。这一时期里，"纳尔逊勋爵"级和"勇士"级（Warrior）的几种设计方案均已出台，前者的方案中有多个都采用了统一的 10 英寸主炮（但海军造舰总监部门也建议过使用 12 英寸主炮）。这很容易让人联想到那些（采用统一主炮的）方案是采纳了费舍尔的建议，因为他肯定会寻找机会表达自己的设计观点，不过也很难说清到底是谁影响谁，毕竟瓦茨本人和他的前雇主诺布尔同样也都钟爱 10 英寸舰炮。此外，据培根说，费舍尔在海军部时喜欢将他的计划保密，以免过早为人所知后只被部分采纳而打了折扣。[18]而且，第三海军大臣（即海军审计官）也不想让第二海军大臣随便染指自己所负责的军舰设计部门。

1903 年 8 月，费舍尔离开海军部上任朴茨茅斯基地司令，并开始在那里重新制订实现皇家海军现代化目标的具体措施。在装备方面，他得到了一些亲信顾问的帮助，其中有两人——加德（时任朴茨茅斯海军船坞总造舰师）和培根（时任朴茨茅斯潜艇部队上校监察官）——对他助益良多。[19]此时，费舍尔建议的装甲舰设计与他在地中海时所提出设计的主要区别就是采用了统一口径舰炮——战列舰装备 16 门 10 英寸主炮，装甲巡洋舰装备 16 门 9.2 英寸主炮；两种军舰的排水量均为 15900 吨，航速分别为 21 节（战列舰）和 25.5 节（装甲巡洋舰）。

统一口径主炮的使用得益于最新海军炮术的发展。在远距离上，最佳的火力控制方式是齐射。但是，口径不同的舰炮很难控制齐射，因为它们的发射药威力不一，火炮的俯仰和方位控制机构也不同，无法下达统一的装定诸元；如果按口径分组进行齐射只会造成混乱，而且难以辨别不同口径炮弹入水时溅起的水花。唯一的解决方式就是统一火炮口径，从而集中控制射击。据此，费舍尔开始重新思考他当初提出的"口径最小的重炮和口径最大的速射炮"概念，也就是说除了口径统一的主炮外，只能采用一种速射炮执行反鱼雷艇任务——费舍尔当时认为这种火炮的口径应该是 4 英寸。

加德负责的新型战列舰和装甲巡洋舰设计方案于 1904 年 10 月，也就是费舍尔担任第一海军大臣之前完成。但由于一些海军顾问（尤其是培根）的强烈建议，战列舰的设计出现了一个重大变化。其原因还是基于火力控制的进步，因为火控系统要在下一轮齐射前对上一轮齐射的炮弹落点进行观测；在这种情况下，决定舰炮射速的就不是火炮装填速度，而是炮弹的飞行时间，这就抹杀了 10 英寸舰炮在射速上对于 12 英寸舰炮的优势（此外，由于重型火炮装填机构在技术方面的进步，12 英寸舰炮的射速也得以大幅提高）。12 英寸舰炮的优点包括——一、由于炮弹重量大、装药多，因此毁伤力更强；二、在远距离上的散布更小，精准度更高；三、弹道更为平直，因而在远距离上对目标形成的危险区域面积更大。10 英寸舰炮的优点则是火炮、炮座和弹药的成本更低，炮塔的装甲重量较轻，在排水量相同的军舰上也能布置更多（门）火炮。

1904 年，费舍尔的文件中出现了为战列舰装备 16 门 10 英寸主炮或 8 门 12 英寸主炮的两种方案；他认为在新主力舰上选择 12 英寸作为主炮口径是毋庸置疑的，但实际上直到入主海军部，费舍尔都对是否采用这一口径的主炮保持着开放态度。同时，加德设计的新型装甲巡洋舰仍然保留着 9.2 英寸主炮，费舍尔将此型巡洋舰命名为"无及"号（Unapproachable，性能见表 5。战列舰则被他命名为"无夺"号——Untakable）。这一设计方案在 1904 年 10 月费舍尔刚就任第一海军大臣时便

呈交给了海军大臣塞尔伯恩。不过，这里所列出的数据并不是费舍尔唯一的方案，在交给海军大臣的文件中，他也根据一些其他选择进行了广泛讨论——比如他声称 10 英寸主炮在重量上不如 9.2 英寸主炮有优势，而 12 英寸主炮则显得"大而无当"。培根的记录中也包含有费舍尔组织的非官方设计小组意见。小组成员在讨论主炮口径时一致认为战列舰应采用 12 英寸火炮，而在对装甲巡洋舰主炮口径的选择上则有"很多争论"，尤其对选择 9.2 英寸还是 12 英寸进行了长达数周的讨论。最后，12 英寸主炮胜出，原因是"拥有这样尺寸和排水量的战舰……应该被赋予更多用途，比如组成一支快速中队在海战中支援我方战列舰，或是袭扰敌方战列线的前卫或后卫，为完成这样的任务而装备 12 英寸主炮的必要性是无可辩驳的。"[20] 海军部委员会在 1904 年 12 月的一次会议上正式批准在新战列舰（即随后很快建成的"无畏"号）和新装甲巡洋舰上装备 12 英寸主炮。这样的结果也许更加符合费舍尔的意愿，因为他的真实想法是用新型装甲巡洋舰取代战列舰，而采用相同口径主炮就会使两种军舰的区别更为模糊。总之，为装甲巡洋舰布置 12 英寸主炮是整个设计中最关键的一步，毕竟只有这样才能将这种新型战舰与现有的任何一种军舰区别开来，使战列巡洋舰成为一个全新的舰种；如果 9.2 英寸主炮被保留，那么这就不过是一种改进型装甲巡洋舰，其进步程度就像无畏舰与前无畏舰相比较那样。

采用大口径主炮的装甲巡洋舰在功能上与当时其他同类型军舰并没有太大区别，但是高速性和重型火力配置大大提升了它们执行这些任务时的效率和能力。其战

表5："无及"号，1904 年 10 月

尺寸（英尺）	530×75×26.5
动力	40000 马力，螺旋桨转速 110 转 / 分钟时航速 25.5 节
续航力	2425 海里① /25 节，15680 海里 /10 节
武备	16×9.2 英寸（8×2），12×4 英寸
防护	水线 6 英寸（炮塔两侧 8 英寸），炮塔基座 8 英寸
载煤量	2500 吨
燃油储量	600 吨（位于双层舰底之间）
排水量	15000 吨

---

① 编者注：为准确表达数据，中文版保留了原书的英制单位。1 海里 =1.852 千米，2425 海里 =4491.1 千米。下文出现该单位时，读者可自行换算。

术作用主要包括以下方面：

（1）重型侦察力量。由于装备了重型主炮，新型巡洋舰可以突破当时故军主力舰队前方所有的巡洋舰进行抵近侦察，然后利用高速脱离。因为在突破和脱离时主要以舰首或舰尾接战，它们的防护装甲在大部分时间里只会受到来自垂直角度下落炮弹的威胁。

（2）近距离支援战列舰队。在海战中，新型巡洋舰可以布置在己方战列线的前方或后方，用于保护战列舰不受敌方巡洋舰队袭扰，或是一有机会就使用大口径主炮袭扰敌方战列舰。由于双方主力舰队交战时，每艘战列舰都会选择与对方战列线中处于相同位置的那艘战列舰交战，所以新巡洋舰在执行支援战列舰的任务时将只向那些正在与对方交火的敌方战列舰射击（敌方战列舰此时一般不会将火力转移至新出现的另一艘威胁较小敌舰上），这样就能保证新型巡洋舰不会遭到敌方大口径主炮的全力回击。另外，新巡洋舰还可以组成一支快速侧翼分队，从侧面包抄敌战列线，或是从敌战列线的前方或后方对其形成 T 字跨射——当然这样做的前提就是要审视战场态势，而且确定敌战列舰的火力已被全部吸引到己方主力舰队上。

（3）追击撤退中的敌舰队。新型巡洋舰可以利用速度和重火力优势袭扰正在退却的敌舰队，重创或阻滞撤退中的敌舰。

（4）保交作战。新型巡洋舰可以在大洋上追歼敌人用于破交战的巡洋舰和武装商船。速度是执行这一任务的关键因素——高速性不仅可以确保追上敌舰，而且能够尽快到达危险海域；同时，强大的首尾向火力对于追击任务来说也非常重要。

设计委员会

费舍尔所提新造舰政策（包括驱逐舰和潜艇，不过不含中型巡洋舰）的激进本质注定要引起巨大争议。为此，他和海军部委员会决定任命一个"设计委员会"，其名义上的使命是对未来舰艇的设计要求进行调查研究；但事实上的主要任务是检验那些已经做出的决定，因为组成委员会这些精英和专家的意见是不可能被忽视

的，这样就可以压制那些直接针对海军部，尤其是指向费舍尔的批评。设计委员会的确在军舰设计的细节上贡献良多，特别是在火炮布置和动力装置选用等方面，但他们对于基本设计并没有任何重大影响。从一开始，设计要求便被费舍尔定下基调，而且他本就没有赋予设计委员会任何改变之前由海军部委员会所确定各项性能参数的权利。1904 年 12 月 22 日，海军部以书面形式正式任命了设计委员会——成员包括费舍尔所有亲信顾问和数名平民专家，其中甚至有英国最著名的物理学家开尔文爵士（Kelvin）和海军部试验基地主管 R.E. 弗劳德（R.E.Froude）；此外，费舍尔本人担任委员会主席。[21]

1905 年 1 月 3 日，设计委员会召开第一次会议。费舍尔在会上首先宣读了委员会的任务，即仅仅是向海军部委员会提出舰艇设计的建议，而不是要剥夺海军造舰总监在军舰设计方面的职能；不过同时他也强调了这些建议会对海军部委员会具有重大意义。设计委员会将提出新型战列舰、装甲巡洋舰和驱逐舰（但不包括潜艇）的初步设计。在装甲巡洋舰的设计上，其基本性能应为航速 25.5 节、装备 12 英寸主炮和反鱼雷艇副炮、装甲防护与"米诺陶"级相当、排水量和尺寸适用于当前的船坞和岸基设施。在设计过程中，（设计）委员会也借鉴了费舍尔在《海军的必需》中"战斗舰艇的类型"一节的基本观点；[22] 后来，委员会在肯定装甲巡洋舰、重型火炮、统一口径舰炮、航速和远程火力等方面价值的同时，还参考了新近发生日俄战争（1904 年 2 月至 1905 年 9 月）中的一些经验。[23]

委员会首先完成了新型战列舰的设计，随后开始讨论第一个，也是当时唯一一个新装甲巡洋舰的原始设计方案。被称为"方案 A"的设计是造舰师 C.H. 克劳斯福德（C.H.Croxford）根据助理造舰总监 W.H. 惠廷（ADNC W.H.Whiting）相关指示完成的。12 月 28 日，海军造舰总监提交了一个包含主炮布置方式的设计草案。草案中的军舰装备了 8 门 50 倍径 12 英寸主炮（不是后来的 45 倍径主炮），动力采用涡轮蒸汽机，输出功率为 42000 马力，航速达 25.5 节，防护性能与"米诺陶"级相当。值得注意的是，虽然培根声称"到 10 月 21 日，'无畏'号和'无敌'号的基本设计已经全部完成……后来只做了少量修改"，[24] 但当初加德设计的那几个装甲巡洋舰方案都没有被采用，最后定型的战列舰和装

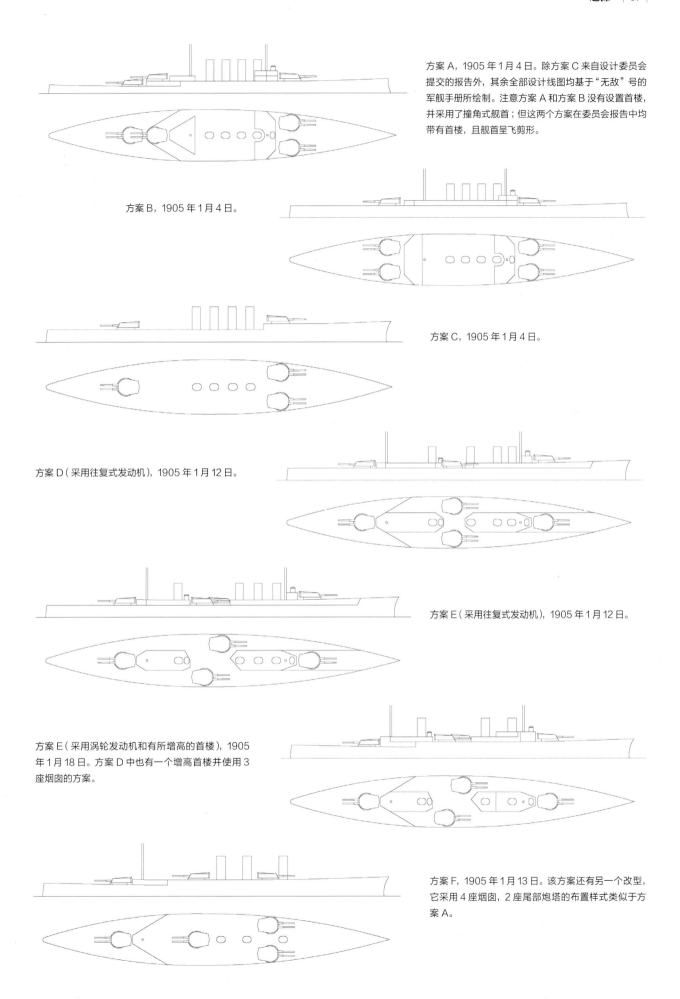

方案 A，1905 年 1 月 4 日。除方案 C 来自设计委员会提交的报告外，其余全部设计线图均基于"无敌"号的军舰手册所绘制。注意方案 A 和方案 B 没有设置首楼，并采用了撞角式舰首；但这两个方案在委员会报告中均带有首楼，且舰首呈飞剪形。

方案 B，1905 年 1 月 4 日。

方案 C，1905 年 1 月 4 日。

方案 D（采用往复式发动机），1905 年 1 月 12 日。

方案 E（采用往复式发动机），1905 年 1 月 12 日。

方案 E（采用涡轮发动机和有所增高的首楼），1905年 1 月 18 日。方案 D 中也有一个增高首楼并使用 3 座烟囱的方案。

方案 F，1905 年 1 月 13 日。该方案还有另一个改型，它采用 4 座烟囱，2 座尾部炮塔的布置样式类似于方案 A。

甲巡洋舰方案都是 10 月 21 日之后由海军造舰总监相关部门完成的。[25]

装甲巡洋舰总体布置的首要原则是保证首尾向拥有强大火力。方案 A 允许 4 门主炮同时向前或向后射击，侧舷方向则是 6 门主炮可以齐射；但这一方案被委员会否决了，因为舰尾呈背负式布置的炮塔会使位置较低的炮塔受炮口风暴（火炮进行射击时，炮弹飞出炮口瞬间，以炮口为中心形成的强烈冲击波）影响而难以正常工作，而且两座炮塔相距太近，很容易被一发炮弹同时摧毁。在当天下午的第二次会议上，海军造舰总监被要求制订两个新的设计方案（方案 B 和 C），并在图纸上注明 12 英寸主炮和其他小口径火炮的炮口风暴影响范围。在 1 月 4 日的第三次会议上，海军造舰总监按要求交出了设计图纸。结果他们发现并排布置的两座主炮塔仍会相互受到炮口风暴影响，于是两个方案都被立即否决了；侧舷火力太弱也是被否决的一大原因。另外，委员会成员还指出两座并排布置的前主炮塔（方案 B 中并排布置的后主炮塔存在相同问题）过于靠近舰首，极有可能使舰首承重过大，产生严重的纵摇从而影响军舰适航性。委员会要求海军造舰总监在更大的范围内布置 12 英寸

主炮塔，在保证首尾向和侧舷火炮齐射威力的同时将炮口风暴的影响降至可接受程度。根据这一建议，后者最终采用了一座炮塔在舰首、一座在舰尾，还有两座分别位于舰体中部两舷的布置方案——这样军舰就在侧舷方向有 6 门主炮可以齐射，首尾向有 4 门主炮可以开火（首尾向还各有一定的特殊角度允许 6 门主炮开火）。这一设计形成了方案 D 和 E，由克劳斯福德绘制并于 1 月 21 日交由委员会讨论。两个方案的唯一不同之处在于方案 E 中的两座中部炮塔呈对角线布置，可以超越甲板以有限的射角向另一舷射击；不过由于炮口风暴影响，只有在另一侧舷炮塔失灵的情况下才会被允许这样做。委员会成员倾向于方案 E，但要求将首楼延长至尾炮塔，以改善军舰适航性并为侧舷炮塔的指挥提供更好观瞄条件。虽然已经决定以方案 E 为基础进入细节设计，委员会还是讨论了另一个新方案 F。该方案是在方案 A 的基础上改进而来，两座前主炮塔向后移至第一烟囱的两侧，第三座炮塔则向前移至发动机舱和锅炉舱之间（与新战列舰的方案基本一致，但缺少前主炮塔）。克劳斯福德在第二天的第四次会议上递交了方案 F，当天的会议只有委员会中的海军部成员出席，结果这个方案被否决，

表 6：设计委员会考虑采用往复式蒸汽机的装甲巡洋舰设计数据，1905 年 1 月

	方案 A	方案 B	方案 D、E
日期	1905 年 1 月 4 日	1905 年 1 月 4 日	1905 年 1 月 12 日
柱间长（英尺）	540	540	550
宽（英尺 - 英寸）	77	77-6	79
吃水（英尺 - 英寸）	26-6	26-6	26-6
排水量（吨）	17000	17200	17750
重量（吨）			
其他设备	640	640	640
武备	2500	2500	2500
动力	3500	3500	3600
储煤	1000	1000	1000
装甲	3160	3260	3460
舰体	6100	6200	6450
预留重量	100	100	100
总重	17000	17200	17750

所有方案中以下各方面数据相同：发动机功率 41000 马力（方案 D、E 为 42500 马力），航速 25 节；武备含 8×12 英寸（80 枚备弹）、13（方案 D、E 为 14）×4 英寸（200 枚备弹）火炮，2 挺马克沁机枪，5 具水下鱼雷发射管；装甲含侧舷 6 英寸及 4 英寸（以及 3 英寸背板），横向装甲舱壁 6 英寸及 3 英寸，炮塔基座 8 英寸，火炮防盾 8 英寸，指挥塔 10 英寸（方案 D、E 为 10 英寸及 6 英寸），指挥塔通道 6 英寸及 2 英寸，甲板水平装甲 1.5 英寸及 2 英寸。

以上设计数据来自"无敌"级设计手册（ADM138/248），部分来源于"设计委员会进展报告"（《费舍尔文件》第一卷，第 285 ~ 290 页）的方案 D、E 设计数据与手册中的数据不符。所有引源中的"25 节航速"均不正确，可能有数据在第一次公布后被篡改或误记。不幸的是设计手册中没有方案 C 的图纸，唯一可用的数据来自委员会的报告——方案 C 排水量为 15600 吨，长、宽和吃水分别为 520 英尺、76 英尺和 26 英尺，可以断定其航速为 25.5 节，其余数据大多与上述方案相同（但该方案只装备了 6 门 12 英寸主炮）。

表7：设计委员会考虑采用涡轮式蒸汽机的装甲巡洋舰设计数据，1905 年 1 月

	方案 E	方案 D、E
日期	1905 年 1 月 18 日	1905 年 1 月 21 日
长（英尺）	530	540（D）*/525（E）**
宽（英尺）	79	79
吃水（英尺）	26	26
航速（节）	25.5	25.5

武备和装甲与往复式蒸汽机型号一致（见表 6）

重量（吨）	方案 E（1 月 18 日）	方案 D（1 月 21 日）	方案 E（1 月 21 日）
其他设备	620	620*	600**
武备	2530	2500	2500
动力	2350	3140	2350
储煤	1000	1000	1000
装甲	3350	3370	3300
舰体	6050	6120	5850
预留重量	100	100	100
总重	16000	16850	15700

* 预计动力装置将节省 12.5% 重量。
** 预计动力装置将节省 30% 重量。数据来自与采用往复式蒸汽机的方案 E（1 月 18 日方案）的对比，这一采用往复式蒸汽机的方案 E 与 1 月 12 日的方案 E（见表 6）基本相同，但发动机功率为 42000 马力，总重也略有不同（17600 吨——后来被惠廷修正为 17850 吨）。

方案 E 最终成为新装甲巡洋舰的原始设计。

1 月 7 日，海军造舰总监提出应该采用四轴涡轮机推进方案，克劳斯福德被要求据此修改方案 D 和 E。[26] 采用涡轮机的设计方案与采用往复式蒸汽机的方案基本相同，但前者只需要更少数量的锅炉，而且烟囱也能从四座减为三座。1 月 13 日，在由海军部成员出席的会议上，涡轮机被首次提出并进行了讨论。海军造舰总监和海军总工程师（E-in-C）都极力建议采用涡轮机，理由是这种动力装置非常简单可靠，而且可以大大减轻动力系统的重量；不过几位海军军官表示，由于需要为涡轮机采用小型高速螺旋桨，这可能会影响到军舰的机动性和倒车时的输出功率。1 月 17 日，涡轮机的发明人查尔斯·阿尔杰农·帕森斯（Charles Algernon Parsons）现身设计委员会，为涡轮机的优越性提供了更多证据；第二天，在比较了采用涡轮机和往复式蒸汽机的两个方案 E 版本后，委员会决定推荐为方案 E 装备涡轮机，后来所进行的一系列调查更是确认了这一决定。但是，争议仍然持续了几周时间，期间委员会研究了由帕森斯提供的证据，并仔细检查了现有涡轮机动力推进船舶的性能，最终结论是涡轮机的优越性远远大于其缺点（在

表8：方案 E 的演进，1905 年 2 月

日期	1905 年 2 月 10 日 *	1905 年 2 月 10 日 **	1905 年 2 月 22 日 ***	1905 年 2 月 22 日 ****
长（英尺）	540	530	540	540
宽（英尺）	79	79	79	79
吃水（英尺）	26	26	26	26
排水量（吨）	16750	16000	16750	16750
航速（节）	25.5	25.5	25	25
重量（吨）				
其他设备	720	720	720	720
武备	2470	2470	2450	2420
动力	2950	2350	3090	3090
储煤	1000	1000	1000	1000
装甲	3460	3410	3390	3420
舰体	6050	5950	6000	6000
预留重量	100	100	100	100
总重	16750	16000	16750	16750

* 预计采用涡轮机将节省 15% 重量。
** 预计采用涡轮机将节省 33% 重量。
***A 型——弹药舱无防护。
****B 型——弹药舱有防护。
其他数据与前述方案 E 相同，但 B 型的防护有所修改（修改内容在文中有述）；另外 2 月 10 日的方案中，反鱼雷艇火炮为 17×12 磅炮（300 枚备弹），2 月 22 日的方案中则为 20×12 磅炮（300 枚备弹）。

斯比得海德阅舰式上的"无敌"号，其舰尾方向是"不屈"号和"不挠"号。该图摄于 1909 年 7 月。（作者收藏）

动力一章中另有叙述）。

另外还有一项重大设计进展——对鱼水雷的防御能力，这一问题是由于新近发生的日俄战争中有多艘舰艇因为水雷攻击而损失才提出的。委员会最关注的是弹药舱的生存能力，特别是在方案 D 和 E 中，侧舷主炮塔的弹药舱应该靠近军舰中心线，尽可能远离两舷；他们甚至考虑了为发射药舱和炮弹舱设置一种装甲屏障。这个建议最终以在相关舱室两侧布置 2.5 英寸厚纵向舱壁而实现——这一创新是委员会中的海军部成员在 2 月 21 日会议上讨论产生的。第二天，在委员会全体成员会议上，他们对有无纵向舱壁的不同方案 E 版本（被称为方案 E 的 A 型和 B 型）进行了比较；为了在不增加总重的前提下容纳因纵向舱壁新增的 250 吨重量，对 B 型方案做出修改如下：

（1）位于标准吃水线上方的侧舷装甲带高度由 7 英尺 3 英寸降至 6 英尺 9 英寸（但 1905 年的最终设计又恢复了原先高度）。

（2）舰首 50 英尺长的 4 英寸装甲（厚度）减至 3 英寸。

（3）主炮塔侧面装甲由 8 英寸减至 7 英寸。

（4）主炮塔基座装甲由 8 英寸减至 7 英寸。

（5）前主炮塔的高度由位于标准吃水线上方 34 英尺降至 32 英尺。

设计委员会批准了以上修改中的大部分内容，但第 2 条除外——他们要求保持舰首装甲带厚度，相应地，将侧舷主炮塔高度由 29 英尺 6 英寸降成了 28 英尺 6 英寸（后来又进一步降为 28 英尺）。受以上修改影响，军舰的航速也由 25.5 节降至 25 节。航速降低的具体原因并未说明，但很有可能是因为（修改后）设计排水量难以保证，而为此增加输出功率来维持这 0.5 节航速又不值得。

2 月 22 日，委员会举行了最后一次会议，并且随即就成立数个下属委员会（由海军部成员组成）来研究设计的细节问题。尽管如此，设计委员会在当天提交的报告仍被命名为《进展报告一号》。据作者所知，之后委员会便再没有提交过任何完整的报告，不禁让人觉得此时海军部认为设计委员会早就完成使命，已经到将计划付诸实施的时候了。

设计与建造（1905—1914 年）

海军部每周训令第 351 号（1911 年 11 月 24 日）——为了与老式装甲巡洋舰相区别，今后将使用"战列巡洋舰"作为"无敌"号及其之后所有同类巡洋舰的称谓和级别。（ADM182/2）

当费舍尔的设计委员会在为新舰艇的设计做出决定时，他们就已经实际上接手了海军审计官和海军部委员会的职能。不过，海军造舰总监的部门除了向设计委员会这一更高级别权威征询意见外，基本上还是按部就班地依程序制作图纸、提出建议，然后对被选出的方案进行细节设计。在设计委员会《进展报告一号》出台后，海军部的舰艇设计流程也恢复常规，委员会选定的方案 E 于 1905 年 3 月 16 日获得海军部委员会批准。正式批准的设计方案与设计委员会所决定方案基本相同，只是反鱼雷艇火炮由 20 门减至 18 门，重量也发生了小幅度变化——到 4 月 26 日，该方案的设计总重已增至 17200 吨。增加重量的部分主要是舰体和动力装置。[1]1905 年

刚建成时的"不挠"号。（作者收藏）

表 9："无敌"级设计数据，1905 年 6 月 22 日

尺寸	全长 567 英尺；垂线间长 530 英尺；宽 78 英尺 6 英寸；吃水 25 英尺（前）或 27 英尺（后）
排水量	标准 17250 吨，满载 19720 吨（不含燃油）
动力	41000 马力，25 节
储煤	标准 1000 吨，满载 3000 吨
储油	700 吨
舰员	708 人
武备	8×12 英寸（每门备弹 80 枚）；18×12 磅（每门备弹 300 枚）；5×18 英寸（水下）鱼雷发射管
垂直装甲	中部水线装甲带 6 英寸；前部水线装甲带 4 英寸；水线装甲带高 11 英尺 3 英寸（标准排水量状态下，吃水线上方有 7 英尺 3 英寸，下方有 4 英尺）；装甲盒横向装甲 7 英寸或 6 英寸；主炮塔基座装甲 7 英寸；主炮塔装甲 7 英寸；指挥塔装甲 10 英寸或 6 英寸
水平装甲	主甲板首部 0.75 英寸，A、P、Q 炮塔基座下方和下层备用指挥塔上方的主甲板装甲 1～2 英寸；下甲板首部 1.5 英寸，中部中央水平部分 1.5 英寸、两侧倾斜部分 2 英寸，尾部 2.5 英寸；炮塔基座底部设有 2 英寸厚防破片装甲；弹药舱两侧设有 2.5 英寸厚防鱼雷装甲
重量（吨）	
其他设备	660
武备	2440
动力	3300
工程物质	90
储煤	1000
装甲	3460
舰体	6200
预留重量	100
总重	17250

表 10：海军部在"无敌"级建造期间批准的改进项目及项目所增重量

以 4 英寸舰炮（16 门）取代 12 磅炮	65 吨
增设 14 英寸鱼雷发射管（及储备弹药）和 50 英尺小艇吊放设施	5 吨
添加锚链舱保洁设施	5 吨
设置独立的礼炮弹药舱	2 吨
采用气密性发射药储存箱	40 吨
设置武备管理室和仆人住舱	3 吨
桅顶升高至水线以上 180 英尺处	5 吨
为 12 英寸主炮添加抽气装置	5 吨
增设弹药舱冷却系统	30 吨
舰员数量从 708 人增至 755 人	10 吨
设置环形电路系统	30 吨
增设运煤吊臂	10 吨
增加舰桥工作人员数量	5 吨
总重	215 吨

6 月 22 日，海军造舰总监向海军部递交的新装甲巡洋舰的整体线型、舰体中部、装甲布置及桅具图纸获得海军部批准（见表 9）；前者在经过详细计算后，将舰长和舰宽分别减少了 10 英尺和 6 英寸，但排水量增加了 50 吨（增重部分仍是动力装置，具体来说是增设了 70 吨重的燃油管路）；对新方案的详细计算最终在 8 月完成（有关重量、尺寸、稳定性和建造情况的详细信息可见本章末列表）。

英国海军计划在 1905—1906 财年建造 1 艘"无畏"号战列舰和 3 艘装甲巡洋舰。1905 年 6 月，海军部将 3 艘巡洋舰分别命名为"无敌"号（HMS Invincible）、"不朽"号（HMS Immortalite）和"莱利"号（HMS Raleigh）；不过在正式开建时，后两艘却被改名为"不挠"号（HMS Indomitable）和"不屈"号（HMS Inflexible）。只建造 1 艘战列舰的原因已经不甚清楚，但有可能是为了以最快速度将无畏舰完工并对其一系列新式装备展开测试，包括涡轮蒸汽机和大口径主炮；另外，主炮塔和涡轮机的生产速度也决定了第二艘无畏舰无法立即开建，尽管除了费舍尔，海军部委员会的大部分成员都认为战列舰比装甲巡洋舰更为重要。"无畏"号于 1907 年 1 月完工，作为新一代战列舰的首舰，它获得了巨大成功；在其之后，又有两级无畏舰接连开工建造，到 20 世纪 10 年代中期，英国海军已经拥有 7 艘无畏舰。"无敌"级[2]首舰直到 1906 年 2 月才开工，比"无畏"号晚了 4 个月；到 1908 年，前三艘"无敌"级已陆续建成服役。尽管费舍尔对这种军舰极为推崇，但下一级新式装甲巡洋舰开工至少也要等到 1909 年了。

"无敌"级尚在建造时，海军部对其原先设计进行了一系列修改，其中最重要的就是为"无敌"号安装电动 12 英寸主炮塔（这导致军舰重量增加了 130 吨，详

1909 年 7 月，在斯比得海德的"不屈"号。（作者收藏）

见武备一章），此外还以 16 门 4 英寸火炮取代了之前设计中的 12 磅舰炮。完工前所批准的主要修改项目见表 10。这些修改总共增加了 215 吨重量，比预留重量超出 115 吨，而且"无敌"号还因为安装电动炮塔额外增加 130 吨。不过，所有这三艘同级舰在完工时的排水量都没有严重超出设计排水量，"无敌"号的炮塔虽然超出原设计重量，但完工时的总重甚至还略轻于设计重量。3 艘军舰在 1 英里（1609.344 米）动力海试中的最高航速都超过了 26 节，完全达到要求，这证明它们的设计和建造都是非常成功的（"无敌"号的电动炮塔除外）。在之后数年内，它们都是世界上最强大的巡洋舰，完全实现了费舍尔承诺的目标——火力可以击沉任何能追上自己的军舰，而航速也可以摆脱任何能击沉自己的军舰（当然，前提是在良好能见度下，因为它们在近距离上即使与"国王爱德华七世"级和"纳尔逊勋爵"级长时间交战也无法幸存）。但是，当德国第一艘战列巡洋舰于 1911 年服役后，这一切就开始发生改变了。

"无敌"级有多种非官方的分类方法，以便将其与旧式装甲巡洋舰进行区分。有多个称谓被提出，如"巡洋战列舰""无畏型巡洋舰"和"战列巡洋舰"等（最后一个是费舍尔最早于 1908 年提出）；但是到 1911 年末，就如本章开篇时引用的舰队训令所示，"战列巡洋舰"已经成为它们的官方称谓。

1905—1908 年经费紧缩时期

费舍尔极为勉强地接受了手下军官们要将防护全面的战列舰作为舰队主力的观点。1904 年初，他写道："所有人都同意战列舰在当前是必须的。"他曾多次在表达这一观点时使用"当前"一词，比如他在 1904 年 10 月交给塞尔伯恩的一份文件中说："只要其他国家当前还没有完全放弃战列舰，那么英国海军完全停止建造战列舰的时机就尚未成熟。"费舍尔在第一次担任第一海军大臣和设计委员会主席时就多次声称，他希望只建造"无敌"级巡洋舰而放弃"无畏"级战列舰，但他也是"唯一一个"持此观点的人（不过费舍尔至少在一封信中表示过他的观点得到了开尔文勋爵的支持）。1905 年末，在"无畏"号已经铺设龙骨而"无敌"级尚未开工时，他似乎在尝试以另一种途径来推行自己的观念，即建议将两种军舰"融为一体"。目前已知大约在 1905 年 12

表 11：方案 X4 相关数据

设计方案	X4
公布日期	1905/12/2
舰长（英尺）	580（垂线间长）或 623（全长）
舰宽（英尺）	83
吃水（英尺）	27.5
动力	最大输出功率为 45000 马力，航速达 25 节
武备	10×12 英寸(45 倍径)主炮，8×4 英寸副炮，18×12 磅炮，3×18 英寸鱼雷发射管
装甲	水线、炮塔基座、炮塔及司令塔装甲厚度均为 11 英寸
排水量（吨）	22500
重量（吨）	
其他设备	750
武备	3210
动力	3550
燃煤	1000
装甲	6540
舰体	7350
预留重量	100
总重	22500

月 2 日，海军造舰总监部门公布过一种融合型军舰的初始方案，其具体设计方案的代号为 X4（见表 11），相关信息被收藏在"贝勒罗丰"级（Bellerophon）战列舰的军舰手册中。不幸的是其余方案（至少应该还有 X1 至 X3）[3] 并没有被保存下来。方案 X4 为航速达 25 节的无畏舰，拥有与同类舰相同的武备和装甲；但它的排水量由 17900 吨增至 22500 吨，增重部分主要被用来容纳功率更大的动力装置，从而使输出功率从 23000 马力增加到了 45000 马力。这一先进设计方案实际上就是数年后才出现的高速战列舰，一旦建成就会立刻使"无敌"级成为过时产物。不过费舍尔并没有意识到它的先进性，而是依然顽固地推崇大口径主炮装甲巡洋舰，原因可能就是他根本视装甲为无用之物。另外，其实稍加留意也不难发现任何将（前文所述）两种军舰融合在一起的方案，其最终结果都是产生一种新型战列舰，而不是先进的装甲巡洋舰——事实上，对这一概念的讨论很快就陷入了一种语义上的争执中。

在 1905 年 12 月（或是 1906 年 1 月），海军部委员会研究了费舍尔的"融合"概念，得出以下结论：建造这种排水量和造价都大幅上涨的军舰是不现实的，因此在 1906—1907 财年中，海军将继续建造无畏型战列舰；此外，"无敌"级也已经能够满足皇家海军当前对装甲巡洋舰的需求。[4] 这一结论完全合理，因为英国已经建造了世界上最先进的装甲主力舰，在此阶段继续发展新型装甲巡洋舰为时尚早，也毫无必要。1906 年 1 月，英国议会大选，自由党取代保守党执政，并决定在今后三年内进一步压缩海军军费，因此"融合"型主力舰也只能沦为一种理论上的愿景了。接下来三年里，海军预算遭到了连续削减，根本没有可能扩大造舰计划，包括增加造舰数量和提高军舰排水量。在装甲巡洋舰方面，海军原本希望每年能开工 4 艘，但削减后的预算使 1906—1907 和 1907—1908 两个财年都只能各开工 3 艘装甲巡洋舰，1908—1909 财年甚至只能开工 2 艘。事实上，费舍尔已经成为他本人所成就的一个牺牲品。不过与此同时，英国无畏舰（所拥有的优势）冻结了外国海军的造舰计划，导致后者数年内都无法造出在性能和数量上与无畏舰相匹敌的军舰；英国只需要保持现有设计标准，并打造出一支规模合理的舰队就能轻易维持本国海军的巨大优势。费舍尔不仅有（必须）节省开支的政治压力，还面临着一些人对自己在海军管理方面的批评。他只能首先确认英国需要在无畏舰方面以多大的优势才能领先德国海军，然后基于这种需要来考虑本国的造舰计划，因为德国当时已被视为英国唯一的潜在对手（他甚至想过把 3 艘"无敌"级归为战列舰级别，以增加后者名义上的数量）。由于费舍尔命令对"无敌"级的设计和建造严格保密，这使得英国在战列巡洋舰方面

相对德国获得了更长时间的优势。德国人一直认为"无敌"级仍是一种传统的装甲巡洋舰，只是采用了统一口径主炮。因此，他们于 1907 年 2 月开工建造了"布吕歇尔"号装甲巡洋舰，其排水量为 15590 吨，航速达 24.25 节，装备有 12 门 8.2 英寸主炮。德国第一艘真正的战列巡洋舰"冯·德·塔恩"号要到 1908 年 3 月才开工，而英国的 3 艘"无敌"级在那一年均已建成服役。

尽管已对 12 英寸主炮无畏舰缺乏大幅度改进的兴趣，英国海军内部还是在 1906 年中期针对 1907—1908 财年造舰计划提出了一些大胆的技术革新方案——包括双联或三联 12 英寸主炮（炮管分为 45 倍径和 50 倍径两个级别），以及双联 13.5 英寸主炮等。但是到 1906 年 12 月，海军部的结论仍是继续使用无畏舰基本设计，唯一的重要改进只是装备了 50 倍径 12 英寸主炮。英国海军在 1907—1908 财年建造了 3 艘"圣文森特"级（St Vincent）战列舰，虽然没有开工建造战列巡洋舰，但海军造舰总监还是提交了新型战巡的设计方案并得到批准。

1913 年 10 月，"无敌"号进入马耳他港。此时它是同级舰中唯一一艘三座烟囱的高度保持一致的军舰——"不屈"号和"不挠"号的第一烟囱分别于 1911 年和 1910 年增加了高度，以减少烟尘对舰桥产生的影响；"无敌"号的第一烟囱直到 1915 年 1—2 月在直布罗陀进行修理时才得以改装。（R. 埃利斯）

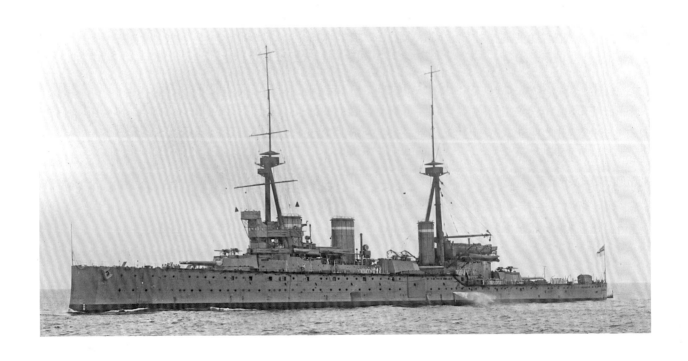

表 12：1907—1908 财年各装甲巡洋舰设计方案

设计方案	A	B	C	A（改）	B（改）	D	E
日期	1906/11/20	1906/11/20	1906/11/20	1906/11/21	1906/11/21	1906/11/22	1906/12/05
舰长（英尺）	550	550	550	560	560	565	565
舰宽（英尺）	79	79.5	80	81	81	81	83
吃水（英尺）	26.25	26.5	26.75	26.75	27	27	27
航速（节）	24.5	24.5	24.25	24*	24*	24	25
水线装甲板厚度（英寸）**	6	9 或 6	9 或 6	9 或 6 或 4	10 或 6 或 4	10 或 8	9
重量（吨）							
其他设备	680	700	700	720	720	720	720
武备	2600	2600	2600	2780	2780	2780	2780
动力	3420	3420	3420	3450	3450	3500	4100
燃煤	1000	1000	1000	1000	1000	1000	1000
装甲	3600	3860	4180	4500	4650	5150	5200
舰体	6700	6820	6900	7150	7200	7450	7500
预留重量	100	100	100	100	100	100	100
总重	18100	18500	18900	19700	19900	20700	21400

* 11 月 22 日，方案 A 和方案 B 的航速被分别修改为 24.5 节和 24.25 节。
** 方案 A（11 月 20 日方案）的装甲及防护性能同"无敌"级，其他方案除侧舷装甲外也与"无敌"级相同。以上所有方案均装备 8 门 12 英寸主炮（11 月 20 日的方案为 45 倍径，其余方案为 50 倍径）、16 门 4 英寸副炮、5 部 18 英寸鱼雷发射管（方案 E 后来减至 3 部）；所有方案的最大储煤量均为 3000 吨。到 1907 年 6 月，方案 E 的设计重量在以下方面有所增加——武备（180 吨）、动力（90 吨）、装甲（270 吨）、舰体（60 吨），故标准排水量增至 22000 吨。

1906 年 11 月 20 日，海军造舰总监向海军审计官杰克逊少将（Jackson）递交了第一批新型战列巡洋舰的设计方案。A、B、C 三个方案（见表 12）是"无敌"级的改进型，它们（与"无敌"级）的最大不同之处在于两个中部炮塔的径向距离被拉大，这样就使得火炮在进行跨越甲板射击时拥有更大射界，而且允许两座炮塔同时朝同一侧舷方向开火。此外，在方案 B、C 中，大约有 200 英尺长侧舷水线装甲带的厚度被增加至 9 英寸；[5] 在方案 C 中，位于舰尾部分的水线还设有 4 英寸厚侧舷装甲，这是另外两个方案和"无敌"级都不具备的。

第二天，海军造舰总监又递交了方案 A、B 的改进版本（方案 C 应该很快就被否决了），主要是用 50 倍径 12 英寸主炮取代 45 倍径 12 英寸主炮；此外，方案 B 的侧舷装甲带厚度也有所增加。11 月 22 日，他（DNC）又递交了在方案 B 基础之上改进而来的方案 D，这一方案进一步加强了装甲防护。所有这些方案的航速均略低于"无敌"级（但实际相差不大），因为它们都采用了与后者相同的动力装置（方案 D 除外，由于重量增加，尽管其输出功率增至 43000 马力也只能维持 24 节的航速）。

11 月 22 日，海军大臣们开会讨论了这些设计方案，而后要求海军造舰总监对方案 D 加以改进——除了针对装甲布置做出一些调整外，新的战列巡洋舰还必须拥有与"无敌"级一样的最高航速。1906 年 12 月 5 日，后者（DNC）递交了方案 E，该方案的水线及其上方装甲带厚度均被减少了 1 英寸，不过长度向舰尾有一定延伸；此外，防鱼雷纵向装甲的防护面积也被扩大，最终覆盖了动力舱和弹药舱（这一布置方式已在"贝勒罗丰"级战列舰上有所应用）。方案 E 在 12 月 11 日由海军部委员会批准，于 12 月 19 日被批准开始细节设计。[6] 虽然英国海军在 1907—1908 财年没有建造战列巡洋舰，但方案 E 的设计工作仍然持续了一段时间——海军部认为它可以作为有可能于下一年重新开建的战列巡洋舰的设计基础。[7]

1907 年 6 月，由于受到要求节省经费的政治压力影响，加之英国无畏舰已在世界上拥有领先优势的事实，海军部决定在 1908—1909 财年实施相对保守的造舰计划——仅有一艘战列舰和两艘装甲巡洋舰被批准建造，而且装甲巡洋舰将重新采用 9.2 英寸舰炮作为主炮。[8] 很难相信费舍尔会乐于看到这样的倒退，因为这等同于放弃了他最钟爱的战列巡洋舰；但可以肯定的是，他在海军部委员会的同僚们大多都不认同其对战列巡洋舰的

1914 年 3 月 5 日，"不屈"号在热那亚。该舰的第一烟囱在建成时已被加高，其两侧还加装了探照灯平台；新的前桅平台上安装有阿果测距仪。注意图中的防鱼雷网撑杆呈收起状态，与侧舷平行。（作者收藏）

观念。费舍尔此时面临着巨大的经济压力，同时正与海峡舰队司令查尔斯·比尔斯福德（Charles Beresford）闹不合，因此采用廉价的 9.2 英寸主炮装甲巡洋舰也在情理之中。即使做出这些努力，英国内阁仍拒绝了海军部的预算方案，并责令海军大臣特维德茅斯爵士（Edward Marjoribanks, 2nd Baron Tweedmouth）进一步削减下一财年的海军预算；海军部只能再次修改方案，提出只建造一艘战列巡洋舰，不过仍遭到内阁拒绝。这引起了两者之间的巨大矛盾，但费舍尔认为削减经费并不会带来严重危险，即使他也担心内阁会让自己背上导致海军开支过高的罪名；不过，费舍尔得到了其他几位海军大臣的支持，包括海军中将 W. 梅（W.May）、海军少将杰克逊和海军上校温斯洛（A.Winsloe），他们在前者鼓动下以辞职相威胁，声称至少必须保留海军部提出的"最节省"方案。在特维德茅斯一份日期为 12 月 3 日的备

忘录中，以上四位海军部大臣又声称根据最近公开德国海军的海军造舰计划，英国海军在 1908—1909 财年的预算不仅不能削减，还应该有所增加，否则就必须大大增加 1909—1910 财年预算以弥补军舰数量的不足；此外，如果像内阁要求那样取消计划中唯一的战列舰，那么不但会使英国的海上优势有损，而且会对舰炮和装甲制造业造成消极影响，因为这些厂商都需要持续的订单来保持自身制造能力。争论一直持续到第二年（1908 年）2 月，结果是预算遭到了更大幅度削减，不过其中唯一的那艘战列巡洋舰最终得以保留（而且继续装备 12 英寸主炮）。

"不倦"级

新一级战列巡洋舰的设计与方案 E 相似，但取消了原先方案中对侧舷装甲和水下防护的加强部分，并且依然使用 45 倍径 12 英寸主炮。1908 年 3 月 10 日，海军造舰总监递交了新战列巡洋舰的第一个设计方案 A（见表 13）。事实上，这一方案更加趋同于该部门在 1906 年 11 月 20 日提交海军部的方案 A；新一级军舰也像是"无敌"级的放大型号，真正的改进之处只是侧舷主炮

表 13：方案 A（"不倦"级）设计数据，1908 年 11 月

尺寸	全长 590 英尺；垂线间长 555 英尺；宽 80 英尺；平均吃水 26.5 英尺
标准排水量	18750 吨
动力	43000 马力，25 节
储煤	1000 吨（标准），3000 吨（最大）
储油	850 吨
舰员	737 人
武备	8×12 英寸（每门备弹 80 枚）；16×4 英寸（每门备弹 100 枚）；5× 马克沁机枪；2×18 英寸（水下）鱼雷发射管
垂直装甲	中部水线装甲带 6 英寸；前后水线装甲带延伸部分 4 英寸；舰首及舰尾水线装甲带 2.5 英寸；水线装甲带上方及标准排水量吃水线上方 7 英尺 6 英寸、下方 3 英尺 6 英寸；装甲盒横向装甲前部 3 英寸或 4 英寸，后部 4.5 英寸或 4 英寸；主炮塔基座装甲 7 英寸；主炮塔装甲正面 10 英寸，侧面 7 英寸；指挥塔装甲前部 10 英寸，后部 6 英寸；司令塔垂直通道前部 4 英寸，后部 3 英寸；信号塔 3 英寸
水平装甲	主甲板 1 英寸；下甲板中部水平部分 1 英寸，两侧倾斜部分 2 英寸，首尾 2 英寸；烟囱 1.5 英寸和 1 英寸；主炮塔弹药升降机设有 2 英寸厚防破片装甲；弹药舱两侧设有 2.5 英寸厚防鱼雷装甲
重（吨）	
其他设备	680
武备	2580*
动力	3655
储煤	1000
装甲	3735
舰体	7000
预留重量	100
总重	18750

*武备重量中不包含尚在考虑的 12 英寸榴霰弹。此外，1908 年 3 月初始设计中与本表不同的数据包括有以下方面：全长为 585 英尺，宽为 80 英尺 6 英寸，水线装甲延伸带在水线以上厚度为 7 英尺、以下为 4 英寸；重量（吨）——其他设备为 665 吨，武备为 2540 吨，动力为 3650 吨，装甲为 3800 吨，舰体为 6995 吨。

可以更加自由地横跨甲板向另一舷射击，方向射界达到了 70 度。虽然新的战巡——"不倦"级号称拥有限的 8 门主炮侧舷齐射能力，但也有明显弱点，因为 A、Y 两座主炮塔两侧的侧舷主装甲带厚度被减成了 4 英寸。现存文件都没有提及为什么要进行这样的削减，不过方案 E 中那些用于增强防护的改进应该是出于限制军舰尺寸和造价原因被取消了（该方案在 1907 年 6 月时的设计排水量为 22000 吨）；当然，也有可能是费舍尔为了保持军舰高速性而反对增加装甲重量。最后的详细设计（见表 13）只在 3 月的初始设计上做了少量修改，并于 1908 年 11 月获得海军部委员会的批准。1908 年 12 月 9 日，新一级别军舰的首舰被命名为"不倦"号，于 1909 年 2 月在德文波特海军船厂开工建造。

德国在"不倦"级开工后不久就准备建造本国吨位更大、防护性能也更强的战列巡洋舰——"冯·德·塔恩"号（Von der Tann，见表 18）。由于"不倦"级的性能相比"无敌"级并没有显著提升，这使它遭受了广泛批评；此外关于德国军舰的情报也少得可怜（德国人使用了费舍尔之前的策略，对己方军舰性能严格保密）。在 1909 年和 1910 年的《布拉西海军年鉴》中，英国人对德国战列巡洋舰装备了 12 门 11 英寸主炮确信不疑，虽然在 1911 年版年鉴中主炮数量被修正为 8 门，但其装甲防护的性能仍被认为与"无敌"级相当。海军部在

刚建成时的"不倦"号。主桅平台是它与两艘"半姊妹舰"的主要区别所在，因为"澳大利亚"号和"新西兰"号的主桅上并未设置任何平台。（作者收藏）

1911 年，在斯比得海德加冕阅舰式上的德国第一艘战列巡洋舰"冯·德·塔恩"号。（R.A. 伯特）

1911 年版海军年鉴出版前不久得到了有关德舰性能的准确情报，但已经来不及对处于建造中的"不倦"级加以改进。虽然"不倦"级不应该为此受到批评，不过还是可以看出德国所建的战巡已经使费舍尔支持这种军舰的主要理由站不住脚——英国战列巡洋舰现在需要面对性能至少相当对手的挑战了。

不过，以上分析并不适用于"不倦"号的两艘姊妹舰，即"澳大利亚"号和"新西兰"号。这两艘军舰由相应的英国海外自治领出资建造并命名，前者将归属于皇家澳大利亚海军并担任旗舰。两舰直到 1910 年 6 月才开工建造，那时英国已经获得了更多有关德国新战巡的性能数据，也得以对它们的设计进行优化。没有任何

明显证据来解释英国为什么要建造这两艘军舰，但很有可能是因为费舍尔对战列巡洋舰的钟爱才促成此事。对澳大利亚来说，似乎建造一艘战列巡洋舰理由更加充分，毕竟使用二级战列舰和大型巡洋舰作为海外海军站旗舰是皇家海军的标准做法；可这并不能解释为什么"新西兰"号也是一艘战列巡洋舰，或许纯粹就是财政方面的原因。不过这也凸显了费舍尔的公关能力，他的鼓吹让战列巡洋舰获得了它在公众心目中与其真正价值并不相称的崇高声誉。

"澳大利亚"号和"新西兰"号并非"不倦"号的复制品，主要区别就在于首尾装甲的布置（见装甲一章）；其次，它们在内部布置和舰桥结构上也有一些不同；另外，海军部虽然没有明确要求提高航速，但两舰的发动机输出功率还是从 43000 马力增至 44000 马力。以上这些改进不可避免地使军舰设计排水量增加了 50 吨（见表 14，实际上只比"不倦"号增加 10 吨，因为后者有 40 吨增重属于预留重量）。

表14："澳大利亚"号（及"新西兰"号）改变设计后与"不倦"号的重量对比，1909 年

	"不倦"号	"澳大利亚"号
其他设备	690 吨	690 吨
武备	2610 吨	2615 吨
动力	3655 吨	3655 吨
储煤	1000 吨	1000 吨
装甲	3735 吨	3670 吨
舰体	7000 吨	7070 吨
预留重量	60 吨	100 吨
总重	18750 吨	18800 吨

"狮"级

1908 年 9 月 8 日，费舍尔在给伊舍子爵（Reginald Baliol Brett, 2nd Viscount Esher）的信中写道："……我已经让菲利普·瓦茨爵士设计新的'不挠'型军舰，你看了一定会垂涎三尺（而德国人定会气得咬牙）！"这段话经常被后人引用。有人猜测，费舍尔指的新战舰就是"不倦"级，因为他是在该级军舰的初始方案被批准几个月前以及设计计算刚刚完成之时写下这段话的。但

左上："新西兰"号舰尾，本图摄于1913年。（作者收藏）

右上："澳大利亚"号左舷舰尾视角，本图摄于1917年。该舰后方是"新西兰"号，照片下方还可见其（"澳大利亚"号）P炮塔的测距仪防护罩。（帝国战争博物馆：Q18718）

下："澳大利亚"号正在通过福斯大桥，准备驶向战列巡洋舰锚地，其前方自左往右依次是"声望"号、"反击"号、"狮"号和"虎"号。本图摄于1917年底。（帝国战争博物馆：Q18725）

实际上并不是这样，因为他在 9 月 17 日给海军造舰总监的信中这样说道：

我亲爱的瓦茨：

敦请你送来几张线图，以彰显你天才的灵光是怎样使我们装备重炮的极高速战列巡洋舰比"不挠"号更进一步的。每个人都想看到它的真面目！让我们叫它"无比"号（Sanspareil）！要是不得不接受较少的火炮数量，那我们只能改叫它"不配"号（Incompatible）。因为如果我们仅仅是像所有火炮较少军舰做的那样拉开中部炮塔的距离，就无法与我们所取得的巨大进展相称。

要是我们能达到"无畏"号那样的成就便大功告成了，以增加 4% 的造价和 5% 的排水量为代价，将"无比"号的火力提高 25%，并且像"不配"号那样能进入所有船坞（可以在马耳他省下三分之一的船坞），不会有人愚蠢到拒绝这样的军舰……[9]

虽然在缺乏背景信息的情况下很难理解信中内容，不过它还是包含有一些当时正在讨论有关军舰设计的线索。时值（1908 年）海军部开始制订下一财年海军预算，

首次建造完成后的"狮"号，其前桅位于第一烟囱后方。注意第二及第三烟囱的高度还较低，前部露天甲板上的 4 英寸副炮也不设防护，以及位于主桅两侧的测量水箱（用于进行水量消耗试验）和舰桥下方的司令塔。（作者收藏）

以及在初始设计的基础上提交造舰计划，以备在第二年春天提交议会审议通过。而且，海军部非常关注德国正在实施的造舰计划，认为后者的主力舰将在排水量上超过英国军舰，这就会使德国舰拥有某些方面的优势——虽然详细情况尚不清楚，但至少德国主力舰的速度会与英国现有主力舰相近。费舍尔肯定已经认识到，若要保持英国战列巡洋舰的优势，进一步提高航速就是必须的；根据自己所要达到的"极高速"目标，费舍尔给海军造舰总监下达了设计要求，不过后者告诉他这意味着需要大幅提高排水量或对火炮重量进行削减。以费舍尔的一贯作风，他会集中所有力量以最高效率达成这一目的。

关于 1908—1909 财年造舰计划的争论平息之后不久，雷金纳德·麦肯纳（Reginald McKenna）接替了特维德茅斯担任海军大臣。他才华出众，比前任更善于在内阁和议会中为海军谋取最大利益。在 1908 年 5 月 4 日与海军大臣们的会议上，麦肯纳同意在 1909—1910 财年里建造至少 4 艘主力舰，以补偿上一财年造舰计划

中的缺失，甚至答应如有可能就建造6艘（主力舰）。当年年底，英国海军情报部得到消息，称德国已经扩大了海军舰艇和舰炮的生产能力，因此断定德国正在加速扩充海军规模，试图挑战英国的海上优势地位。据此情报，麦肯纳于1908年12月8日在内阁会议上要求于下一财年开工建造6艘无畏舰，该方案自然激起了海军部和内阁之间的新一轮冲突。内阁一直质疑并反对海军增建主力舰的意图——这一争论很快就被反对党和报界得知，英国政府发现自己陷入了来自各个方面的反对声浪中，如不采取补救措施，"对国家安全置若罔闻"的大帽子怕是难以摘掉。1909年2月，为平息外界愤怒，内阁宣布将维持原来新建4艘主力舰的计划，但另外也声称一旦证实德国扩大造舰计划就会增建4艘"应急主力舰"。3月16日，麦肯纳在下院宣布了这一方案，并称"会不惜一切代价确保国家安全"；他声称当年7月将开工建造2艘主力舰，11月再开建2艘，如有必要还会在之后建造4艘。但是，海军部和激进人士对此并不满意，他们认为另外4艘主力舰可能永远都不会开工，或者即使开工，政府也会以此为借口削减下一年度的造舰计划。政府在巨大压力下终于妥协，相关部门人士于7月宣布4艘"应急主力舰"将在1909—1910财年结束之前开工，而且绝不会影响1910—1911财年的造舰计划。虽然给人带来的印象是增加了造舰数量，可实际上英国人所做也恰好是他们谴责的德国人正在做的事情——加快造舰速度。一般来说，新的战列舰会在财年即将结束时开工（当年12月至来年4月），但1909—1910财年中的2艘战列舰（"巨人"号和"大力神"号）早在1909年7月就开工了，另2艘主力舰（"猎户座"号和"狮"号）也于1909年11月开工；额外增加的4艘主力舰（3艘"猎户座"级和1艘"狮"级）则赶在1910年4月，即本财年结束之前开建——此时已到了舰艇开工时段的末尾。

新的造舰计划并不仅仅是增加舰艇数量。海军部非常担心英国主力舰已经在性能上落后于德舰，所以他们需要确保本国未来战列舰和战列巡洋舰的排水量及威力有大幅提升；要达成这一目的，两种主力舰的火炮口径以及战巡航速就必须有所增加。前者通过采用13.5英寸主炮来实现目标，其所用炮弹重达1250磅（12英寸舰炮的炮弹重850磅），这种主炮的设计和制造于1908

年10月21日获得费舍尔批准（有人认为他专门选择了特拉法尔加战役纪念日）。但由于决定做出时已经太晚，1909—1910财年中首批开工建造的2艘主力舰未能装备13.5英寸主炮；费舍尔甚至担心应急计划中的那4艘主力舰也将无法装备新型主炮，他在1909年3月5日给海军大臣麦肯纳的信中写道："现在让我不安的是4艘德国新无畏舰的排水量已经达到22000吨，他们的'H'级巡洋舰也将超越'不挠'号。难以想象我们舰艇的性能处于劣势会是什么样子！早知如此我应该在一年前就倾尽全力制造更强大的13.5英寸舰炮，可现在已经晚了。我甚至担心1910年4月1日开工的那4艘主力舰都无法安装13.5英寸主炮。"[10]费舍尔的担心完全是多余的，因为1909年11月开工的2艘主力舰都已经能够装备13.5英寸主炮，那么本财年计划中余下的6艘主力舰同样可以——这就是4艘"猎户座"级（Orion）战列舰和2艘"狮"级战列巡洋舰。从费舍尔在1909年3月底写给麦肯纳的另一封信中可以看出他更加钟爱战列巡洋舰："我们必须在今后两年内建造8艘'无上'级（Nonpareil）来对付德国的'E''F''G'和'H'型巡洋舰。'布吕歇尔'号装备8门11英寸主炮，航速25节——我们的军舰要有28节航速才能抓住它！"[11]费舍尔所知有关"布吕歇尔"号的情报当然是错误的，但他对其他德国战列巡洋舰性能的判断完全正确，后者的确相对英国现有战巡处于优势地位。英国没有在随后两年里建造（全部的）8艘战列巡洋舰，而是每年开工建造1艘，不过费舍尔确实得到了（战舰拥有的）28节航速。

在介绍"狮"级之前，我们有必要提及"猎户座"级相关设计，因为从中就可以看出费舍尔对（高）航速的持续着迷，以及对德国军舰性能的关注。1909年5月12日，海军部委员会探讨了13.5英寸主炮主力舰的设计，与会人员包括费舍尔、麦肯纳、杰利科、温斯洛和G.兰伯特（G.Lambert，当时是文职大臣及下院议员），其中第二海军大臣布里奇曼缺席。这次会议主要讨论新型战列舰的设计，并将战列巡洋舰的相关议题延后；海军造舰总监为战列舰提供了两种航速分别为21节和23节的基本设计，后者的高速性主要依靠增加排水量获得。委员会批准了慢速型设计，而费舍尔在会上依然毫不掩饰他对低航速的厌恶，海军部会议纪要中这样记载了他的抗议性发言：

> 从战术目的考虑，我更钟意 23 节方案，而不是委员会所采纳的 21 节（方案）。因为已有证据表明德国战列舰的发动机功率将达到 30000 马力，航速可能达到 23 节，而我们任何一种军舰在速度上被德国同类舰艇超越都是不可接受的。
>
> 成本增加 15 万或 20 万英镑而使我们军舰的航速与德国人相当是值得的。[12]

在 5 月 17 日和 26 日的委员会会议上，有关战巡设计的讨论被再次推迟。但最终在 5 月 27 日的会议上，他们决定为新的战列巡洋舰装备 8 门主炮，而且把所有炮塔都布置在舰体中心线上；其中，舰首有 2 座主炮塔（A、B 炮塔采用背负式布置方案），另 2 座则分别位于舰尾和舰体中部。这基本重复了"猎户座"级的设计，只是取消了后者舰尾那座能进行超越射击的主炮塔。令

人遗憾的是，"狮"级的部分原始设计图纸已经丢失，现存该级军舰手册中最早的设计方案是海军造舰总监于 1909 年 6 月 7 日递交给海军审计官杰利科的方案 CV（之前可能还有方案 CI ~ CIV，或方案 A、B 之类）。在附于方案 CV 的说明中，海军造舰总监声称该方案已经过认真修改，与之前的设计略有不同。

他（DNC）还在设计草图和性能数据（见表 15）中附上评论，说根据新军舰的性能，特别是"在与其他军舰比较和提升了防护水平后"，它（新军舰）可以被视为战列巡洋舰或战列舰；[13] 他还声称如果新军舰的长度再增加 3 个肋位（12 英尺），就可以在 X 炮塔上方增设一座可超越射击的主炮塔——但这样军舰的造价将上涨 17.5 万英镑，也就是以增加 7% 的造价来获得额外的 25% 侧舷齐射火力。海军部委员会没有采纳这个建议，不过可以想象费舍尔会对此颇感兴趣。1909 年 8 月 18 日，海军部委员会批准了 CV 方案。

与"无敌"级和"不倦"级相比，"狮"级的进

表 15："CV"舰设计数据

尺寸	全长 700 英尺；垂线间长 660 英尺；宽 88.5 英尺；吃水 28 英尺（平均）
排水量	26350 吨
动力	70000 马力，28 节
储煤	1000 吨（标准），3800 吨（最大）
储油	1000 吨
舰员	920 人
武备	8×13.5 英寸（每门备弹 80 枚）；16×4 英寸（每门备弹 150 枚）；5× 马克沁机枪；2×21 英寸（水下）鱼雷发射管
垂直装甲	中部水线装甲带 9 英寸；上部装甲带 6 英寸；前部水线装甲带 4 或 5 或 6 英寸；尾部水线装甲带 5 英寸；侧舷装甲带高 19 英尺 6 英寸（满载排水量状态下，吃水线上方高度为 16 英尺，下方为 3 英尺 6 英寸）；装甲盒横向装甲 5 英寸（前），9 英寸或 5 英寸（后）；主炮塔基座装甲 9 英寸或 8 英寸；主炮塔装甲 10 英寸或 7 英寸；指挥塔装甲 10 英寸
水平装甲	上甲板 1 英寸；下甲板中部 1 ~ 1.25 英寸，两侧 2.5 英寸；烟囱防护 1.5 英寸或 1 英寸；弹药舱两侧防鱼雷装甲 1 英寸或 1.5 英寸或 2 英寸不等
重量（吨）	
其他设备	760
武备	3260
动力	5840
储煤	1000
装甲	5930
舰体	9460
预留重量	100
总重	26350

1909 年 8 月 18 日批准的最终数据与上表大致相同，部分区别如下：
最大储煤量 3700 吨，燃油 1100 吨。
舰员 960 人。
舰体横向装甲 5 英寸或 8 英寸，基座装甲 8 英寸或 9 英寸，主炮防盾装甲 9 英寸，垂直通道 3 英寸或 4 英寸。
其他设备 800 吨，动力 5340 吨，装甲 6140 吨，舰体 9710 吨。
1910 年初，装甲部分有进一步改进，舰员数量也增至 984 人，修正后的设计重量包括——其他设备 805 吨，武备 3270 吨，装甲 6400 吨，舰体 9660 吨；此外，预留重量已被用完，设计满载排水量增至 26475 吨。

1912 年，重建之后的"狮"号。其第一烟囱和舰桥已经后移，第二和第三烟囱也增加了高度，前桅由三脚桅改成了单柱桅并位于第一烟囱前方；注意前部露天甲板上的 4 英寸副炮增设了防冲击波围屏，但尚未形成真正的炮廓。（作者收藏）

步是巨大的。它除了主炮火力大大加强、航速增加了 3 节外，防护水平也有大幅提升——水线装甲带和炮塔基座的装甲厚度均为 9 英寸，位于主装甲带上方的 6 英寸装甲带覆盖到了上甲板高度；但是，"狮"级首尾 13.5 英寸炮塔两侧的侧舷装甲依然和"不倦"级一样薄弱，军舰的整体防护水准也不及德国同期战列巡洋舰。从这些防护上的不足来看，虽然海军造舰总监声称"狮"级已接近战列舰水准，可实际上它和"高速战列舰"的标准相比还有很大差距。而且，"狮"级为获得高速性所做的牺牲显而易见，"猎户座"级布置有厚重的装甲和 10 门 13.5 英寸主炮；与之相比，前者多出了 4000 吨排水量也只获得 7 节速度优势。也正是从"狮"级（与"猎户座"级）开始，英国战列巡洋舰的排水量都超过了同时期所建战列舰。

"狮"号和"不倦"号一样在德文波特的海军造船厂建造，这也是仅有 2 艘由皇家造船厂承建的战列巡洋舰。海军部于 1909 年 8 月 7 日正式招标建造"狮"号的姊妹舰"大公主"号；维克斯公司在 1909 年 11 月 5

日投标，到 12 月 8 日中标。

1909 年 12 月，海军部再次考虑"狮"级的防护性能，对首尾横向装甲进行了重新设计（见装甲一章）；这次改进使军舰增重 210 吨。由于已经在 100 吨预留重量中划拨了 5.5 吨给其他方面（3.5 吨用于增加的 29 名舰员，另外 2 吨用于 1 艘新添的 30 英尺小艇），因此军舰最终比设计重量多出了 115.5 吨。1910 年 1 月 24 日，杰利科建议通过减少燃料储量来平衡多出的重量；不过这一建议未被接受，但建成后的"狮"级实际排水量还是小于其设计排水量。

在原设计中，所有于 1909—1910 财年建造的主力舰都将第一烟囱布置在前桅前方，这在"无畏"号之后还是首次出现——如此设计的主要考虑原因是便于火控系统布置；另外，由于采用了轻型主桅，因此只能把前桅作为主救生艇吊臂的支柱，而这只有在将其（前桅）置于第一烟囱之后才算可行。但不幸的是，这种布置方式与以往相比，在特定风向和航向下，来自烟囱的浓烟和热气会严重干扰前桅和舰桥上的战位；尤其是高热问题，它常使前桅的支柱和桅脚温度过高，从而导致前往桅顶的通道被彻底切断（到达桅顶的竖梯被设在筒状支柱内部）。

1911 年，即"大力神"号和"巨人"号进行海试时，第一烟囱排烟的问题就已经显现出来，不过"猎户

刚建成时的"大公主"号,位于其前部露天甲板上的 4 英寸副炮安装有炮廓。（作者收藏）

座"号没那么严重（它的第一烟囱仅伺服 6 部锅炉,但之前那 2 艘战列舰的第一烟囱要伺服 12 部）。虽然结果不理想,海军部还是接受了已建成军舰的布置方式,可"狮"级就完全是另一回事了。1912 年 1 月,"狮"号完成了动力海试,海军审计官布里格斯少将（Charles Briggs）与"狮"号首任舰长杜夫（Arthur A.M.Duff）交流后认为：

> 可以肯定在作战时,前桅楼上的火控战位和瞭望塔上的瞭望战位都会作用甚微或者完全不起作用。投入战斗时,军舰的所有锅炉必将全力供热,此时前桅楼上的人员不仅会感到窒息,甚至极有可能被烤焦;布置在这里的精密设备也根本无法使用。
>
> 由于舰桥处于瞭望塔正上方,当舰体出现轻微横摇时,瞭望塔的视线又会被舰桥干扰。A、B 主炮塔内的测距仪可以让炮塔独立射击,但我认为两座炮塔都无法统一指挥全舰的齐射。所以,即使要

以拖延军舰服役时间和增加造价为代价,也必须立即做出修改。

> 我的建议包括在司令塔上实施操舰和在司令塔后方设置火控指挥塔,并采用最近刚被批准的"国王乔治五世"级布置方式。改装的成本将不低于 25000 英镑,时间为 3 个月。从现在起直到 3 月中旬,军舰都会在船厂进行接收前的机械检查;如果立即开始改装,就可以在 5 月初全部完成。此外,这些改装也适用于"大公主"号。[14]

除上述问题外,处于舰桥上部的战位同样因受到烟囱发出高热的影响而"不堪使用";因为过于靠近烟囱,罗盘的使用变得非常困难,信号旗及信号索也有被灼烧的危险。总的来说,"狮"号当前存在的问题已经严重影响了它的战斗力。海军部在讨论后认为唯一的解决手段就是完全改装前部上层建筑,并将前桅和第一烟囱的位置调换。改装的成本估计达 25000 英镑（仍处于建造过程中的"大公主"号也会进行相应改装）,改装时间预估为 3 个月。但实际上,这两艘"狮"级军舰的改装都各花费了超过 3 万英镑,时间也比预期延长数周。具体的改装项目包括以下方面：

（1）安装外周直径为 14 英尺的新式第一烟囱，并将其位置后移。

（2）增加第二和第三烟囱的高度，最终与第一烟囱相同（顶端均在水线以上 81 英尺处）。

（3）把现有的主桅移至原前桅位置，且使其位于第一烟囱前方。

（4）将重型和轻型小艇的位置互换，即前者位于重置后的主桅两侧，后者位于第一和第二烟囱之间。

（5）把前桅改为单脚桅，不再设支撑脚并将其移至原主桅位置，同时作为小艇吊臂支柱使用。

（6）在第二烟囱两侧设置支柱和吊臂，用于收放轻型小艇。

（5）在第一烟囱和司令塔之间布置新的舰桥结构，同时位于罗盘周围 20 英尺范围内的所有结构都改用黄铜材料制造。

（6）扩大司令塔空间，取消瞭望塔。

"玛丽女王"号

1910—1911 财年造舰计划中的"玛丽女王"号往往被视为独立的一级战列巡洋舰，但它实际上是"狮"级里的第三艘，相比后者只有少量改进和变化。"玛丽

"玛丽女王"号，本图摄于 1914 年。该舰在外观上与"狮"号和"大公主"号的不同包括（前者）较宽的第二烟囱、前部露天甲板上未设 4 英寸副炮，以及舰尾游廊和后部鱼雷指挥塔。（作者收藏）

表 16："玛丽女王"号设计数据，1910 年

尺寸	全长 700 英尺；垂线间长 660 英尺；宽 89 英尺；吃水 28 英尺（平均）
排水量	27000 吨
动力	75000 马力，28 节
储煤	1000 吨（标准），3700 吨（最大）
储油	1100 吨
武备	8×13.5 英寸（每门备弹 80 枚）；16×4 英寸（每门备弹 150 枚）；5× 马克沁机枪；2×21 英寸（水下）鱼雷发射管
垂直装甲	中部水线装甲带 9 英寸；上部装甲带 6 英寸；前部水线装甲带 4 或 5 或 6 英寸；尾部水线装甲带 4 或 5 英寸；侧舷装甲带高 19 英尺 6 英寸（满载排水量时，吃水线上方高度为 16 英尺，下方为 3 英尺 6 英寸）；装甲盒横向装甲 4 英寸；主炮塔基座装甲 8 或 9 英寸；主炮塔装甲 9 英寸；指挥塔装甲 10 英寸
水平装甲	上甲板 1 英寸；下甲板中部 1.25 英寸，两侧 2.5 英寸；弹药舱两侧防鱼雷装甲 1 或 1.5 或 2 英寸；4 英寸副炮上方遮蔽甲板 1 英寸；首楼甲板 1 或 1.25 英寸
重量（吨）	
其他设备	805
武备	3300
动力	5460
储煤	1000
装甲	6575
舰体	9760
预留重量	100
总重	27000

女王"号排水量达 27000 吨，舰宽比"狮"级增加了 6 英寸，吃水为 28 英尺，航速则保持在 28 节，动力输出功率由后者的 70000 马力增至 75000 马力；此外，位于其前部的 4 英寸副炮增设了 3 英寸厚的装甲防护，对侧舷装甲带的布置也略有改进。

1911 年 12 月，基于"巨人"号、"大力神"号和

"猎户座"号出现的问题，海军部决定将"玛丽女王"号第一烟囱和前樯的位置进行调换。这次改装基本沿用了"狮"号和"大公主"号的相关风格，不过第一烟囱的烟囱帽、舰桥结构，以及侧舷装甲带的布置略有不同。

1911 年 2 月，海军部决定采用更重的 13.5 英寸舰炮炮弹（见武备一章）。这占用了预留重量中的 52 吨，于 1911 年 5 月增设的尾部火控指挥塔（带有 6 英寸防护装甲）也占用了 20 吨；其余预留重量在 1912 年 4 月被增设的第三部主炮塔液压泵所占用。但军舰在最终完工时比设计重量还要轻 230 吨。

"虎"号

1911—1912 财年中海军部有关战列巡洋舰设计的讨论时间比之前任何一种战巡都要长。这一设计方案与前几级战列巡洋舰相似，部分早期内容已经遗失。可以确定的是，瓦茨在 1911 年 7 月向海军审计官递交了 A、A1 和 C 这三个设计方案（见表 17），并在海军大臣中

有所传阅；但没有关于方案 B 的记录，它可能在最初就被淘汰出局。在方案 A 和 A1 中，军舰的四座主炮塔分别位于舰首和舰尾，并呈背负式布置；在方案 C 中，第三座炮塔位置靠前，位于发动机舱和锅炉舱之间——海军造舰总监对此的解释是，由于舰体尾部增设了一个鱼雷发射舱，把炮塔位置前移将有利于布置横向装甲。方案 C 中的第三座炮塔位于军舰主樯和第三烟囱之后，不像"玛丽女王"号的三号炮塔位于第二和第三烟囱之间，这个新的位置为该炮塔提供了极佳射界。方案 A1 还和 1911—1912 财年中"铁公爵"级（Iron Duke）战列舰一样采用 6 英寸舰炮作为副炮，并设有 5 英寸厚的防护装甲，这就将侧舷装甲提高（或者说是增厚）了一个甲板高度。由于重心升高，方案 A 的舰宽增至 91 英尺，而且为保持高速性也增加了发动机功率。

经过简短讨论后，海军大臣们很快得出结论——他们倾向于方案 A1，不过批评该方案中 6 英寸副炮的首尾向射界太小，要求海军造舰总监做出相应修改。另外，

表 17："虎"号设计方案

方案	A	A1	A2	C	A2	A2*	A2**
日期	1911/7	1911/7	1911/7	1911/7	1911/12/12	1911/12/15	1911/12/15
长（英尺）	660	660	660	660	660	660	660
宽（英尺）	91	91	91	89	90.5	90.5	90.5
吃水（英尺）	28.5	28.25	28.25	28.25	28.25	28.33	28.5
排水量（吨）	28450	28100	28100	27250	28200	28300	28500
发动机功率（马力）	80000	79000	79000	76000	82000	100000	108000
速度（节）	28	28	28	28	28	29.5	30
武备	8×13.5 英寸（每门备弹 80 枚）；16×4 英寸（方案 A 与 C，每门备弹 150 枚），16×6 英寸（其余方案，每门备弹 150 枚，1911 年 11 月时方案 A2 副炮备弹增至 200 枚）；2×12 磅炮（方案 A）；5× 马克沁机枪；4×21 英寸（水下）鱼雷发射管						
防护	垂直装甲——中部水线装甲带 9 英寸；首、尾部水线装甲带 4 或 5 英寸；上部侧舷装甲带 6 英寸（中部），4 或 5 英寸（首部），5 英寸（尾部）；下部侧舷装甲带 3 英寸（方案 C 无此类装甲）；侧舷装甲带高出吃水线部分 24 英尺 3 英寸（方案 C 为 24 尺 6 英寸），低于吃水线部分 6 英尺；装甲盒横向装甲 4 英寸（1911 年 12 月时，方案 A2 的中前部横向装甲增厚了 2 英寸）；主炮塔基座装甲 8 或 9 英寸；主炮塔装甲 9 英寸；指挥塔装甲 10 英寸（前），6 英寸（后）；副炮装甲 5 英寸（方案 C 为 4 英寸，1911 年 12 月时方案 A2 增至 6 英寸）； 水平装甲——副炮座上方的露天甲板 1.5 英寸（方案 A2）；12 磅炮上方的露天甲板 1 英寸（方案 A）；首楼甲板 1.5 英寸（方案 A 和 1911 年 12 月时的方案 A2 为 1 或 1.5 英寸）；上甲板 1 英寸（装甲盒上方和副炮下方的上甲板除外）；主甲板 1 英寸（装甲盒以外部分）；下甲板 1 英寸（中部），3 英寸（首部，方案 C 为 2.5 英寸）；烟囱防护 1 或 1.5 英寸；弹药舱两侧防鱼雷装甲 1 或 1.5 或 2 英寸						
重量（吨）							
其他设备	820	820	820	820	840	840	840
武备	3860	3650	3650	3450	3650	3650	3650
动力	5780	5720	5720	5500	5550	5650	5900
燃料	1000	1000	1000	1000	1000	1000	900
装甲	7030	6980	6980	6730	7360	7360	7360
舰体	9860	9830	9830	9650	9650	9650	9770
预留	100	100	100	100	100	100	100
全重	28450	28100	28100	27250	28200	28300	28500

"虎"号,本图摄于 1916—1917 年间。注意 Q 炮塔的顶部设有探照灯。(作者收藏)

海军大臣们认为从总体布置上看方案 C 也不错,因为"两座炮塔距离过近可能会由于一次命中而同时失去作用,但该方案中的炮塔对敌舰而言被分散布置在了三个区域,这会对其火控系统的发挥造成消极影响,特别是在 10000 码以外距离上。"[15] 方案 A2 因此诞生,可它实际上只是采用方案 C 主炮布置方式的方案 A1——位于其前部的 6 英寸副炮炮孔有所修改(修改后其最大前向射角可与舰体中心线仅相差 3 度),同时副炮的防护装甲厚度也被增至 6 英寸。方案 A2(以及之前三个方案)于 8 月 14 日呈交海军部,并在 4 天后得到批准。海军造舰总监被要求加快新主力舰的设计工作进度,所以除了少量修改外,他基本没对该方案进行改动;这其中的原因很可能是英国政府要求海军部成立海军参谋部,海军部面临着体制上的重大改革,因此也希望尽快完成军舰建造工作。

1911 年 10 月,内政大臣丘吉尔(Winston Churchill)与海军大臣麦肯纳(Reginald McKenna)互换职位,海军部中各职位也很快按新任海军大臣的意愿进行了调整。四位海军大臣中只有海军审计官(第三海军大臣)布里格斯少将留任,原第一、第二、第四海军大臣,即威尔逊上将(费舍尔的继任者)、艾格顿中将(George Egerton)和麦登上校分别被布里奇曼上将(Francis Bridgeman)、巴腾堡的路易斯亲王(Prince Louis of Battenberg)和帕肯汉姆上校(W. Pakenham)所取代。丘吉尔上任后立即会见了费舍尔,他们的会谈在赖盖特修道院(Reigate Priory)持续进行了三天,"最重要的是……迸发出了有关军舰设计的所有新思路。"[16] 从此,丘吉尔也像费舍尔一样着迷于高航速、大威力火炮和燃油锅炉,他将这些建议带回海军部,并于 1911 年 12 月 5 日成立了新的海军部委员会。

丘吉尔比以往任何一位海军大臣都更热衷于参与海军军舰的设计工作。1911 年 11 月 20 日,他下令推迟装甲巡洋舰的招标,以便对舰艇的设计进行一系列质询(结果是他要求进一步提高军舰的航速)。12 月 12 日,新战列巡洋舰的 A2 设计方案被海军部认可,但要求"加以改进,以确保发动机输出功率的增加"。同日,丘吉尔询问海军部,即能否为 1911—1912 财年计划中的所有主力舰都安装只使用燃油的锅炉。

12 月 15 日,瓦茨向海军审计官递交了在 A2 基础上有所改进的 A2* 和 A2** 两个方案。方案 A2* 的发动机输出功率达到 100000 马力,最高航速为 29.5 节,

投降后停泊在斯卡帕湾内的德国战列巡洋舰"毛奇"号，本图摄于 1919 年。（作者收藏）

表 18：德国战列巡洋舰设计，1907—1913 年

舰名	开工时间	完工时间	标准排水量（吨）	武备	侧舷装甲带厚度（英寸）	炮塔基座装甲厚度（英寸）	发动机功率（马力）	航速（节）
布吕歇尔	1907	1911	15600	12×8.2 英寸 8×5.9 英寸 4×17.7 英寸（鱼雷）	7	7	34000	24.25
冯·德·塔恩	1908	1911	19000	8×11 英寸 10×5.9 英寸 4×17.7 英寸（鱼雷）	10	9	43600	24.75（27）
毛奇	1908	1912	22600	10×11 英寸 12×5.9 英寸 4×19.7 英寸（鱼雷）	11	9	52000	25（28）
格本	1909	1912	22600	同"毛奇"	11	9	52000	25（28）
赛德利茨	1911	1913	24600	10×11 英寸 12×5.9 英寸 4×19.7 英寸（鱼雷）	12	9	63000	25.5（28）
德弗林格	1912	1914	26200	8×12 英寸 12×5.9 英寸 4×19.7 英寸（鱼雷）	12	10	63000	26.5（28）
吕措夫	1912	1916	26200	同"德弗林格"	12	10	63000	26.5（28）
兴登堡	1913	1917	26500	8×12 英寸 14×5.9 英寸 4×23.6 英寸（鱼雷）	12	10	72000	27（28.5）

有关英制和公制尺寸的换算以装甲巡洋舰"布吕歇尔"号为例。火炮——5.9 英寸 =150 毫米；8.2 英寸 =210 毫米；11 英寸 =280 毫米；12 英寸 =305 毫米。鱼雷——17.7 英寸 =450 毫米；19.7 英寸 =500 毫米；23.6 英寸 =600 毫米。
"火炮防盾装甲"等同于"炮廓装甲"。
侧舷主装甲带延伸覆盖了全部发动机舱和锅炉舱。
"航速"一项中括号内数据是军舰舰底和锅炉清洁，在理想海况中满功率运行时的最高航速（以表中给出的发动机输出功率为设计功率，但海试时的功率一般都会大大超过这个数字）。

为此军舰排水量增加了 100 吨，吃水增加 1 英寸；方案 A2** 的输出功率达到 108000 马力，航速为 30 节，排水量增加了 300 吨，吃水增加 3 英寸，而且使用的燃料改为燃油和燃煤各半，锅炉和锅炉舱宽度也有所增加。瓦茨声称可以将动力改为只使用燃油作为单一燃料，但

"要携带同等重量的油和煤，有部分燃油就必须储存于水平防护装甲上方，具有一定的危险性，而失去了煤舱对炮弹的缓冲作用也会削弱军舰防护力。"[17]

布里格斯少将似乎只审阅了方案 A2** 的细节设计并加以评论，他认为如果能及早做出使用燃油作为单

一燃料的决定，就可以进行合理调整而且造舰成本只会略微增加——毕竟燃油不仅可以改善军舰加速性，还可以在设计与实践过程中积累关于使用和储存燃油的宝贵经验。但他本人更倾向于海军造舰总监的观点，即使用混合燃料。12 月 19 日，方案 A2** 被海军部委员会批准；第二天，海军造舰总监建议将双层舰底之间的区域作为额外燃油储存空间，不过因此也得安装必要的管路和阀门，改进后军舰在紧急情况下的最大燃料储量将达到 7350 吨（其中的 3750 吨为燃油，3600 吨为燃煤）；布里格斯在次日批准这一方案。经过细节设计后，最终的燃料总储量达 6800 吨（燃油和燃煤分别为 3480 吨和 3320 吨）；但在标准情况下，两种燃料的储量都不会超过 2450 吨；此外，在第一次世界大战中，"虎"号的实际最大燃料储量为燃油 800 吨和燃煤 3240 吨。

1912 年 3 月 2 日，约翰 – 布朗公司被确定为"虎"号承建商。海军部接受该公司标书的文件在 4 月 3 日发出，双方于第二天签订建造合同。

在整个建造过程中，"虎"号仍有多处进行了小幅度修改，建成后的军舰与原设计方案相比主要在以下方面有所改进：

（1）1912 年 2 月 10 日，海军部决定在设计中采用防横摇油柜；同年 6 月又将其取消，改为把防摇鳍的高度从 18 英寸增至 2 英尺 6 英寸。

（2）1912 年 2 月 17 日，烟囱高度被增加 5 英尺，其最终高度为水线以上 81 英尺，同样的改进已在"狮"级和"玛丽女王"号上加以实施。

（3）1912 年 7 月 27 日，锅炉内燃油喷嘴的数量有所增加，为此占用了 27.7 吨预留重量。

（4）1913 年，舰上增设了 2 门 3 英寸高射炮。

（5）3 磅礼炮的数量由 6 门减至 4 门。

（6）1913 年，防鱼雷网（的安装）被取消，为此军舰减重 95 吨。

经过一番改动后，完工时的"虎"号较其原设计排水量轻了 70 吨。

"虎"号是第一次世界大战爆发前英国设计的最后，

"大公主"号，远处（图中左侧）还有"狮"号。本图摄于 1917 年。（帝国战争博物馆：Q18132）

无疑也是性能最好的那艘战列巡洋舰。由于为副炮增设了 6 英寸厚的防护装甲，其侧舷防护高度大大提高；加之装备了威力强大的副炮、最大航速达 29 节以上、火炮射界大幅增加——这些都标志着英国战列巡洋舰的设计有了跨越式进步。但不管怎样，"虎"号和"玛丽女王"号都同样属于"狮"级的衍生产物，仍保留有早期同型战舰的弱点——尤其是位于其前后主炮塔两侧的侧舷装甲都非常薄弱。

英国海军 1912—1913 财年的造舰计划中包含 5 艘"伊丽莎白女王"级战列舰，它们既标志着曾在 1905 年至 1906 年出现过的"高速战列舰"概念重生，也代表着战列舰设计的革命性进步。"伊丽莎白女王"级战列舰的设计航速达 25 节，与"无敌"级相同，但排水量多出了 10000 吨，同时装备有 8 门 15 英寸主炮。它们的防护能力也超过了以往任何一级英国战列舰，由 5 艘"伊丽莎白女王"级战列舰组成的中队不仅能在战列线中作战，还可以充当"快速侧翼"中队的角色。"伊丽莎白女王"级虽然不算完美，却也称得上装甲军舰在技术上取得的重大进展，这足以让战列巡洋舰的发展就此止步——后者的发展确实因此停滞了一段时间，但在第一次世界大战爆发后不久，费舍尔就带着他对战列巡洋舰从未熄灭的热情重新回到了海军部。

表 19：英国战列巡洋舰的建造，1906—1914 年

舰名	制造商	动力制造商	开工日期	下水日期	完工日期
无敌	阿姆斯特朗－惠特沃斯	汉弗莱斯－坦南特	1906/4/2	1907/4/13	1909/3/20
不屈	约翰－布朗	约翰－布朗	1906/2/5	1907/6/26	1908/10/20
不挠	法尔菲尔德	法尔菲尔德	1906/3/1	1907/3/16	1908/6/20
不倦	德文波特海军船厂	约翰－布朗	1909/2/23	1909/10/28	1911/2/24
狮	德文波特海军船厂	维克斯	1909/11/29	1910/8/6	1912/6/4
大公主	维克斯	维克斯	1910/5/2	1911/4/29	1912/11/14
新西兰	法尔菲尔德	法尔菲尔德	1910/6/20	1911/7/1	1912/11/19
澳大利亚	约翰－布朗	约翰－布朗	1910/6/23	1911/10/25	1913/6/21
玛丽女王	帕尔默斯	约翰－布朗	1911/3/6	1912/3/20	1913/9/4
虎	约翰－布朗	约翰－布朗	1912/6/6	1913/12/15	1914/10/3

表 20：英国战列巡洋舰设计计算总结，1905—1912 年

级别	"无敌"级	"不倦"级	"狮"级	"玛丽女王"号	"虎"号
日期 *	1905/8/10	1908/12	1909/9/25	1910/8	1912/1
水线系数	0.558	0.558	0.564	0.575	0.554
标准状态（吨）					
其他设备	660	680	800	805	845
武备	2440	2580	3260	3295	3660
动力	3300	3555	5190	5310	5630
工程物质	90	100	150	150	125
储煤	1000	1000	1000	1000	450（煤）＋ 450（油）
装甲	3460	3735	6140	6575	7400
舰体	6200	7000	9710	9765	9580
防摇压载水	–	–	–	–	250
预留重量	100	100	100	100	100
标准总重	17250	18750	26350	27000	28490
满载状态（吨）					
其他设备	740	872	1038	994	980
武备	2480**	2628**	3346**	3390**	3660
动力	3300	3591	5190	5310	5630

（续前表）

级别	"无敌"级	"不倦"级	"狮"级	"玛丽女王"号	"虎"号
日期 *	1905/8/10	1908/12	1909/9/25	1910/8	1912/1
水线系数	0.558	0.558	0.564	0.575	0.554
工程物质 ***	90	100	150	150	125
储煤	3000	3100	3700	3700	2450
装甲	3460	3735	6140	6575	7400
舰体	6200	7000	9710	9765	9580
锅炉给水储备	350	427	590	590	620
锅炉满溢水量	–	27（半满）	140（全满）	–	80
燃油	700	850	1130	1130	2450
防摇压载水	–	–	–	–	395
预留重量	100	100	100	100	100
满载总重	20420	22430	31234	31844	33470
轻载状态（单位为吨，以下均为被移除项目）					
储煤	1000	1000	1000	1000	450
燃油	–	–	–	–	450
淡水	70	70	84	84	90
日常供应	40	40	48	49	50
军官所用供应及处理物	45	45	45	45	50
半数准尉军官所用供应	33	37	45	47	47
半数工程物质	45	50	75	75	63
防摇压载水	–	–	–	–	250
总重	1233	1242	1297	1300	1450
轻载状态时总重	16020	17508	25053	25700	27040
标准状态时各单位重量总结（吨）					
淡水	70	70	84	84	90
日常供应	40	40	48	49	50
军官所用供应及处理物	45	45	45	45	50
舰员	90	94	124	125	140
桅杆、横桅等物	124	126.6	110	110	90
锚	24	22.7	–	–	–
锚链	84	95	160****	160****	160****
钢缆	7	6	–	–	–
小艇	55	51.7	71	71	75
准尉供应	65	75	90	93	95
鱼雷网	50	54	68	68	95
帆布用品	6	–	–	–	–
总重	660	680	800	805*****	845
满载状态时增加单位的重量（吨）					
将军小艇	10	14	–	–	–
将军供应	10	10	10	10	10
餐厅供应	20	20	20	20	20
日常供应	–	32	42	43	145
淡水	40	116	166	116	59
满载总重	740	872	1038	994	979

* 此项为计算完成并被批准的时间。
** 满载状态下增加的武备包括训练用弹药、液压柜中的淡水和榴霰弹（仅限 13.5 英寸主炮使用）。"虎"号标准状态下的重量已包括以上项目。
*** 工程物质包括日常储备物品、润滑油、木柴和煤袋。
**** 包括全部锚链、锚和钢缆。
***** 原设计为 800 吨。
表中性能数据均为初始版本，未纳入后来有所修改的部分。
"装甲"一项包括水平装甲甲板、防鱼雷装甲舱壁、烟囱装甲，以及侧舷和横向装甲背板（从"狮"级开始设置）的重量。炮廓装甲已被纳入"武备"一项，故未计算在"装甲"中。
"虎"号还计算了超载状态下的数据，即增加 890 吨燃煤和 1350 吨燃油，处于该状态时军舰总重为 35710 吨。

表 21：英国各型军舰尺寸

	全长	垂线间长	舰宽（最大）***	舰宽（型宽）	型深
"无敌"级（设计）	567 英尺	530 英尺	78 英尺 7.75 英寸	78 英尺 5 英寸	40 英尺 6 英寸 * 48 英尺 2 英寸 **
"无敌"号（实际）		530 英尺 0.75 英寸	78 英尺 8.5 英寸	78 英尺 5.75 英寸	40 英尺 8.81 英寸 * 47 英尺 11.88 英寸 **
"不屈"号（实际）	567 英尺 1.25 英寸	530 英尺 1 英寸	78 英尺 10.13 英寸	78 英尺 6.63 英寸	40 英尺 5.94 英寸 *
"不挠"号（实际）	567 英尺 5.75 英寸	530 英尺 1.75 英寸	78 英尺 7.75 英寸	78 英尺 4.25 英寸	48 英尺 2.75 英寸 **
"不倦"级（设计）	590 英尺	555 英尺	80 英尺	79 英尺 10.5 英寸	48 英尺 9 英寸 **
"不倦"号（实际）		555 英尺 0.25 英寸	79 英尺 10.25 英寸	78 英尺 8.75 英寸	48 英尺 10.5 英寸 **
"新西兰"号（实际）	590 英尺 3.5 英寸	555 英尺 1 英寸			
"澳大利亚"号（实际）		555 英尺 0.13 英寸	79 英尺 11.75 英寸	79 英尺 10.25 英寸	41 英尺 3.5 英寸 * 48 英尺 7.38 英寸 *
"狮"级（设计）	700 英尺	660 英尺	88 英尺 6 英寸	88 英尺 4.5 英寸	53 英尺 1 英寸 **
"狮"号（实际）		660 英尺 0.5 英寸	88 英尺 6.75 英寸	88 英尺 5.25 英寸	53 英尺 2 英寸 **
"大公主"号（实际）		660 英尺 0.81 英寸	88 英尺 6.44 英寸	88 英尺 4.69 英寸	53 英尺 0.25 英寸 **
"玛丽女王"号（设计）	700 英尺	660 英尺	89 英尺	88 英尺 4.5 英寸	53 英尺 **
"玛丽女王"号（实际）	700 英尺 0.63 英寸	660 英尺 0.13 英寸	89 英尺 0.5 英寸	88 英尺 5.25 英寸	53 英尺 0.81 英寸 **
"虎"号（设计）	704 英尺	660 英尺	90 英尺 6 英寸		

* 指平龙骨底端至上甲板舷边的深度（至甲板表面敷设的油毡层上表面）。
** 指平龙骨底端至首楼甲板舷边的深度（至甲板表面敷设的木板层上表面）。
*** 不包括侧舷 12 英寸炮塔基座装甲。
所谓"实际"尺寸是指军舰下水时数据，但该数据可能会由于测量精度和温度变化而产生误差。

干舷至标准水线高度

	舰首	中部	舰尾
"无敌"级	30 英尺	22 英尺	17 英尺 2 英寸
"不倦"级	30 英尺	22 英尺	17 英尺
"狮"级	30 英尺	25 英尺	19 英尺
"玛丽女王"号	30 英尺	25 英尺	19 英尺
"虎"号	30 英尺	24 英尺 6 英寸	19 英尺

各主炮轴线中心至标准水线高度

	A	B	P	Q	X
"无敌"级	32 英尺	–	28 英尺	28 英尺	21 英尺
"不倦"级	32 英尺	–	28 英尺	28 英尺	21 英尺
"狮"级	33 英尺	42.5 尺	–	31 英尺	23 英尺
"玛丽女王"号	33 英尺	42.5 尺	–	31 英尺	23 英尺
"虎"号	33 英尺	42.5 尺	–	31 英尺 9 英寸	23 英尺

舭龙骨尺寸

	长	宽（最大 / 最小）	每侧面积	横摇周期
"无敌"级	240 英尺	3 英尺 6 英寸 /15 英寸	530 平方英尺	14 秒
"不倦"级	266 英尺	3 英尺 8 英寸 /9 英寸	710 平方英尺	14.5 秒
"狮"级	298 英尺	3 英尺 8 英寸 /9 英寸	850 平方英尺	13.5 秒
"玛丽女王"号	328 英尺	3 英尺 8 英寸 /9 英寸	960 平方英尺	–
"虎"号	297 英尺	3 英尺 8 英寸 /2 英尺 6 英寸	1275 平方英尺	–

表 22：英国各型军舰排水量和稳定性

状态	排水量（吨）	吃水（英尺－英寸）舰首	舰尾	平均	每英寸排水量（TPI）	稳心高度（英尺）	最大稳定倾角（度）	失稳角度（度）
"无敌"级（设计）								
标准	17250	25–0	27–0	26–0	69.5	4.0		
满载	20420			30–0	71	5.0		
轻载	16020			24–6		3.5		
满载（无燃油）	19720			28–10		4.1		
"无敌"号（军舰手册数据）								
标准	17482			26–0	69.84			
满载	20866			30–0	71.2			
"无敌"号（1909年2月21日进行倾侧试验时）								
标准	17330	24–7	27–0	25–9.5	69.8	3.5	42	76
满载	20700*			29–10	71.2	4.7	43	73
轻载	16100*			24–3		3.15	43	85
满载（无燃油）	19940			29–0		3.75	42	78
"不挠"号（完工时）								
标准	17408	25–6	26–7	26–0.5	69.8			
满载	20722			29–9.5*				
满载（无燃油）	20125			29–3*				
"不挠"号（完工后进行倾侧试验时，但具体时间不详）								
标准	17800			26–5.25	69.8	3.63		
满载	20900			30–0	71.5	4.71		
轻载	16500			25–0	69.4	3.24		
满载（无燃油）	20400			29–6.25	71.25	4.18		
"不屈"号（完工时）								
标准	17290	25–1	26–8	25–10.5	69.8	3.8		
满载	20700*			29–9*				
满载（无燃油）	19975			29–2		4.22		
"不倦"号（设计数据）								
标准	18750	26–0	27–0	26–6	75.1	3.56		
满载	22430			30–7	76.4	5.0		
轻载	17508			25–1		3.12		
满载（无燃油）	21580			29–8.5		4.05		
"不倦"号（1911年3月11日进行倾侧试验时）								
标准	18500*	25–4.5	27–0.5	26–2.5	69.8	3.45	43	74
满载	22130	29–4	30–6.5	29–11.25	71.2	4.78		
轻载	17100	22–11	25–8	24–3.5		2.95	43	83
满载（无燃油）	21260	28–9	29–3	29–0		3.9	47	76
"澳大利亚"号（完工时）								
标准	18500	24–9	27–0	25–10.5				
满载（无燃油）	21240							
"狮"级（设计数据）								
标准	26350	27–0	29–0	28–0	98	4.85	43	76
满载	31234			32–3	99.3	5.83	42	84
轻载	25053			26–11		4.66		
满载（无燃油）	30104			31–4		4.98	42	
"狮"号（1912年6月1日进行倾侧试验时）								
标准	26270	26–5	28–10	27–7.5	98	5.0	43	76
满载	30820	30–8	32–5	31–6.5		6.0	42	85
轻载	24970			26–9				
满载（无燃油）	29580	30–3	30–10	30–6.5		5.0	42	78

（续前表）

状态	排水量 （吨）	吃水 （英尺－英寸）			每英寸排水量 （TPI）	稳心高度 （英尺）	最大稳定倾角 （度）	失稳角度 （度）
		舰首	舰尾	平均				
"大公主"号（完工后，进行倾侧试验时）								
标准	26100	25-8	29-3	27-5.5		4.95		
满载	30620	30-4	32-4	31-4		5.95		
轻载	24820			26-9				
满载（无燃油）	29490	29-11	30-11.5	30-5		5.05		
"玛丽女王"号（设计数据）								
标准	27000			28-0		4.73	43	75
满载	31844	31-11	31-2.5	32-1		5.7	42	82.5
轻载	25700			26-10.5		4.64	43	74
满载（无燃油）	30714	30-6	31-9	31-1.5		4.9	42	77
"玛丽女王"号（完工时）								
标准	26770	26-11	28-4	27-7.5	99	4.99	42	76
满载	31650	31-0	32-4	31-8		5.92	42	84
轻载	25383					4.9	42	74
满载（无燃油）	30480			30-9		5.08	42	78
"虎"号（设计数据）								
标准	28500			28-6	100.7	5.3（4.9**）	43	74
满载	33470			32-7	101	6.2(5.5**)	43	80
轻载	27040	26-0	28-4	27-2		5.0	43	71
超载	35710	35-2.5	33-9.5	34-6	102	7.0(6.3**)	44	86
"虎"号（完工时）								
标准	28430			28-5	101	5.2	43	74
满载	33260			32-5		6.1	43	80
轻载	27000*			27-3		5.0	43	71
超载	35560			34-3		6.7	44	86

* 估计值。
** 指减摇水舱内有自由液面压载水时的稳心高度。

战列巡洋舰的复兴

海军部委员会对自己需求的了解远大于对相关技术的了解，在舰艇设计方面，他们对军舰性能的要求总是超过了自己所限定排水量能够提供的（最佳）性能。

实际上，每艘军舰都可以被视为（各部门之间）相互妥协的产物。

尤斯塔斯·T.迪恩古尔爵士（Eustace T.D'Eyncourt，1912—1919年间担任海军造舰总监）

1914年10月底，费舍尔重返海军部，接替海军上将——巴腾堡的路易斯亲王担任第一海军大臣。他立即开始了一份庞大战时舰艇建造计划的制订，这也使他作为一名管理者的天赋尽显无遗。费舍尔避开了海军部的繁文缛节，直接与设计部门、造船公司和材料供应商打交道，总是能达到最高的效率。而这一切在很大程度上都是以互助和互信为基础——先工作，然后择机签订合同和出台官方文件。在短短几个月内，他已经开始为打造一支庞大的舰队而建造各式舰艇，其中包括驱逐舰、潜艇、巡逻艇，以及一大批用于支援两栖作战的各类军舰；他还希望为大舰队建造新式战列巡洋舰，以应对德国的最新同类战舰——虽然情报中德国战巡的航速性能有所夸大。

重返海军部的费舍尔仍未改变自己原先对战列巡洋舰所持观点——他一如既往地坚信航速是军舰最重要的性能，战略和战术上的优势也都基于（优势方军舰拥有的）高航速。如果敌舰的速度很快，那么皇家海军的主力舰就必须更快，哪怕以增加排水量或牺牲装甲防护为代价也在所不惜，因为这两者的重要性根本无法与前者相提并论。这一观点对丘吉尔来说也不陌生。1912年4月，费舍尔写信给丘吉尔，在信中对1912—1913财年的海军舰艇计划提出建议："必须牺牲装甲……将来必须大幅提高军舰速度……你的速度必须远远超过你的敌

在约翰－布朗公司完成建造后，"反击"号正顺着克莱德河朝下游方向航行。该舰与其姊妹舰的两座烟囱高度相同，因为设计人员希望能通过加大烟囱和舰桥的距离来减少烟尘产生的影响；但事实证明这种设计的效果并不理想，因此两舰在完工不久后就加高了第一烟囱。（作者收藏）

表 23："地狱判官"级设计数据，1914 年 12 月

	1914 年 12 月 19 日	1914 年 12 月 21 日
柱间长	630 英尺	750 英尺
舰宽	74～75 英尺	90 英尺
吃水	26～27 英尺	25 英尺
排水量	18750 吨	25750 吨
输出功率	105000 马力	–
航速	32 节	32 节
武备	4×15 英寸	6×15 英寸
	20×4 英寸	20×4 英寸
		2×21 英寸（鱼雷）
侧舷装甲厚度	3 或 4 或 6 英寸	6 英寸 /-
炮塔基座装甲厚度	8 英寸	
重量（吨）		
其他设备	700	
武备	2200	
动力	4800（5100*）	
燃油	800	
装甲	3000（3200*）	
舰体	7400	
总重	18900	

* 后来修正的数据。

人！"[1] 他希望在该财年里建造的所有装甲舰艇都拥有 30 节以上的航速。但这一建议未被接受，1912—1913 财年里海军只新建了一种采用重型装甲的"王权"级战列舰——航速如其他无畏舰一样仅为 21 节。

作为第一海军大臣，费舍尔现在终于可以轻易地将自身想法付诸实施，况且在战时，资源是相对成本更为重要的控制因素。他很快要求海军造舰总监设计一种航速达 32 节的战列巡洋舰，从这时起一直到第二年，他都在为 1915 年开工 3 艘此类战列巡洋舰而努力，甚至还将该级战舰称为"拉达曼提斯"级（Rhadamanthus，意为"地狱判官"）。

英国海军部在战前向费尔柴尔德和帕尔默斯公司分别订购了"反击"号和"声望"号战列舰，但由于海军部认为它们不能在战争结束前投入使用，两舰于 1914 年 8 月 26 日停工，费舍尔因此向丘吉尔建议将其改建为战列巡洋舰。说成"改建"其实是不准确的，因为在建造过程中改变（原先的）战列舰设计并不现实；真正原因是这两艘军舰基本都还停留在图纸阶段，大批原材料和设备只是堆积在船台旁，或刚刚完成订购。丘吉尔争辩说这样做会吸走太多资源，干扰其他的建造项目，

同时再次强调两舰不可能及时完工。费舍尔则坚持认为战争不会那么快结束，并发誓将在这两艘战舰的建造上再次创造 1905—1906 年建造无畏舰时的速度奇迹；他还声称，在战列巡洋舰的建造中会使用那些已为战列舰订购的材料，尤其是为后者专门购置的 8 座双联 15 英寸主炮炮塔——毕竟制造这些炮塔几乎和建造使用它们的战列舰一样费时，也是无法加快军舰建造进度的一个主要因素。[2]

对费舍尔所提建议的最有力推动是爆发于 1914 年 12 月 8 日的福克兰海战，被他本人认为是成功映证"战列巡洋舰"概念的铁证，尽管这不足以说明战巡能在支持舰队作战方面扮演什么（具体的）角色。费舍尔决定从杰利科和贝蒂那里寻求支持。12 月 23 日，他给杰利科写信：

> 我目前正在争取建造更多的战列巡洋舰，如果你有时间，请写一封让我可以展示给内阁成员的非正式信函（不要说是应我的要求而写，也不要写成官方文件）。那些所谓我们已经在高速战列舰方面取得优势的想法都是荒谬的，特别是有关"伊丽莎白女王"级的言论，皇家海军还没有一艘战舰拥有在未来海战中所必需的速度！德国人新的"吕措夫"级战列巡洋舰装有 14 英寸甚至可能是 16 英寸的舰炮，而且航速肯定超过 28 节！我们的战舰必须拥有 32 节航速，这样才能在长时间离坞后仍拥有速度优势，才能追上航速达到 28 节的敌人！速度就是一切！同时，烦请你把此信交给战列巡洋舰中队指挥官贝蒂阅览，要是他也能照此模式写一封非正式的私人信函，那将会对我大有帮助！我必须殚精竭虑达成此目的！如果不能得到 3 艘航速达 32 节的这种军舰（即战列巡洋舰），我就不得不在明年 1 月 25 日离开海军部。

丘吉尔终于在压力下屈服了。12 月 28 日，内阁批准建造 2 艘战列巡洋舰——并不是费舍尔一直要求的 3 艘。这两艘战舰将以继续执行"王权"级战列舰合同的方式来建造，舰名也沿用之前战列舰所用名称。但随后，由于帕尔默斯船厂的下水滑轨对新战舰来说太短，两舰的建造工作转由约翰 – 布朗公司在其位于克莱德河的船

厂执行。12月29日，费舍尔与合同商进行会谈，商定将第二天（12月30日）作为合同的起始时间，并加速建造两艘战舰，预计在未来15个月内完工。费舍尔与海军部合同部门在效率上呈现出了天壤之别，因为修改过的合同直到1915年3月10日才最终完成，而此时2艘军舰已经开工超过了6个星期。

费舍尔仍然不满意，他很快就开始争取建造2艘古怪的军舰——虽然被称为"大型轻巡洋舰"，但它们实际上是一种装备了2座双联15英寸主炮的轻型战列巡洋舰。"轻巡洋舰"这一叫法只是为了确保内阁批准建造的托辞，因为当时英国政府已经明确拒绝再建任何新的战列舰和战列巡洋舰，不过轻巡洋舰（的建造）还是可以继续！两艘新军舰，即"勇敢"号（HMS Courageous）和"光荣"号（HMS Glorious）的建造始于1915年1月；不久后第三艘"暴怒"号（HMS Furious）开工，但对它原有的双联15英寸主炮塔进行了改造，以安装新的单联18英寸舰炮（1915年春季，海军部向阿姆斯特朗公司订购了3门该型主炮）。

"声望"号和"反击"号

迪恩古尔在回忆录和官方文件中都声称自己在1914年12月19日才接到海军部有关新型战列巡洋舰

表24："声望"级设计数据

	"声望"号	"反击"号
日期	1914年12月30日	1915年4月22日
舰长	750英尺（柱间长）	750英尺（柱间长），794英尺（全长）
舰宽	90英尺	90英尺
吃水	25英尺（前），26英尺（后）	25英尺（前），26英尺（后）
排水量	26000吨	26500吨
输出功率	112000马力	110000马力
航速	32节	32节
燃油	1000吨，3500～4000吨（最大）	1000吨，4000吨（最大）
武备	6×15英寸舰炮（备弹80枚） 25×4英寸舰炮（备弹150枚） 4×3磅礼炮（备弹150枚） 5×马克沁机枪（备弹5000发） 2×21英寸鱼雷发射管（备弹14枚）	6×15英寸舰炮（备弹80枚） 17×4英寸舰炮（备弹150枚） 2×3英寸高射炮 5×马克沁机枪 2×21英寸鱼雷发射管（备弹5枚）
装甲		
侧舷	中部6英寸，首尾4英寸	中部6英寸，首部4英寸，尾部3或4英寸
横向装甲	首部4英寸	首部3或4英寸，尾部3或4英寸
炮塔基座	7英寸	7英寸
炮塔	8英寸	7或9英寸
司令塔	10英寸	10英寸
司令塔垂直通道	3或4英寸	4英寸
舰尾司令塔	–	3英寸
4英寸炮塔（前部）	3英寸	3英寸
烟囱	侧面1.5英寸，底部1英寸	侧面1.5英寸，底部1英寸
主甲板	水平部分1英寸，倾斜部分2英寸	水平部分1英寸，倾斜部分2英寸
下甲板	–	首部2.5英寸
重量（吨）		
其他设备	750	800
武备	3400	3335
动力	5325	5660
工程设备	125	120
燃油	1000	1000
装甲	4470	4770
舰体	10800	10800
预留重量	130	15
总重	26000	26500

的设计指示。然而军舰手册中第一次提到设计要求的日期是 12 月 18 日，并且此处注明海军造舰总监已接到费舍尔相关指示，后者要求军舰的尺寸应满足下列特征：

（1）高干舷、略微外飘的长舰首，与"声望"号（前无畏舰）相似，但高度值更大。

（2）两座双联 15 英寸主炮，炮塔像"无畏"号战列舰那样处于较高位置。

（3）在上甲板布置 20 门 4 英寸火炮用于反鱼雷舰艇，位置较高并设有防盾保护。

（4）不安装其他任何火炮和鱼雷武器。

（5）最高航速达 32 节。

（6）使用燃油作为单一燃料。

（7）防护水平与"不倦"级战列巡洋舰相当。

海军造舰总监的部门在第二天根据这些要求进行了初步估算，但费舍尔又发来了新的修改命令，要求将 15 英寸火炮增至 6 门，并加设 2 具鱼雷发射管（见表 23）。[3]12 月 21 日，他们（海军造舰总监部门）完成新设计的相关计算，三天后开始制造军舰模型，根据费舍尔的要求进行多次修改后，模型最终于 12 月 26 日完成。在丘吉尔正式批准建造计划后，军舰设计工作于 12 月 30 日正式开始，虽然设计依照海军造舰总监部门的标准程序展开，不过速度被大大加快，因为军舰基本数据（见表 24）的制定在当天就已经完成。事后，迪恩古尔曾多次称赞自己的（海军造舰总监）部门在设计和建造"反击"号与"声望"号两舰时所表现出的高效性——无论这两舰实际作战效能如何，它们（的设计和建造过程）都彰显出了英国海军设计部门人员

第一烟囱有所加高的"声望"号，本图摄于 1917 年春天。注意位于第二烟囱上的探照灯平台，这是该舰与"反击"号在外观上的主要区别，直到两舰在 1918 年都改装了探照灯塔为止。三联装 4 英寸副炮在理论上"能以占据最小的空间发挥出最大限度的火力性能"，但实践证明这种设计并不成功，因为相关人员无法在狭小的炮塔内做到快速装填。（作者收藏）

可以在巨大压力下一如既往达成设计要求的能力。

新年（1915年）第一周，迪恩古尔在费尔柴尔德和帕尔默斯船厂检查了原先为建造两艘战列舰所订购和接收的材料，考虑它们对于新设计是否适用，并将堆积在帕尔默斯的材料运往克莱德河。1月中旬，海军部向船厂提供了制造所需额外材料的清单以及舰体底部图纸。1月25日，也就是费舍尔74岁生日这一天，两艘战舰同时开始铺设龙骨。1月底，船厂得到舰身结构图纸，并订购了所需的全部钢材。海军造舰总监部门同样已经完成全部图纸的绘制、各项规格的制定以及所有计算，并于10天后得到海军部委员会批准。最后的图纸与12月30日的设计相比仅有少量改动——主要针对装甲和动力装置，最终使军舰排水量增加了500吨，海军部也为此对设计重量有所调整。由于增设防鱼雷网，两舰的预留重量都增加了115吨，但由于1915年8月时取消这一部分的安装，预留重量又回到了原先的130吨。在原设计里，4英寸副炮被放置于设有3英寸防护装甲的炮座中；不过它们后来又被布置在上甲板的敞开式炮塔里，数量也从25门减至17门。其中，有15门位于新的三联装炮塔里——采用这种新炮塔主要是为了提高火力密度，同时减少主炮和副炮射击时相互之间产生的影响。之后对原设计所做的修改还包括以下内容：

（1）1915年4月，为降低造价和加快进度取消了木制甲板的安装。在舰员居住区的露天甲板下方敷设格状夹层，以补偿由于没有安装隔热层（70吨）而失去的重量，在钢制甲板的表面铺设防滑条（7吨）。为舰桥上舰队司令的住舱地板铺设油布。

（2）1915年5月，根据"伊丽莎白女王"级在使用中军舰舰首受风浪影响严重的缺点，准备通过为"声望"级前部舰体加装支撑材料以增加该部分强度。

（3）1915年1月，费舍尔要求两艘新型战列巡洋舰能各携带25枚水雷。由于为此改装军舰具有一定难度，7月21日（此时费舍尔已经辞职），海军造舰总监向海军部提出取消这一改装方案的要求；次日，相关要求被批准。

（4）1915年11月，制造部门发现主炮塔旋转部分的重量比原先预计重20吨，因此占用了60

吨（共三座炮塔）预留重量。

1916年2月，"反击"号与其原设计相比在重量上有所变动的包括以下方面：

增重

舰体和防护（包括制造舰体所用铸件，该部分超过预计重量50吨）	339吨
15英寸炮塔	60吨
4英寸炮塔	34吨
涡轮机泵和所有锅炉舱的管路	20吨
总增重	453吨

4英寸副炮指挥仪塔及平台也增重7吨，但这一部分似乎被计入了设计重量。

减重

防鱼雷网	115吨
水雷及相关设施	20吨
由BL型4英寸副炮弹药取代QF型4英寸副炮弹药（详见武备一章）	16吨
总减重	151吨

由于取消了防鱼雷网，舰体结构相应减重37吨，取消舰首火控战位也减重9吨，不过最终舰体净增重339吨。

以上变化，加之除去预留重量使得军舰最终的标准设计重量达到了26787吨，比原设计重287吨。在军舰建成后的倾侧试验中测得的"反击"号重量为26854吨，"声望"号为27420吨。

这两艘军舰直到1916年秋季才完工，比预期晚几个月，部分原因是费舍尔离开了海军部，无法继续推进它们的建造。但是，以两舰排水量而言，能在如此短的时间内完工就已经算速度惊人了，尤其在战争环境下更是一个奇迹。1916年8月，"反击"号首先进行海试，在排水量达29900吨和海况不佳的情况下跑出了31.7节的最高航速；"声望"号在9月海试中的排水量为27900吨，与其设计排水量相近，最高航速达到32.6节。

A、Y 炮塔上安装有起飞平台的"反击"号，其烟囱和上层建筑上还绘有暗灰色迷彩。本图摄于 1918 年。（帝国战争博物馆：SP720）

两舰的适航性都非常优秀，只是在海试中被发现舰首结构存在问题，不过后来也通过在首楼甲板下方加装紧固装置和支柱使其得以解决。

　　"声望"号和"反击"号在完工时接近设计排水量，并实现高速性，这说明两舰完全达到了设计要求。但不幸的是，它们都是在日德兰海战之后才加入大舰队，而海战证明其防御部分形同虚设——它们必须通过大幅度改装来增强防护能力，改装的具体内容将在后文装甲一章中进行介绍。

"勇敢"号、"光荣"号与"暴怒"号

　　人们通常会将这三艘军舰和两艘"声望"级战巡的设计建造与费舍尔的"波罗的海"计划联系起来。不过毫无疑问的是，建造"声望"级主要是为了加强大舰队

中战列巡洋舰队的实力，而建造那三艘大型轻巡洋舰的真正目的迄今仍不明晰。费舍尔最初虽然是为了"波罗的海"计划才设计出这三艘军舰，但从来没有为此制订过具体计划；他对后者用途的表述也经常发生变化，因此在其头脑中这三艘军舰应该扮演了多个不同角色，那些理念也都体现在他的设计要求中。

　　早在第一次世界大战爆发数年前，费舍尔就提出了"波罗的海"计划。简单地说，该计划是以英国皇家海军舰队掩护俄国陆军在位于德国北部的波美拉尼亚地区登陆——这里距离柏林仅 90 英里（约 145 公里）远，登陆成功的地面部队将直接威胁到德国的首都，迫使其将军队从前线撤回，这样不仅能解除俄国的压力，还能最终导致德国的混乱和崩溃。1914—1915 年间，英国海军部曾讨论过利用海军打破陆地作战的僵局，"波罗的海"计划就是数个可能的方案之一。其他方案还包括海军掩护陆军在比利时海岸登陆，以此攻击德军侧翼；攻占达达尼尔海峡（由丘吉尔提出，这也是最终得以实施的一个方案）；占领位于北海南部的赫尔格兰

"声望"号，本图摄于 1918 年。（作者收藏）

刚建成时的"勇敢"号。（帝国战争博物馆：SP1673）

岛（Heligoland）或博尔库姆岛（Borkum），为封锁、监视和骚扰德国主力舰队提供前进基地，这类似于皇家海军最擅长的近距封锁战略，占领博尔库姆岛还能为攻入石勒苏益格 – 荷尔斯泰因地区或攻占基尔运河提供跳板。但是，要想把大舰队派入波罗的海作战就必须首先彻底击败德国公海舰队或完全阻止其进入北海。费舍尔曾提出过一个大胆设想，即在北海布置一个面积巨大的水雷阵，然而英国此时既没有足够数量水雷，已有水雷的作战效能也不算理想；此外，费舍尔同样从未想过，如果水雷阵缺乏足够有效保护的话，那么敌人就可能也

可以从中开辟出一条或数条安全通道。另外，赫尔格兰岛和距离德国海岸更近的博尔库姆岛都在德国海军的家门口，德国舰队从近距离提供保护要比英国对此地已方军队支援的难度小得多，因为后者的补给线太长而且极易受到攻击。公平地讲，其实费舍尔很早就认为水雷、潜艇和飞机都是革命性的海军武器，会在未来取代战列舰主宰海战。占领德国的近岸岛屿无疑可以为己方潜艇提供一个前进基地，缩短从基地到达战场的距离，从而增加可用的潜艇数量，并延长潜艇巡逻的时间。但在整场世界大战中，英德双方派往对方基地附近海域执行侦察和袭扰任务的潜艇都没有取得什么战果，至少是远在费舍尔的期望之下。相比而言，他在"波罗的海"计划中倾注了不少心血，提出很多建议并为之有所准备，其中就包括建造三艘大型轻巡洋舰；他还强烈反对丘吉尔

动力部位正在生火的"光荣"号，可以看到烟囱处正冒出滚滚浓烟。本图摄于 1917 年。（帝国战争博物馆：Q18040）

"暴怒"号上的单联18英寸主炮塔。（帝国战争博物馆：E13/276）

的达达尼尔登陆计划，而且后者也果然在消耗大量人力物力之后迎来了失败。

那么，费舍尔的大型轻巡洋舰设计意图到底是什么呢？1915年1月，他告诉丘吉尔和杰利科，这类新型舰艇的主要任务是在"波罗的海"计划中提供支援；但1915年3月6日时，费舍尔在寄给迪恩古尔的信中写道：

我已经告诉海军大臣，越考虑你所设计大型轻巡洋舰的性能就越觉得它们的优越性和简易性都无与伦比——军舰的三大关键性能——火力、速度和吃水在它们身上实现了完美平衡！

比尔莫尔公司和维克斯公司（它们都不是这三艘军舰的承包商）均保证他们能在十一个月内完成建造任务，这一点就足以说明设计上的简单性是多么重要。

但是，鉴于议会推迟了四艘"君权"级战列舰的建造，我担心我们连期望的四艘大型轻巡洋舰中的两艘也得不到！

这将是多么大的遗憾啊！

表 25：大型轻巡洋舰设计数据

	"勇敢"级	"暴怒"号
舰长	735 英尺	735 英尺
舰宽	80 英尺（后增至 81 英尺）	88 英尺
吃水	21 英尺 9 英寸（平均）	21 英尺 6 英寸（平均）
排水量	17400 吨（后增至 17800 吨）	19200 吨
动力输出功率	90000 马力	90000 马力
航速	32 节	31.5 节
燃油	750 吨，3250 吨（最大值）	750 吨
武备	4×15 英寸舰炮（备弹 80 枚） 16×4 英寸舰炮（备弹 120 枚） 3×3 英寸高射炮（备弹 150 枚） 5×马克沁机枪（备弹 5000 发） 2×21 英寸鱼雷（水下，备弹 10 枚）	2×18 英寸舰炮 8×5.5 英寸舰炮 3×3 英寸高射炮 5×马克沁机枪（备弹 5000 发） 2×21 英寸鱼雷（水下，备弹 10 枚）
装甲		
水线装甲	中部 3 英寸，首部 2 英寸	中部 3 英寸，首部 2 英寸
横向装甲	首部 2 英寸，尾部 2.5 英寸	首部 2 或 3 英寸，尾部 3 英寸
炮塔基座装甲	6 或 7 英寸	6 或 7 英寸
炮塔正面装甲	7 或 11 或 13 英寸	5 或 9 英寸
司令塔	10 英寸	10 英寸
司令塔垂直通道	3 或 4 英寸	3 英寸
鱼雷指挥塔	3 英寸	3 英寸
纵向防鱼雷舱壁	0.75 英寸	0.75 英寸
烟囱	0.75 英寸	0.75 英寸
首楼甲板	1 英寸	1 英寸
主甲板	水平部分 0.75 英寸，倾斜部分 1 英寸	水平部分 0.75 或 1.75 英寸，倾斜部分 1 英寸
下甲板	首部 1 英寸，后部 1.5 或 3 英寸	首部 1 英寸，尾部 1.5 或 3 英寸
重量（吨）		
其他设备	650	775
武备	2250	2420
机械	2350	3030
燃油	750	750
装甲	2800	3780
舰体	8500	8345
预留重量	100	100
总重	17400	19200

我们现有轻巡洋舰的航速一旦遇到坏天气就会降至十五节，无法跟随战列巡洋舰队并为其执行侦察任务；在这种情况下，如果遇到敌方战列巡洋舰就会成为后者口中的猎物。[4]

费舍尔还告诉迪恩古尔，他要求建造的这几艘军舰"可以用来对付进入大洋实施破交战的敌方巡洋舰……"[5]另外，针对很多人关于"暴怒"号仅装备两门 18 英寸主炮由于数量太少而不适用于任何火控系统的批评，费舍尔回应说："这两门主炮发射的巨型炮弹将使德国人无法阻止俄国的百万大军在波美拉尼亚地区

登陆！'暴怒'号（及其姊妹舰）上的主炮根本不是拿来齐射，而是为了攻占柏林而装备。这也是为什么它的吃水如此之浅、防御部分如此脆弱，这一切都是为了提高速度！"[6]在同一封信中，费舍尔还提到了可能出现的 20 英寸舰炮拥有的威力（这是为他下一个战列巡洋舰计划而准备的，但该计划只停留在设想阶段），他认为这种舰炮将以"超视距和极高的精度"发射巨型炮弹，甚至满怀热情地设想了以下情景："炮弹将在地面上炸出维苏威或埃特纳火山口那样大小的巨型弹坑——你可以想象在这种火炮打击下，德国人惊慌失措从波美拉尼亚逃向柏林的模样。"费舍尔总是非常夸张地描述大口

径炮弹对陆上目标的毁伤能力，不过他显然没有意识到，任何超视距火力都无法保证其精准度，况且仅仅动用几门 18 英寸或 20 英寸舰炮进行轰击就能让德国人心理崩溃也完全不合实际；另外，如果军舰将对岸轰击作为首要任务就应该主要使用高爆炮弹，但实际上当时英国主力舰装备的都是用于对付敌方装甲舰的被帽穿甲弹（APC）和被帽共聚点穿甲弹。

从费舍尔的评论中可以看出，这些大型轻巡洋舰基本上符合战列巡洋舰的特征和战术作用，比如进行保交作战、为主力舰队实施侦察，以及近岸支援；但主要区别在于，前者不可能被当成主力舰队的快速侧翼使用，不过这也不奇怪。"声望"号、"反击"号以及后来的"胡德"号在设计时都很强调浅吃水性能，但它们绝不是为"波罗的海"计划而建造的。军舰利用浅吃水性对近岸实施支援是必要的，还可以进入浅水区以躲避敌方重型舰艇攻击；然而从其他方面考虑，它们的防护性能就都过于薄弱了。

英国较早期设计建造的战列舰，特别是"铁公爵"

首次建造完成之后的"暴怒"号——18 英寸炮塔位于舰尾，舰首主炮塔被飞行甲板和机库取代。（帝国战争博物馆：SP1669）

级和"伊丽莎白女王"级都具有吃水量大、干舷较低的特点；而且战时满载出动的几率远大于以标准排水量出动，这样就进一步降低了干舷高度。此后，英国海军要求在舰艇设计中提高适航性和储存浮力，以增强军舰在受到鱼雷或水雷打击后的生存能力，因而重新考虑了舰体设计；另外，如果水下舰体体积太大，那么这部分不仅会成为鱼水雷的攻击目标，还会因为深水水压较高，处于深吃水状态时舰体下部受创对军舰生存产生的威胁更大，所以浅吃水舰艇往往更安全。不过也有人反对这种观点，他们认为吃水浅虽然有机会使鱼雷从舰体下方通过，但为了获得浅吃水性就必须增加舰体长度，而这也会为敌方潜艇提供极好的目标。很难说清能在浅水区活动和改善舰体设计哪方面更重要，不过在费舍尔看来浅吃水性可能是（他所期待的）首要目标；但在设计"胡

在 1917—1918 年的冬季，"暴怒"号的舰尾在拆除 18 英寸主炮塔后，于烟囱和舰尾之间安装了第二部飞行甲板；该舰后来还与它的半姊妹舰"勇敢"号和"光荣"号一样安装了全通式飞行甲板。尽管大型轻巡洋舰在其诞生时声誉不佳，但它们在经过改装后的确代表了（当时）主力舰的未来发展趋势。（帝国战争博物馆：Q23192）

德"号时，改善舰体设计才是海军造舰总监部门的第一任务。

海军造舰总监于 1915 年 1 月 28 日向海军部递交"勇敢"号和"光荣"号的设计方案。两舰基本上都是简约版的"声望"级——取消 B 炮塔，防护性能也被削弱到与轻巡洋舰相当；它们还装备了先进的小水管锅炉和齿轮传动涡轮机，这不仅能大大减轻重量，也使动力系统的安装变得更为简单。

1915 年 3 月初，费舍尔又要求迪恩古尔为"声望"级和大型轻巡洋舰上厚度为 0.75 英寸的防鱼雷纵向装

甲增加厚度。迪恩古尔指出这样不仅会增加排水量和吃水，还必然会降低航速；但费舍尔认为根据日俄战争中水雷取得的巨大战果，做出这样的修改既是值得也是必须的。"声望"级防鱼雷纵向装甲上部的厚度被增至 2 英寸，下部增至 1.5 英寸。由于当时两艘军舰（"声望"号与"反击"号）的建造进度（被要求）很快，然而进行相应改装会使建造周期延长两个月；海军部认为这样的拖延不可接受，因此（改装）就被取消了。不过，此时"勇敢"号和"光荣"号尚未开工，于是它们的纵向装甲厚度被增至 1.5 英寸，结果排水量增加 500 吨，吃水增加 6 英寸，航速也下降了 0.25 节。费舍尔在 3 月 14 日批准这一修改，"勇敢"号于两周后开工，"光荣"号也从 4 月 20 日开始建造。两艘军舰在建造过程中没有大幅修改原设计，只是在日德兰海战后加强了水平防护，再添加了一些小的修改，共计增加排水量 400 吨；

表 26：高速战列舰设计数据，1915—1916 年

设计代号	A	B	C1	C2	D
日期	1915/11/29	1916/1/1	1916/1/18	1916/1/18	1916/2/1
总长	760 英尺	750 英尺	660 英尺	610 英尺	710 英尺
舰宽	104 英尺	90 英尺	104 英尺	100 英尺	104 英尺
标准吃水	23 英尺 6 英寸	25 英尺 9 英寸	23 英尺 6 英寸	24 英尺 9 英寸	23 英尺 6 英寸
排水量	31000 吨	29500 吨	27600 吨	26250 吨	29850 吨
发动机功率	75000 马力	60000 马力	40000 马力	40000 马力	65000 马力
航速	26.5 ~ 27 节	25 节	22 节	22 节	25.5 节
武备	8×15 英寸 12×5 英寸 2×3 英寸高射炮 4×21 英寸鱼雷发射管	8×15 英寸 12×5 英寸 2×3 英寸高射炮 4×21 英寸鱼雷发射管	8×15 英寸 10×5 英寸 1×3 英寸高射炮 2×21 英寸鱼雷发射管	4×18 英寸 10×5 英寸 1×3 英寸高射炮 2×21 英寸鱼雷发射管	6×18 英寸 12×5.5 英寸 1×3 英寸高射炮 2×21 英寸鱼雷发射管
装甲					
侧舷装甲	10 英寸				
炮塔基座装甲	10 英寸	10 英寸	9 英寸	9 英寸	9 英寸
炮塔装甲	9 ~ 11 英寸				
重量（吨）					
其他设备	750	750	700	700	700
武备	4750	4750	4650	4650	4700
动力	3550	3250	2450	2450	3350
燃油	1000	1000	1000	1000	1000
装甲	9150	8600	7860	7770	8500
舰体	11650	11000	10800	9500	11400
预留重量	150	150	140	130	150
全重	31000	29500	27600	26250	29850

1916 年 1 月 1 日，方案 B 的动力输出功率修改为 75000 马力，因而航速变为 27 节，排水量变为 30350 吨，平均吃水变为 26 英尺 3 英寸。

当然，跟最初设计方案相比肯定有较大幅度的改动，因为军舰建成后的排水量较之原始设计增加了 1700 吨（不过原始设计之后的方案都已丢失）。其中有一个修改是采用三联装 4 英寸副炮，但在原先设计中，16 门 4 英寸副炮均使用单联炮座。

两舰大约用了 18 个月就建造完成，并分别于 1916 年 10 月（"勇敢"号）和 12 月（"光荣"号）进行海试。"勇敢"号在海试时适逢恶劣海况，在全速航行过程中舰首有部分结构被大浪破坏——从舰首炮塔到防波板之间的首楼甲板，以及从上甲板到首楼甲板的侧舷板都存在开裂现象；油柜和储备水柜也有渗漏发生。原因到底是舰体结构过于脆弱还是海试时航速过快，海军部没有明确定论，但之后为"勇敢"号增设了 130 吨重的支撑构件以增加舰体强度——他们也决定为"光荣"号进行相同的改装，不过具体事宜直到 1918 年才开始实施。

"胡德"号

1915 年底，英国海军部获财政部批准，以之前的实战经验为基础建造一艘试验型战列舰。海军部对新战舰提出的基本要求是——武备和速度与"伊丽莎白女王"级相当，但要根据最新的建议和试验数据来提高适航性和改善水下防御系统。首先要有不间断的高干舷，因为早期主力舰的部分干舷被"切开"以布置副炮炮廓，这样"不仅严重影响了适航性，使（6 英寸）副炮不堪使用，还导致军舰在恶劣海况中的进水情况严重到了危及安全的地步"；而且，由于炮廓不具备水密性，这也大大减少了军舰的储备浮力。

这一缺点还因军舰极少以设计排水量状态出海作战而越发凸显——军舰在油柜蓄满的情况下出海时，吃水量大而干舷很低，只有进行长时间航行后才能在轻载状态下返回基地。

高干舷和浅吃水减小了军舰的水下目标面积，也降

表 27：战列巡洋舰设计数据，1916 年 2 月

设计	1	2	3	4	5	6
柱间长	835 英尺	790 英尺	810 英尺	710 英尺	780 英尺	830 英尺
全长	885 英尺	840 英尺	860 英尺	757 英尺	830 英尺	880 英尺
舰宽	104 英尺	104 英尺	104 英尺	104 英尺	104 英尺	104 英尺
吃水（平均）	26 英尺	25 英尺	26 英尺	25 英尺	25 英尺	26 英尺
排水量（吨）	39000	35500	36500	32500	35500	39500
输出功率（马力）	120000	120000	160000	120000	120000	120000
航速	30 节	30.5 节	32 节	30 节	30.5 节	30 节
武备	8×15 英寸 12×5.5 英寸 2×21 英寸鱼雷 发射管	8×15 英寸 12×5.5 英寸 2×21 英寸鱼雷 发射管	8×15 英寸 12×5.5 英寸 2×21 英寸鱼雷 发射管	4×18 英寸 12×5.5 英寸 2×21 英寸鱼雷 发射管	6×18 英寸 12×5.5 英寸 2×21 英寸鱼雷 发射管	8×18 英寸 12×5.5 英寸 2×21 英寸鱼雷 发射管
装甲						
侧舷	8 英寸（方案 3 为 10 英寸）					
炮塔基座	9 英寸（最大）					

所有设计均采用小水管锅炉、强制通风系统和小宽度锅炉舱（但方案 1 采用大水管锅炉，方案 3 采用大宽度锅炉舱）。

表 28：战列巡洋舰方案 A/B 数据，1916 年 3 月 27 日

舰长	810 英尺（柱间长），860 英尺（全长）	
舰宽	104 英尺	
吃水	25 英尺（首），26 英尺（尾），29 英尺 6 英寸（满载平均）	
排水量	36250 吨（方案 B 为 36300 吨）	
动力输出功率	144000 马力	
航速	32 节	
燃油	1200 吨，4000 吨（最大）	
武备	8×15 英寸（备弹 80 枚） 12×5.5 英寸（方案 B 为 16×5.5 英寸，备弹均为 150 枚） 2×3 英寸高射炮 5× 马克沁机枪（备弹 5000 发） 2 或 4×21 英寸（水上）鱼雷发射管（方案 B 为 2×21 英寸水下鱼雷发射管）	
装甲		
水线装甲	中部 3 或 5 或 8 英寸，首部 4 或 5 英寸，尾部 4 英寸	
横向装甲	3 或 4 英寸	
炮塔基座装甲	9 英寸（最大）	
炮塔正面装甲	10 或 11 英寸	
司令塔	10 英寸（正面）	
司令塔垂直通道	3 ~ 3.5 英寸	
鱼雷指挥塔	6 英寸	
鱼雷指挥塔通道	4 英寸	
纵向防鱼雷舱壁	0.75 或 1.5 英寸	
烟囱	1.5 英寸	
首楼甲板	1 或 1.5 英寸	
上甲板	1 英寸（尾部）	
主甲板	1.5 英寸	
下甲板	首部 1 ~ 2 英寸，后部 1 ~ 2.5 英寸	
重量（吨）	方案 A	方案 B
其他设备	750	750
武备	4750	4800
机械	5200	5200
燃油	1200	1200
装甲	10100	10100
舰体	14070	14070
预留重量	180	180
总重	36250	36300

表 29：战列巡洋舰和高速战列舰相关设计，1916 年 7 月 5 日

	改进型战列巡洋舰	战列舰方案 A
舰长	810 英尺（柱间长），860 英尺（全长）	810 英尺（柱间长），860 英尺（全长）
舰宽	104 英尺	104 英尺
吃水	25 英尺 9 英寸（首），26 英尺 9 英寸（尾），29 英尺 6 英寸（平均）	27 英尺 9 英寸（首），28 英尺 9 英寸（尾），31 英尺 6 英寸（平均）
排水量	37500 吨	40600 吨
动力输出功率	144000 马力	144000 马力
航速	31.75 ~ 32 节	31.5 节
燃油	1200 吨，最大 4000 吨	1200 吨，最大 4000 吨
武备	8×15 英寸（备弹 80 枚） 16×5.5 英寸（备弹 150 枚） 2×4 英寸高射炮 2×21 英寸（水下）鱼雷发射管	8×15 英寸（备弹 80 枚） 16×5.5 英寸（备弹 150 枚） 2×4 英寸高射炮 2×21 英寸（水下）鱼雷发射管 2×21 英寸（水上）鱼雷发射管
装甲		
水线装甲	中部 3 或 8 英寸，首部 3 或 4 或 5 英寸，尾部 4 英寸	中部 6 或 12 英寸，首部 6 或 7 英寸，尾部 6 英寸
横向装甲	3 或 4 英寸	4.5 或 6 英寸
炮塔基座装甲	9 英寸（最大）	12 英寸（最大）
炮塔正面装甲	11 或 15 英寸	12 或 15 英寸
司令塔	10 英寸（前方）	12 英寸（正面）
司令塔垂直通道	2 或 3 或 3.5 或 6 英寸	3 或 6 英寸
鱼雷指挥塔	6 英寸	6 英寸
鱼雷指挥塔通道	4 英寸	4 英寸
纵向防鱼雷舱壁	0.75 或 1.5 英寸	0.75 或 1.5 英寸
烟囱	2.5 英寸	2.5 英寸
首楼甲板	1.25 或 2 英寸	1.25 或 2 英寸
上甲板	0.75 或 1 英寸	0.75 或 1 英寸
主甲板	1 或 1.5 或 2 英寸	1 或 1.5 或 2 英寸
下甲板	首部 1 或 1.5 或 2 英寸，后部 1 或 2.5 英寸	首部 1 或 1.5 或 2 英寸，后部 1 或 2.5 英寸
重量（吨）		
其他设备	750	750
武备	4950	5000
机械	5300	5300
燃油	1200	1200
装甲	10600	13400
舰体	14520	14750
预留重量	180	200
总重	37500	40600

低了水下舰体受损后的损管难度，但军舰的长度和宽度都会有所增加。从 1915 年 11 月到 1916 年 1 月底，海军造舰总监提出了数个战列舰设计方案（见表 26），它们的长宽比有很大不同，后期设计方案中的舰长由于考虑了入坞能力而比早期方案更短（尤其是因为没有合适的浮动船坞来容纳舰体过长的军舰）。他（DNC）更喜欢大舰宽方案，因为试验表明这种设计能明显提高军舰的水下防护能力，同时还希望为了节省空间和重量而采用小水管锅炉。

1916 年 1 月，所有设计方案都被转呈给大舰队司令官杰利科以听取他的建议。但杰利科声称，大舰队并不需要新的战列舰，而是缺少护航舰艇，他们在主力舰方面的唯一薄弱环节是战列巡洋舰。杰利科很担心德国正在建造的战列巡洋舰，据悉这三艘新战巡的航速可达 30 节，装备有 15.2 英寸主炮；他还认为本国"声望"级和"勇敢"级虽然拥有较高航速，可防护性能过于薄弱，无法满足舰队的需要。贝蒂也持相同观点，他认为自己手下那些装备 12 英寸主炮的战列巡洋舰已经因为航速不高而完全过时，但德国战巡不仅将在数量上，还会在性能上超过英国海军同类军舰。贝蒂迫切希望尽快接收"声望"号和"反击"号，因为这样才能在与德国海军的较量中恢复均势；不过他和杰利科一样轻视大型轻巡洋舰，甚至将其称为"怪物"。

海军造舰总监立即对一线指挥官的意见做出反应，并着手将战列舰改成战列巡洋舰。1916 年 2 月 1 日，他递交了两个设计方案——方案 1 和方案 2，两者都基本沿袭了战列舰的设计，但通过取消部分装甲来提高航速。不过，仅仅牺牲装甲部分远不能换取足够航速，因为高航速所需的动力装置本身就带有巨大重量，而且还会占据很长一段舰体，所以必须增设相应的舰体长度和保护动力舱所需装甲。方案 1 保持了战列舰方案的长宽比和武备，舰长 835 英尺，排水量达 39000 吨，比战列舰的最大（也是最重）方案还多出 8000 吨。因为有机会装备更轻的动力装置，海军造舰总监的方案 2 采用了小水管锅炉，但其余性能与方案 1 完全一致；此外，这一方案由于节省出 3500 吨排水量和 1 英尺吃水而且动力输出功率保持不变，航速还因此提高了 0.5 节；另外，因为锅炉宽度较小，锅炉舱的尺寸也被相应缩小，所以锅炉舱两侧可以布置更高的鱼雷防护装甲。海军大臣们似乎比较欣赏方案 2，并要求海军造舰总监进一步展开

在克莱德河畔进行建造的"胡德"号。这是站在上甲板向后看的视角，可见舰尾正在安装 X、Y 两座炮塔的基座。（帝国战争博物馆：Q19450）

小水管锅炉的设计，于是2月17日又出现了四个新的方案。其中，方案3与方案2相比增加了动力输出功率，使航速提高至32节——与"声望"级和"勇敢"级相同，也肯定比最新德国战列巡洋舰的航速更高。方案4到方案6也是以方案2为基础，不过分别布置了4门、6门和8门18英寸主炮——这是为了响应杰利科要求装备口径比15英寸更大而设计的主炮，尽管此时18英寸主炮还不成熟，但他（DNC）认为一旦成熟就可以认真考虑这些方案。海军造舰总监还声称，主炮数量如果少于8门将影响火力投放精度和侧舷齐射威力，因此方案4和方案5不可能被接受，而方案6中的8门18英寸主炮方案也可能因为军舰尺寸过大而被否决，同时还可预见到该口径主炮和炮座的制造会拖慢军舰的建造速度（而且只有阿姆斯特朗公司可以制造18英寸主炮）。

经过讨论后，海军部要求海军造舰总监进一步发展方案3，并将副炮改为16门5.5英寸舰炮。由此出现的方案A和方案B（见表28）于1916年3月27日递交海军部，而且海军大臣们一致认可方案B。4月7日，海军部批准设计方案，并于4月19日将三艘军舰的建造合同分别交给了约翰－布朗、卡末尔－莱尔德和费尔柴尔德公司；6月13日又决定让阿姆斯特朗－惠特沃斯公司建造第四艘同级舰。7月14日，这四艘军舰被分别命名为"胡德"号、"豪"号、"罗德尼"号和"安森"号。首舰"胡德"号于5月31日开工，但同一天发生在北海上的战斗戏剧性地改变了其设计。

日德兰海战清楚说明了英国无畏舰在防护方面还需重大改进，特别是水平防护的不足要比想象中严重得多。6月，海军部根据海战经验和会议上听取杰利科对设计的相关意见，重新考虑了"胡德"号的设计。1916年7月5日，有两个改进版设计方案（见表29）出现。第一个方案是海军造舰总监根据海军部直接下达要求完成的，最主要的改进就是加强水平、炮塔和（位于甲板之间的）炮塔基座的防护；为平衡这些增加重量，侧舷上部装甲带的厚度由5英寸被减至3英寸。另外，该方案加强了烟囱的防护性能，并将8英寸侧舷主装甲带的高度增加1英寸8英寸，给位于主甲板上的5.5英寸副炮弹药舱舱门和输弹斗升降机四周增设1英寸厚的装甲舱壁，还把发电机的数量从4台增至8台（这一改进项目早在日德兰海战之前就有所考虑）。以上所有改进将使

表30："海军上将"级设计数据，1917年8月20日

舰长	810英尺（柱间长），860英尺（全长）
舰宽	104英尺
吃水	28英尺（首），29英尺（尾），31英尺6英寸（满载平均）
排水量	41200吨
动力输出功率	144000马力
航速	31节
燃油	1200吨，最大4000吨
武备	8×15英寸 16×5.5英寸 4×4英寸高射炮 5×马克沁机枪（备弹5000发） 2×21英寸鱼雷（水下，备弹8枚）
装甲	
水线装甲	中部5或7或12英寸，首部5或6英寸，尾部6英寸
横向装甲	4或5英寸
炮塔基座装甲	12英寸（最大）
炮塔正面装甲	正面15英寸，侧面11或12英寸，顶部5英寸
司令塔	9或10或11英寸
司令塔垂直通道	7或9英寸
鱼雷指挥塔	3或5英寸
纵向防鱼雷舱壁	0.75或1或1.5英寸
烟囱	1.5或2.5英寸
首楼甲板	1.5或1.75英寸
上甲板	0.75或1或2英寸
主甲板	1或1.5或2或3英寸，A、Y炮塔附近倾斜部分为5英寸
下甲板	首部1或1.5英寸，后部1或1.5或3英寸
重量（吨）	
其他设备	800
武备	5255
机械	5300
燃油	1200
装甲	13550
舰体	14950
预留重量	145
总重	41200

军舰排水量增加1200吨，吃水增加9英寸。

第二个方案被称为方案A，是在海军造舰总监力主之下完成的。该方案对原设计的防御部分进行了大幅修改，目的是将战列巡洋舰改造成高速战列舰。其侧舷装甲的厚度被增加50%，水平装甲也有所增强，因此排水量增加3100吨，吃水增加2英尺——虽然吃水增加了不少，不过仍比"伊丽莎白女王"级少2英尺，而且航速仅是略微降低。相比"伊丽莎白女王"级战列舰，方案A的设计速度要高出7节，而且水下防御能力大增，标准排水量也增加13000吨；另外，该方案还用舰尾水上鱼雷发射管取代了原先的水下发射装

置（后者是根据较早之前的要求而布置，但当时发现舰尾被动力和舵机系统所占用，空间过于狭小，因而无法在此处安置鱼雷相关设备）。

海军部在研究了海军造舰总监的方案后向其询问在新战列舰上布置三联装主炮塔的可行性。为此，后者于7月20日完成了另外三份设计方案，它们与"战列舰方案A"的区别主要包括以下方面：

方案B：43100 吨（排水量）；12 门 15 英寸主炮（4×3）；标准和满载吃水量分别为 30 英尺和 33 英尺 3 英寸；最大航速为 30.5 节。该方案弹药储备量与方案A相同，但单门主炮的备弹量由120 枚降至 80 枚；因为要保持原有 120 枚 / 门的备弹量就必须压缩动力装置的空间，从而导致航速降低，或是由于舰长增加而降低入坞能力。这一缺陷也在方案C和方案D中有所体现，不过它们的主炮数量较少，因而受影响程度较低。

方案C：41700 吨（排水量）；10 门 15 英寸主炮（2×3+2×2）；最大航速为 30.5 ~ 30.75 节；标准和满载吃水量分别为 29 英尺和 32 英尺 3 英寸；每门主炮备弹量为 96 枚。

方案D：40900 吨（排水量）；9 门 15 英寸主炮（3×3）；最大航速为 30.75 节；标准和满载吃水量分别为 28 英尺 6 英寸和 31 英尺 9 英寸；每门主炮备弹量为 106 枚。

7月26日，以上4个方案（A/B/C/D）被呈交给海军部。由于三联装炮塔会增加吃水，进而导致航速降低，因此相应方案（B/C/D）最后还是被放弃。海军部委员会在讨论中决定采用方案A的基本设计；9月1日，该方案被正式批准。但也同样是在9月，海军部再次根据日德兰海战所得具体经验对新战列舰的设计提出了防护上的新要求，包括以下几个方面：

（1）将上甲板和首楼甲板之间侧舷装甲的厚度从 6 英寸减至 5 英寸，主甲板和上甲板之间的侧舷装甲则从 6 英寸增至 7 英寸。

（2）首楼甲板中部装甲厚度从 1.75 英寸增至 2 英寸。

（3）前部上甲板装甲厚度从 1 英寸增至 2 英寸，位于后部的 2 英寸和 1 英寸厚装甲则向尾部延伸。

（4）在弹药库上方的主甲板装甲厚度从 2 英寸增至 3 英寸，后部从 1.5 英寸增至 2 英寸。

（5）部分后部下甲板装甲厚度从 1 英寸增至 1.5 英寸。

海军部之所以做出这些调整，主要就是认为当一枚大口径炮弹以不大于 30 度的倾角命中目标时，可以击穿累计 9 英寸厚的装甲。以上改进方案虽然于 1916 年10 月 2 日被海军部委员会批准，但海军部与大舰队指挥官（先是杰利科，之后是贝蒂）之间关于新战列舰防护的争论却一直没有停止。在经过进一步修改后，最终设计方案（见表30）于1917 年 8 月 20 日递交海军部，并在 10 天后获得批准，主要改进内容包括增强炮塔的防护——主炮塔正面装甲厚度为 15 英寸，5.5 英寸炮塔的顶部装甲由 4.25 英寸增至 5 英寸——共计增加 55 吨重量（出自 200 吨预留重量）。此时，军舰的排水量又增加 600 吨，吃水增加 3 英寸，预计航速为 30 节，比原设计下降了 0.5 节。到 1917 年底，海军部批准了以下改进项目，其重量均来自 200 吨预留重量：

"胡德"号

5.5 英寸副炮输弹斗升降机	80 吨
弹药舱壁和顶部加强筋	45 吨
15 英寸炮塔正面和 5.5 英寸炮塔顶部装甲	
	55 吨
总计	180 吨（剩余 20 吨）

其余同级舰

5.5 英寸副炮输弹斗升降机	80 吨
15 英寸炮塔正面和 5.5 英寸炮塔顶部装甲	
	115 吨
横向装甲舱壁	152 吨
总计	347 吨（超重 147 吨）

从这时开始，"胡德"号与其姊妹舰的区别也愈发明显，因为它的建造速度很快，如果按最新的修改内容进行改建就会花费巨大而且严重拖延工期。但是，其

余几艘同级舰的建造在 1917 年 3 月 9 日被海军部下令暂停，因为建造这些军舰占用了大量人力和物力，而为了应对日益猖獗的德国潜艇，英国需要动用所有资源来建造和维修商船与护航舰艇。取消"胡德"号姊妹舰建造并不是个轻而易举就能做出的决定，因为海军部依然认为英国战巡的实力和性能将被德国的同类军舰大大超过。当时，德国有 6 艘战列巡洋舰在建，但只有 1 艘在战争结束前建成服役——这就是布置了 8 门 12 英寸主炮、航速达 27.5 节的"兴登堡"号，于 1917 年 10 月服役。1915 年，德国军方订购了 7 艘装备 8 门 13.5 英寸主炮、航速达 28 节的"马肯森"级战列巡洋舰，分别有 5 艘开工、2 艘下水，不过最后无一完工；其中，（在当时）已经开工的 1 艘和未开工的 2 艘战巡在 1917 年初被重新设计，改为布置 8 门 15 英寸主炮、航速达 27.25 节。尽管这些德国军舰在速度和火力方面都没有超越英国最新的战列巡洋舰，但它们的防护性能只有"胡德"号才能媲美。由于对德国海军战时造舰计划（和英国人一样，他们也有更重要的工作需要完成）的情报不足，接替杰利科担任大舰队司令的贝蒂不断向本国海军部施压，要求加快"胡德"号的建造，并重新开工制造其姊妹舰。

海军部虽然支持贝蒂的建议，可战时内阁却不批准重新让 3 艘"海军上将"级战列巡洋舰开工，海军参谋部甚至根本无法找到能够用来继续建造这些主力舰的资源。"胡德"号的制造工作在缓慢进行，而"安森"号、"豪"号和"罗德尼"号的建造一直处于停滞状态；由于海军部直到战争结束时仍然认为它们的设计无法真正体现出战时所获经验，于是在 1919 年 2 月 27 日正式宣布取消其余那三艘战列巡洋舰的建造。

部分出现在停建军舰、但未在"胡德"号上得以实现的改进包括重新设计舰桥和减少烟囱间距，这样做可以使敌人更难判断军舰的航向；此外，海军部在 1918 年 8 月批准将炮弹舱和发射药舱的位置互换——为布置 Y 炮塔发射药处理室，后部舰体的空间变得略微局促，军舰航速和弹药储备量也有所下降。

"胡德"号在 1920 年完工前进行的修改主要包括以下方面：

"胡德"号，本图摄于 1921 年。（作者收藏）

表 31：英国战列巡洋舰的建造，1915—1920 年

舰名	军舰制造商	动力制造商	开工日期	下水日期	完工日期
声望	费尔柴尔德	费尔柴尔德	1915/1/25	1916/3/4	1916/9/20
反击	J. 布朗	J. 布朗	1915/1/25	1916/1/8	1916/8/18
勇敢	阿姆斯特朗	帕森斯	1915/3/28	1916/2/5	1916/10/28
光荣	哈兰德＆沃尔夫	哈兰德＆沃尔夫	1915/5/1	1916/4/20	1916/10/14
暴怒	阿姆斯特朗	沃尔森德	1915/6/8	1916/8/18	1917/6/26
胡德	J. 布朗	J. 布朗	1916/9/1	1918/8/22	1920/5/15
安森	阿姆斯特朗		1916/11/9	于 1918 年 10 月取消建造	
豪	卡末尔·莱尔德		1916/10/16	于 1918 年 10 月取消建造	
罗德尼	费尔柴尔德		1916/10/9	于 1918 年 10 月取消建造	

1918 年 8 月：海军部委员会批准将发射药舱顶部装甲厚度从 1 英寸增至 2 英寸。为了补偿由于这部分装甲所增加的重量，烟囱在首楼甲板以上部位的 1 英寸和 2 英寸装甲被取消。

1919 年 2 月：主上桅增设用于安装无线电天线的桁桅，其高度为距离标准水线 175 英尺。

1919 年 5 月：主甲板位于弹药舱两侧部分的水平装甲厚度从 2 英寸增至 3 英寸。为了补偿增加的 100 吨重量，有 4 门 5.5 英寸副炮及其供弹系统被取消。

1919 年 7 月：位于舰尾和舰首弹药舱上方的

主甲板装甲厚度被分别增至 6 英寸和 5 英寸。为补偿所增重量，4 部水线以上鱼雷发射管及其防护装甲被取消，鱼雷指挥塔装甲舱壁的厚度从 6 英寸减至 1.5 英寸。不过实际上没有进行关于水平甲板的改装，鱼雷发射管也未被取消（只是取消了鱼雷发射管防护设施），但只是作为在"和平时期"使用的装备——主要供训练所用。

"胡德"号，摄于 1932—1933 年间。（国家海事博物馆，伦敦：PX235A）

1920 年 5 月，"胡德"号建成服役后被英国海军部列为战列巡洋舰。其实海军造舰总监在其原设计中将其称为"战列舰"，因为除了高速性以外，"胡德"号在所有方面都与"伊丽莎白女王"级战列舰相当。英国海军部在第一次世界大战后似乎开始在舰级上将高速战列舰归为战列巡洋舰。不过，"胡德"号在分级上的确存在模糊、不易明确归类的问题——在一战后很多年里，它一直是世界上最大、最快，也是火力最强的主力舰；与日德兰海战爆发前设计的那些主力舰相比，"胡德"号接受了重大改进，不仅排水量大增，而且水下防御能力也已经首屈一指。但从本质上讲，其设计仍然属于战前主力舰设计思想的延伸，最多只能被看作"伊丽莎白女王"级战列舰的改进型号，并没有完全汲取大战中的经验教训；特别是防护方面，它只是根据日德兰海战所得经验进行了多个方面的修修补补。战后，英国将许多先进的设计思想用于其主力舰设计上，不过由于受到国际海军条约限制，这些新设计最终都被迫取消，这也使得"胡德"号一直到 20 世纪 30 年代都能保持其先进性。

表 32："声望"号和"反击"号设计计算总结，1915 年 5 月

标准状态（吨）		标准吃水时各单位重量（吨）	
其他设备	685（另外防鱼雷网重 115 吨）	淡水	80
武备	3335	日常供应	50
动力	5660	军官所用供应及处理物	50
工程设备	120	舰员	120
燃油	1000	桅具	110
装甲	2440	锚、锚链及系缆	130
防护衬板	2330	小艇	55
舰体	10800	准尉军官供应	88
预留重量	15	防鱼雷网	114
标准排水量	26500	总重	797（设计数据为 800）
普通满载状态，携载有 4000 吨燃油（吨）		满载状态时增加的项目（吨）	
其他设备	950	将军小艇	15
武备	3775	将军供应	10
动力	5660	餐厅供应	18
工程设备	120	日常供应	35
燃油	4000	淡水	70
装甲	2440	总重	148（设计数据为 150）
防护衬板	2330	满载时总重	950
舰体	10670		
锅炉给水量	610		
锅炉满溢水量	110		
储备水量	40		
预留重量	15		
普通满载状态排水量	30720		
轻载状态——以下条目从设计状态中移除（吨）			
燃油	1000		
淡水	80		
日常供给	50		
军官所用供应及处理物	50		
半数准尉军官供应	44		
半数工程物资	60		
总重	1284（显示数据为 1300）		
轻载状态排水量	25200		

高速航行中的"声望"号，本图摄于 1919—1920 年间。（作者收藏）

表 33：各级军舰尺寸

	全长	柱间长	最大舰宽	型宽	型深
"声望"级（设计）	794 英尺	750 英尺	90 英尺	89 英尺 8 英寸	41 英尺 0.5 英寸 * 49 英尺 0.94 英寸 **
"声望"号（实际）	794 英尺 1.5 英寸	750 英尺 2 英寸	90 英尺 1.75 英寸	89 英尺 9.75 英寸	41 英尺 1.5 英寸 *
"反击"号（实际）	794 英尺 2.5 英寸	750 英尺 1.13 英寸	89 英尺 11.5 英寸	89 英尺 7.5 英寸	49 英尺 1 英寸 **
"勇敢"级（设计）	786 英尺 3 英寸	735 英尺	81 英尺（包括膨出部）		
"勇敢"号（实际）		735 英尺 0.13 英寸	80 英尺 2 英寸		36 英尺 1.25 英寸 *
"光荣"号（实际）		735 英尺 1.5 英寸	81 英尺 5.25 英寸（包括膨出部）		
"暴怒"号（设计）	786 英尺 6 英寸	735 英尺	88 英尺		
"暴怒"号（实际）		735 英尺 2.25 英寸	88 英尺 0.63 英寸		35 英尺 7.19 英寸 *
"胡德"号（设计）	860 英尺	810 英尺	104 英尺	103 英尺 9.5 英寸	
"胡德"号（实际）	860 英尺 7 英寸	810 英尺 5 英寸	104 英尺 2 英寸 或 105 英尺 2.5 英寸（包括防刮设施）	103 英尺 11.5 英寸	50 英尺 6 英寸 **

* 指平龙骨底端至上甲板舷边的深度。
** 指平龙骨底端至首楼甲板舷边的深度。
所谓"实际"尺寸是指军舰下水时的数据，但该数据可能会由于测量精度和温度变化出现误差。

各主炮轴线中心至标准水线高度

炮塔	A	B	X	Y
"声望"级	35 英尺	45 英尺	–	23 英尺
"勇敢"级	33 英尺	–		23 英尺
"暴怒"号	35 英尺	–	–	28 英尺
"胡德"号	32.25 英尺	42.25 英尺	32 英尺	22 英尺

表 34：各舰排水量和稳性

	排水量（吨）	吃水（英尺－英寸）			稳心高度（英尺）	最大稳定倾角（度）	失稳角度（度）
		舰首	舰尾	平均			
"声望"号（1916 年 9 月 2 日进行倾侧试验时）							
标准	27420	25–5.5	27–0	26–3	3.5	43	64
满载	32220	30–2	30–1	30–1.5	6.2	44	73
轻载	26145	24–1	26–3.5	24–2.25	2.95		
"反击"号（1916 年 9 月进行倾侧试验时）							
标准	26854	25–0	26–7	25–9.5	3.45		
满载	31592	29–9	29–7	29–8	6.1		
轻载	25579	23–6	25–10.5	24–8.25	2.8		
"勇敢"号（1916 年 10 月 8 日进行倾侧试验时）							
标准	19180			22–8.25	4.0	44	85
满载	22560			25–10	6.0	40	94
轻载	18180						
"光荣"号（完工时）							
标准	19180						
满载	22360						
"暴怒"号（1917 年 5 月 25 日进行倾侧试验时）							
标准	19513	19–8	24–0	21–10	3.75	44	81
满载	22890			24–11	5.33	44	93
轻载	18480						
"胡德"号（设计数据，1917 年）							
标准	41200			28–4	4.15		69
满载	45620			31–4.5	4.9		76
轻载	39630			27–3.5	4.4		
"胡德"号（1920 年 2 月 21 日进行倾侧试验时）							
标准	42670			29–3	3.25	36	66
满载	46680			32–0	4.2	37	73
轻载	41000			28–3	3.2	36	64

动力

布拉姆维尔（Bramwell）和西门子（Siemens）在上个世纪八十年代（即19世纪80年代）里都预见到了船用内燃机的应用，但没有人能正确预测船用涡轮蒸汽机的发展。自从被投入应用，涡轮机就证明了它在高速性方面的优势，使用涡轮机的船只已经在四十年时间里一直保持着（最高）航速记录；在使用燃油作为燃料后，使用涡轮蒸汽机的鱼雷艇航速又提高了10节，同时这也给战列舰和大西洋邮轮的动力带来了一场革命——一旦它所拥有的优势被认可，相应的发展就会变得一发不可收拾。1907年时，所有船用涡轮蒸汽机的输出功率（之和）为40万马力，但在1919年已经达到3500万马力。

海军工程上尉埃德加·C.史密斯（Edgar C.Smith），大英帝国勋章第四级——官佐勋章获得者，《海军和船舶工程简史》

在所谓"无畏舰革命"中，全面采用涡轮蒸汽机替代活塞式发动机的意义至少和采用全重型主炮一样重要。但是，由于此前涡轮蒸汽机只被应用在少数输出功率低的小型舰艇上，如果全面采用这种动力也有很大潜在风险。[1]费舍尔的设计委员会成立后进行了官方有关采用涡轮蒸汽机的第一次正式讨论，结果是舰用动力的变革取得巨大成功，而且完全跳过过渡，直接进入了全面应用阶段。费舍尔无疑对这种新技术的快速应用起到了主导作用。早在1902年，他就提议在其设计的"完美"号装甲巡洋舰上采用涡轮蒸汽机；同时瓦茨、德斯顿（Durston），以及其他人也在极力敦促皇家海军采用这种新型动力。在给定输出功率条件下，涡轮蒸汽机比往复式蒸汽机需要更少蒸汽，也就是说相对后者需要更少

费舍尔心中那幕"完美的猫"——舰艇编队在高速行进时所构成的壮美景象——正在北海的汹涌波涛中上演。距离镜头最近的是"虎"号，其右舷（由近到远）分别是"大公主"号和英国战巡舰队在一战中的旗舰"狮"号。本图摄于1917年。（作者收藏）

锅炉就能达到相同速度；它（涡轮蒸汽机）不仅重量更轻，而且减少了动力舱的长度，因此也减轻了舰体和防护装甲的重量，最终大大降低设计部门平衡军舰各项性能的难度。由于没有上下运动的巨大活塞，涡轮蒸汽机的高度同样大大降低，因此可以将其全部布置在水线以下，从而提高军舰动力系统的生存能力；用旋转叶片取代活塞也减少了发动机里运动部件的数量，进而提高可靠性和寿命，降低磨损和故障率，而且（整体环境）更加清洁，维护和维修更为方便，还能节省大量人力和财力。费舍尔最为欣赏的涡轮蒸汽机优点是它能以较低燃煤消耗率持续高速航行状态，这样就在降低建造和使用成本的同时大大增加了军舰续航力。尽管有着经济性和高效性的优点，但涡轮蒸汽机也并非完美无缺——它在处于巡航速度时的燃煤消耗率比往复式蒸汽机高得多，还会导致军舰的机动灵活性较差，这在密集编队进行机动时是相当危险的。因此，设计委员会在讨论之初就认为应该在为主力舰采用新动力之前进行更多研究。

1904 年 12 月底，当助理海军造舰总监惠廷（Whiting）接到为设计委员会设计新型装甲巡洋舰的方案时，涡轮蒸汽机是唯一动力选择；但 24 小时之后，海军造舰总监又指示他将动力改为往复式蒸汽机，由此可见，前者(DNC)还是担心采用涡轮蒸汽机会引发反对。瓦茨的意图是先采用往复式蒸汽机，然后向设计委员会说明如果要达成高速性，采用这种动力会突破对军舰尺寸的限制；到那时再提出采用能节省空间的涡轮蒸汽机就顺理成章了，毕竟一些早期的研究已经证明涡轮机可以节省空间及重量。惠廷向海军造舰总监询问采用涡轮蒸汽机时军舰的重量数据，德斯顿在 1905 年 1 月 12 日的估计是——3000 吨重的涡轮机能达到 275 转 / 分(rpm，即每分钟转速)，而 3700 吨重的活塞机仅能达到 110 转 / 分。还有一些更理想的估计是涡轮机可以比活塞机节省大概 30% 重量，因此整套动力系统重约 2350 吨。1905 年 2 月，经过再次计算，最后得出的较为保守估计是涡轮机重量为 3000 吨（后来增至 3300 吨），能比往复式蒸汽机节省 200 吨，即大约 6% 重量，发动机舱长度减少 20 英尺。设计排水量可因采用涡轮蒸汽机而减少 350 吨，不过当时采用往复式蒸汽机的方案并未经过详细计算，而且随着设计进行，重量也在被进一步调整——后来又加上了巡航发动机和动力更为强劲的倒车

涡轮机，所以无法得出具体重量数据，但后来事实证明涡轮机节省出的重量和空间远大于最初估计值。[2]

涡轮蒸汽机存在的主要问题是，若想发挥在高速下高效运转的优点就需要使用小直径、小桨距和桨叶面积相对较大的螺旋桨，可这种螺旋桨的推力不如大直径、大桨距的型号，因此必须为军舰布置更多螺旋桨才能获得足够的推力。由此带来的总体效应便是军舰对螺旋桨转速变化的反应比较慢——这使得军舰在刹车、起步、倒车时所需时间较长，而且处于低速状态时的操纵性会变差。大型螺旋桨只适用于大直径、较慢转速涡轮机，但这样又会与节省重量和空间的理念相悖。新型装甲巡洋舰采用的是转速达 275 转 / 分的涡轮机，这是德斯顿在 1904 年 12 月所建议的，而后来帕森斯提出采用转速为 250 转 / 分涡轮机的建议则没有被采纳。

从 1905 年 1 月 13 日开始，设计委员会用了很长时间来讨论军舰的动力系统。主要的争论是委员会其他成员竭力想要海军部的官员们相信，涡轮机造成的机动性问题要么不存在，要么也可以克服。1 月 17 日，涡轮机发明者查尔斯·阿尔杰农·帕森斯（Charles Algernon Parsons）现身设计委员会，专门解释涡轮机所具有的优点并递交了相关文字报告。另外，委员会仔细研究了最近数次涡轮机试验的数据，弗劳德（Froude）还被要求进行一系列试验来比较大型和小型螺旋桨的效率。[3] 海军军官们最终接受了以牺牲部分加速和刹车效率来换取总体高效性能的动力系统，但前提是必须采取措施改善机动性——这一条件被帕森斯的建议所满足，他提出了为所有推进器轴增加一部倒车涡轮机。当时的试验是只在两部推进器轴上安装倒车涡轮机提高其推力，相应代价为增加 150 吨排水量；不过这样可以大大提高军舰的倒车和刹车速度，并能通过调节两侧螺旋桨的推进方向改善军舰回旋机动性。这个系统已经在一些以三轴推进的客运渡轮上得以应用，其中有艘"皇后"号在两侧推进轴上安装了倒车涡轮。2 月 4 日，温斯洛、杰利科和麦登参观"皇后"号，并对其机动性大加赞赏，而后信心十足地向委员会肯定了涡轮机（在军舰上）的应用。

在设计委员会递交《进展报告一号》后，另一项用于增强机动性的革新出现——使用安装在军舰舰尾两个内侧螺旋桨后方的双舵取代以往安装在中心线上的单舵。这样就可以大大增加舵的面积，从而提升军舰机动

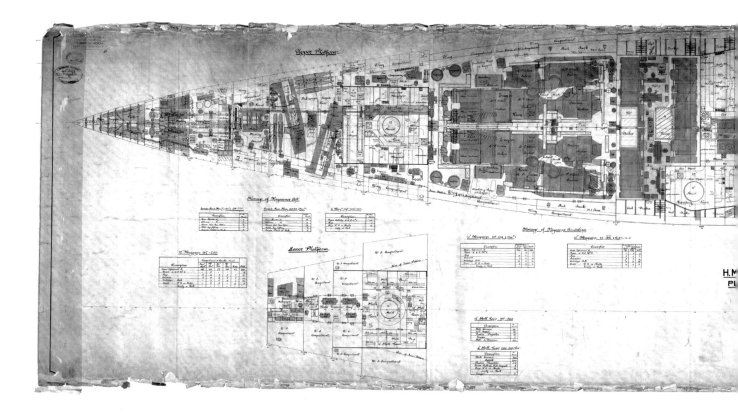

"无敌"号的平台甲板布置图。除水下鱼雷发射舱和 12 英寸主炮弹药舱外，这一部分的空间几乎完全被主辅动力舱所占据。由于该舰在原始设计中采用了电动炮塔，因此需要更高的发电功率。这层甲板上布置有 6 台发电机中的 4 台——2 台柴油发电机位于舰首鱼雷发射舱前方，2 台涡轮蒸汽发电机位于 P、Q 炮塔炮弹弹药舱之间；另有 2 台活塞蒸汽发电机位于涡轮蒸汽发电机正下方的舱室中。当炮塔被改回采用液压动力后，中部弹药舱之间的那 2 台发电机就被拆除了，取而代之的是 2 台液压泵发动机。其中有一台被安装在原先 P 炮塔弹药舱的位置，另一台则位于原发电机舱的后半部分；原发电机舱的前半部分被改成了 P 炮塔新的弹药舱，从而与 Q 炮塔的弹药舱紧紧相邻。（国家海事博物馆：J9359）

性，特别是处于低速时的灵活性。这项技术是随着涡轮蒸汽机采用而被引入的，对于舰艇指挥官来说，虽然在最初使用双舵时较难将其掌握，特别是军舰处于低速时的操纵性不够稳定，不过操作熟练后就能体现其（双舵）优越性；但（军舰）处于高速时，双舵的舵效与单舵相差无几，这主要是因为涡轮机比活塞发动机更为高效，反应也更快。双舵具有的另一个优点是减少军舰转向半径，由于舰体狭长，这一点对于提升巡洋舰的机动性大有裨益。此后，皇家海军所有战列舰和战列巡洋舰都采用了双舵，包括 1912—1913 财年计划中的"伊丽莎白女王"级战列舰。

对于涡轮机处于巡航状态时效率较低的问题，相关部门最终通过安装专门的巡航涡轮机将其解决；在要求处于低输出功率状态时，巡航涡轮机将与主涡轮机联动运行，以提高使用经济性。

涡轮机的布置

"无敌"级布置有左右两个发动机舱（长度均为76 英尺），中间通过一道纵向水密舱壁将其隔开。每个发动机舱都容纳了一套涡轮蒸汽机和一部主冷凝器，进而驱动两部螺旋桨；位于两翼的驱动轴连接一部高压前进涡轮机和一部高压倒车涡轮机，在中间的那两部（驱动轴）则连接低压前进、低压倒车（两部涡轮机在同一发动机罩中）及巡航涡轮机。通常情况下，蒸汽会先进入高压涡轮机，再进入低压涡轮机，最后进入冷凝器。军舰进行巡航时，蒸汽在进入高压涡轮机之前会先进入巡航涡轮机。由于它（巡航涡轮机）只是间歇性使用，而且在实际运作中故障频发，最后只能将其与驱动轴断开连接，并不再使用；其（"无敌"级）后建造的那些战列巡洋舰也不会再安装这种巡航发动机。根据使用涡轮机的经验，英国通过采用

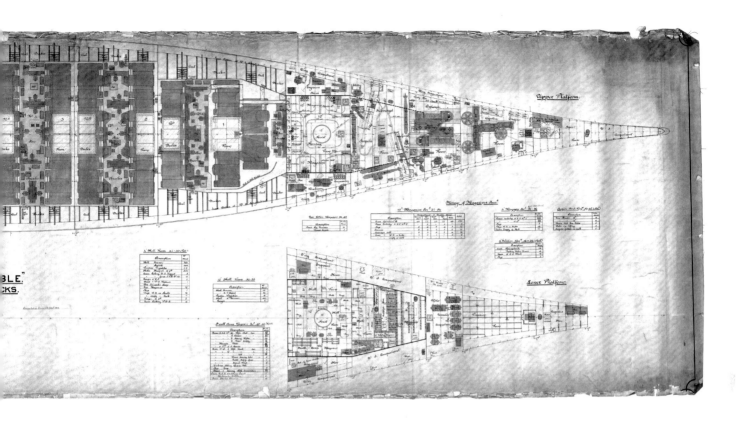

其他方式来获得经济性——设计人员将之后所建主力舰上的巡航发动机布置在高压涡轮机之后；不使用时，蒸汽就可以不经过巡航涡轮机，直接进入其他涡轮机。

"不倦"级的动力装置与"无敌"级基本相同，但取消了巡航发动机，并在涡轮机后方布置横向水密舱壁，这样就形成了单独的冷凝器舱。该级舰的动力舱总长度为84英尺，其中有将近一半长度是冷凝器舱——内有循环泵、蒸发器、蒸馏器、舵机、辅助冷凝器，以及诸多小型设备。这种布置方式也延续到了后来建造的大多数战列巡洋舰上，包括"声望"号和"反击"号。

"狮"号、"大公主"号和"玛丽女王"号的发动机舱长62英尺，冷凝器舱长50英尺；"虎"号、"声望"号和"反击"号的发动机舱和冷凝器舱长度分别为64英尺及46英尺。英国主力舰上冷凝器舱为何如此之长的原因尚不清楚；同一时期的德国主力舰也设有独立冷凝器舱，不过长度比英国主力舰短得多，结构也更加紧凑。双方发动机舱的长度比较接近，尽管德国军舰内的水密分割要比英国军舰更为复杂。比如，"毛奇"号设有中心及两翼发动机舱，后者还被横向水密舱壁（分别）分割成2个舱室，这样仅发动机舱就多达5个。其

实这样做存在不少弊端，比如使舱室之间的联系变得困难，而且众多管道和电缆在水密舱壁上造成的开口也破坏了水密性；相比之下，英国主力舰采用的大型发动机舱就更为简便。虽然实际战例不多，但对大型主力舰的损管而言，防止向多个舱室的慢速进水要比防止向单一舱室的快速进水更加困难——然而英国主力舰上过长的冷凝器舱无疑是对军舰宝贵空间和重量的浪费。

"虎"号是第一艘安装布朗–寇蒂斯（Brown–Curtis）涡轮机的英国主力舰，之前所有英国战巡采用的都是帕森斯（Parsons）涡轮机。"虎"号的承建商约翰–布朗公司（John Brown）向海军部建议，为"虎"号采用他们向美国寇蒂斯公司购买许可后自行制造的布朗–寇蒂斯涡轮机。对于直接驱动方式来说，这一变革是非常成功的——相对帕森斯涡轮机来讲，寇蒂斯涡轮机具有重量轻和效率高的优点。后来，"声望"号、"反击"号、"暴怒"号和"胡德"号也安装了布朗–寇蒂斯涡轮机。涡轮机的具体布置方式借鉴了轻巡洋舰"坎帕尼亚"号的成功经验。这种布置方式的优点是将高速涡轮机和低速螺旋桨结合在一起，能大大提高动力系统的效率；虽然涡轮机的重量有所减轻，不过因为涡轮机罩和齿轮组

的重量较大，所以基本抵消了前者节省的重量。但总的来说，效率的提高减少了蒸汽消耗，同时减少锅炉重量，也就是说能让军舰在动力系统重量相同的情况下获得更高航速。

在使用齿轮传动涡轮机的军舰上，每部驱动轴都由单独的涡轮机组驱动。在大型轻巡洋舰上，每套动力组包括高压和低压前进涡轮机以及低压倒车涡轮机（两种低压涡轮机共用一个涡轮机罩），所有涡轮机均有一套齿轮机（通过运行）来传动；每套动力组还带有一部冷凝器。在使用直接驱动动力的军舰上，螺旋桨转速为275转/分；但在使用齿轮传动动力的军舰上，螺旋桨转速能达到300转/分，这可能是由于这种动力原本是为小型舰艇而设计，因此设计转速较高。"胡德"号所用螺旋桨转速为210转/分；它的每套涡轮机组都拥有一个单独舱室，发动机舱长度为84英尺，在纵向上被分为三个舱室，每个舱室再由中心水密舱壁分割成左右两舱室，前方舱室内的动力组驱动右舷内侧螺旋桨，后方舱室内的动力组驱动左舷内侧螺旋桨。

"胡德"号上用于驱动外侧螺旋桨的动力组中有一部巡航用涡轮机被连接在高压涡轮机前端。它（"胡德"号）的三个发动机舱分别长44、40及42英尺，两侧螺旋桨由位于前方的涡轮机组驱动，左舷内侧和右舷内侧螺旋桨则分别由中部和后部涡轮机组驱动。

锅炉

海军部锅炉委员会在其1901年递交的总结报告中建议在大型舰艇上使用亚罗和巴布考克 – 威尔考克斯锅炉。这两种锅炉也被应用于英国所有的战列巡洋舰上，包括"声望"号和"反击"号，在订购量上两者平分秋色。巴布考克锅炉拥有悠久的历史，从1868年就开始走向产业化，但直到1889年才开发出船用型号，其特点包括可靠、耐用、维护简便；亚罗锅炉比巴布考克锅炉更轻（见表35），更适合在强制状态下使用，其清理简便、维修成本低，但在燃料消耗方面的经济性稍差。

1908年12月，设计师 H.R. 查普尼斯（H.R.Champness）根据海军造舰总监的要求致函海军总工程师，建议为"不

罗赛斯干船坞中"虎"号的舰尾。（作者收藏）

倀"级战列巡洋舰安装亚罗锅炉，其理由如下："……（亚罗锅炉）在减重方面有着巨大优势，同时它的重心也更符合军舰在满载状态时对稳性的要求。在设计中，军舰重量是以布置巴布考克－威尔考克斯锅炉来计算的，但如果采用亚罗锅炉作为动力，这一部分系统的重量就能大大减轻。节省出来的重量可以用来考虑加强军舰防护，比如将三分之二侧舷装甲的厚度由 6 英寸增至 7 英寸。"海军总工程师 H.J. 奥拉姆（H.J.Oram）指出，两家锅炉制造商之间的竞争能让海军部获得经济上的利益，并表示自己不愿看到当年建造的所有主力舰都装备亚罗锅炉。他建议海军造舰总监考虑"……由于巴布考克－威尔考克斯锅炉有极佳经济性，即使减少携带的燃煤量，军舰的作战半径也会比携带全部燃煤但使用亚罗锅炉要大。"[4] 杰利科也支持奥拉姆的看法，于是事情就没了下文。海军造舰总监的计算表

表 35：分别使用亚罗和巴布考克－威尔考克斯锅炉的动力系统重量对比（单位均为吨）		
军舰	"不屈"号	"不挠"号
锅炉制造商	亚罗	巴布考克－威尔考克斯
主发动机	1326.30	1295.40
驱动轴与螺旋桨	141.90	140.70
锅炉	1277.50	1461.00
用水量	159.60	127.00
锅炉水箱水量	25.00	25.00
冷凝水量	63.10	58.50
蒸发器	40.20	42.80
舵机	13.80	15.70
总重	3047.40	3166.10

"狮"号及"大公主"号的前部锅炉舱截面图，视角为舰尾方向，可见 3 台亚罗大水管锅炉。锅炉舱进气扇在舱室上方，舱内的前部 3 台和后部 3 台锅炉之间共装有 6 台直径达 87 英寸的风扇。本图左侧的舷梯可通向锅炉和风扇之间的气道通道。2 部前端可伸缩的输煤槽直接从煤舱通往锅炉室地板，其两侧还设有前往侧翼煤舱的垂直式滑动水密门。图中可见所有的锅炉舱辅助机械——位于舱室底部外侧的主给水泵和燃油泵；辅助给水泵（作为主给水泵的备用，在功能上与之相同）；在左舷，并且紧靠后部横向舱壁的消防和膨出部水泵；紧邻左舷纵向舱壁的空气压缩机（用于锅炉清理）；左舷处还设有煤灰处理器，可通过消防和膨出部水泵的水压将煤灰从锅炉舱直接排出军舰。（国家海事博物馆：J9375）

明，"不倦"级在使用巴布考克－威尔考克斯锅炉时的动力系统重量为 3655 吨，使用亚罗锅炉时则是 3425 吨。

他（海军造舰总监）总是在寻找能减轻军舰重量的方法——如果使用更轻的亚罗小水管锅炉就能轻易节省重量。这种锅炉已在小型舰艇上被广泛使用，但海军部，尤其是海军总工程师的部门还没有考虑过将其安装在大型舰艇上。毕竟这种锅炉需要进行频繁的清理和维修，否则它的效能便会迅速下降。由于英国海军主力舰需要一直保持随时和持续出击的状态，要是因为锅炉可靠性差而造成力量缺损就会严重影响军舰的战斗力。英德两国海军在这方面有很大不同，德国海军主力舰采用与

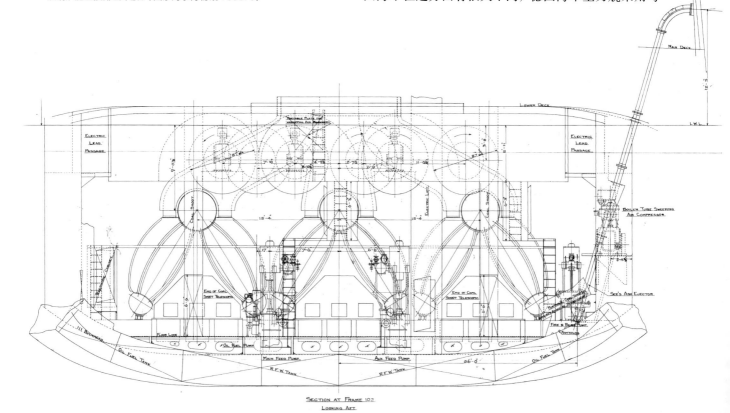

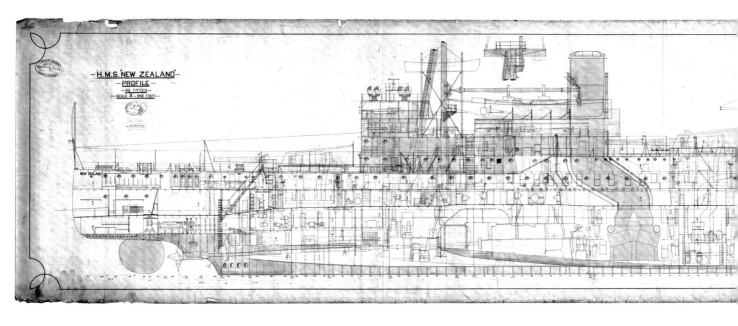

海军部所提供的"新西兰"号侧视布置图。注意动力舱和中部弹药舱的布置位置，以及位于发动机舱和冷凝器舱之间的横向舱壁。（国家海事博物馆，伦敦：L3716）

亚罗锅炉相似的桑尼克罗夫特－舒尔茨（Thornycroft-Schulz）锅炉，它的重量很轻，但也需要进行大量维护，而这正是英国海军竭力想要避免的。德国海军所用战略使其军舰的大部分时间都是在港内停泊，所以能更自由地安排维护时间。唯一不符合上述情况的德国主力舰是"格本"号，大战爆发时它已在地中海服役了很长时间，理应进坞维修。当时，该舰的锅炉迫切需要维护，舰底的清洁状态也很差，可它仍是通过强制使用锅炉才从英方"不挠"号和"不倦"号（两舰同样需要维护）的追击中逃脱出来（"格本"号能在极短时间内加速到24节）。

使用小水管锅炉可以显著地节省空间。以"不倦"号和"毛奇"号为例，两舰的锅炉舱长度分别为172英尺和134英尺；"狮"号和"赛德利茨"号的锅炉舱长度也分别为190英尺和152英尺6英寸（德舰锅炉舱长度明显更短）。由于所用动力系统的重量很轻，舰体和装甲重量也得以大减，德舰因此才能（用多出的重量优势）布置更为厚重的防护装甲。[5] 与英舰相比，德国军舰的锅炉舱在水密分割上同样更加细致，每个舱室中的锅炉数量更少，同时使用了更多道纵向水密舱壁。

迪恩古尔特别热衷于使用小水管锅炉，最终他也成功将其应用到了大型轻巡洋舰上。由于这种舰艇要比普通的巡洋舰大得多，因此从事实上讲同样意味着小水管锅炉在主力舰上得以首次使用。这也为"胡德"号在设计阶段时就采用小水管锅炉打下了坚实基础，因为迪恩古尔成功地让海军部委员会相信——为大型舰艇采用这种锅炉在节省重量方面的获益能远远超过由于可靠性下降造成的风险；1915年10月，他致信海军总工程师：

第一海军大臣提出的那些减少军舰吃水的方案都极难实施……因此尽量减少动力系统占用的空间就显得非常重要了，就如"勇敢"级大型轻巡洋舰所采用的动力——我发现如果将这一动力系统应用在"声望"号和"反击"号上便能大幅改善装甲防护（主要是对于鱼雷的防护），因为锅炉舱和发动机舱将占用它们更少空间。即使不能像"勇敢"级那样在战列舰上全部使用小水管锅炉，你也可以考虑将大部分锅炉换成小水管型号，只留下小部分，比如五分之一的锅炉仍是大水管型号，用作普通的巡航动力。如果采用类似于"勇敢"级的发动机，我们就能大大节省（军舰的）重量。[6]

通过比较1916年2月时的战列巡洋舰方案1和方案2，我们就可以对小水管锅炉的优点一目了然（见表27）。在其他性能指标相同的情况下，方案1和方案2

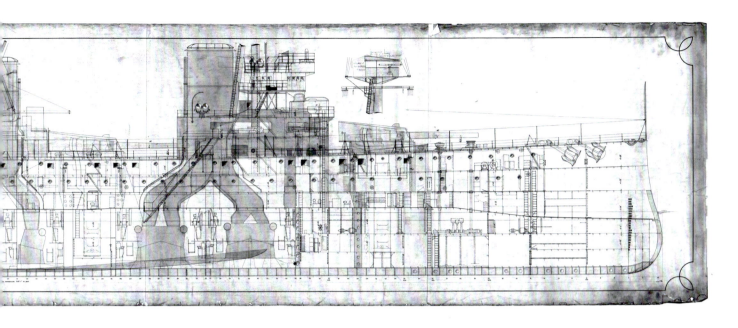

分别使用大水管和小水管锅炉——后者的排水量比前者减少了 10%，而且航速提高了 0.5 节。但海军部委员会更加关注的是使用小水管锅炉可以减少军舰吃水，同时还能将舰体的长度减短 45 英尺，从而使得可用于容纳这种大型军舰的船坞数量大大增加。

锅炉的布置

"无敌"级共设有 4 个锅炉舱。位于最前面的那个长 52 英尺，因为处于舰身较窄部分，所以只横向安装了三排共 7 台锅炉，并呈 2、2、3 样式布置；另外 3 个锅炉舱的长度均为 34 英尺，各布置有 8 台锅炉，呈两排布置，位于侧舷的两座主炮塔炮弹舱和发射药舱被布置在第三和第四锅炉舱之间。在"不倦"级上，锅炉舱的数量被增至 5 个。其中，第一个锅炉舱设有 5 台锅炉，呈前后 2、3 的样式布置；第二个锅炉舱内有 7 台锅炉，呈 3、4 样式布置；第三个锅炉舱只设有一排共 4 台锅炉；其余两个锅炉舱各有两排锅炉，每排均设有 4 台。第三个锅炉舱的长度是 20 英尺，其余 4 个则是 38 英尺。P、Q 两座炮塔的炮弹舱和发射药舱分别被布置在第二和第三，以及第三和第四锅炉舱之间。

"狮"级和"玛丽女王"号上距舰首最近锅炉舱的样式与早期战列巡洋舰相似，长度为 34 英尺；其余锅炉舱（共 3 个）则长 52 英尺，并由处于中心线上的纵向舱壁分隔为左右两部分，因此锅炉舱的总数达到了 7

个。Q 炮塔的炮弹舱和发射药舱在靠近舰尾的那两个锅炉舱之间。"虎"号总共拥有 5 个锅炉舱，没有设置中心线水密舱壁，而且全部锅炉舱都位于 Q 炮塔前方，长度均为 34 英尺 6 英寸。处在最前方的那个锅炉舱内布置有 7 台锅炉，其余锅炉舱则都是 8 台。"声望"号和"反击"号采用了与"虎"号相同的布置样式，但在它们靠近舰首的方向多出了一个长达 20 英尺的锅炉舱，舱内可容纳 3 台锅炉。

在装备小水管锅炉的军舰上，锅炉舱的布置样式都非常简单。大型轻巡洋舰拥有 3 个长度为 40 英尺的锅炉舱，每舱布置有 6 台锅炉；"胡德"号设有 4 个长度为 42 英尺的锅炉舱，每舱内也各设有 6 台锅炉。

动力海试

"无敌"级的动力装置在（军舰）建成后的海试中表现出色，和"无畏"号（的海试）一样充分证明了涡轮蒸汽机具有的优越性；相较于同样采用涡轮机的"无畏"号战列舰而言，这三艘（"无敌"级）战列巡洋舰还更能体现出涡轮机的高效性和经济性。在 1908 年进行的动力海试中，三艘"无敌"级都能在全功率状态下达到 26 节航速，而且发动机的输出功率比设计功率高出了 10%，涡轮蒸汽机也因此被证明能以相当经济的状态进行长时间高速航行——1908 年 8 月，"不挠"号在横跨北大西洋的航行中以 25.3 节的平均航速持续航行了三

一张模糊但很有吸引力的照片（1915 年，在"不屈"号上拍摄），展现出了"不挠"号在北海的波涛中高速前进的景象。（作者收藏）

"狮"号，本图摄于 1918 年。该舰在战时添加的装备包括 Q、X 炮塔顶部的起飞平台，B、Y 炮塔上的旋转角刻度，第三烟囱周围的探照灯塔，前桅上的主炮指挥仪（位于前桅楼下方），以及前桅上增设的支撑；另外，防鱼雷网已被拆除。（帝国战争博物馆：SP1791）

天。不过，"无敌"级所用动力系统中最为成功的部分还是螺旋桨。"无敌"号、"不挠"号和"不屈"号的螺旋桨推进效率分别为 57.7%、50.2% 和 56.1%[7]——即使付出了巨大努力，海军造舰总监和海军总工程师也很难在他们之后建造的战列巡洋舰上重现如此高的效率。

1910 年 12 月，"不倦"号进行了首次海试，但结果不尽人意。在航程为一海里的全功率（即最大输出功率）测试中，军舰动力系统的最大输出功率为 49676 马力，仅比设计功率高出 13%；最高航速为 25 节，与设计航速相同；螺旋桨实际推进效率为 40.2%，而理论效率是 46.2%。当然，海试结果也与当时的环境有关。此次海试是在波尔佩罗（Polperro）海域进行，这里还是英国所有战前建造战列巡洋舰的海试场地；然而"不倦"号海试当天的天气状况不佳，风浪也较大，海军部决定将其随后的海试内容转移到风浪较小的切塞尔滩（Chesil Beach）进行。不过这里的水深只有 17 浔①（波尔佩罗海域的水深达 25 浔），大型军舰在高速航行时，过浅的水深会对舰体产生较大阻力（波尔佩罗海域就不会出现这种问题）；当时的风力达到了 6 ～ 7 级，在风浪中，只有处于某个特定航行方向时才能测出准确航速，处于其他航向时的航速测定都会产生误差；另外，海试时军舰的横摇、纵摇和艏摇都比较严重，这也会对其航速有所影响。

"不倦"号在海试中被发现的问题还包括——虽然动力系统对每部螺旋桨的传输效率应该是相同的，但测试发现内侧传动系统提供给螺旋桨的动力比外侧传动系统高出了 30% ～ 50%。最终，相关部门决定通过为"不倦"号更换螺旋桨来解决这一问题，并重新进行测试。新螺旋桨在 3 月内安装完毕，舰底也进行了清洁；4 月初，在助理造舰总监 H.R. 查普尼斯（H.R.Champness）的监督下，"不倦"号继续在波尔佩罗海域进行海试。当时海况良好，风力仅为 2 ～ 3 级。"不倦"号此时处于标准排水量状态，不过舰尾的吃水比标准排水状态多出 6 英寸，在输出功率为 43000 马力时军舰航速达 25.79 节，螺旋桨推进效率为 52%；当最大输出功率达到 55187 马力时，"不倦"号航速为 26.80 节，螺旋桨推进效率

为 50.3%。"新西兰"号于 1912 年 10 月进行海试，当发动机输出功率达 49048 马力时，其航速为 26.39 节，螺旋桨推进效率为 51.7%。"澳大利亚"号使用了较大面积的螺旋桨，动力效率略低于其两艘姊妹舰；它于 1913 年 3 月进行海试，发动机的最大输出功率为 55881 马力，超过设计功率 25%，最高航速与"不倦"号相同，即 26.89 节。

"狮"号在海试中暴露出很多问题。它于 1912 年 1 月进行海试，除前文所提烟囱与前桅的位置问题外，还出现了一些令人失望的地方。虽然"狮"号在海试中达到了设计方案和制造合同里对性能的相关要求，但海军部认为它应该像之前那些军舰一样，即在锅炉强制通风状态下达到更高航速。海军造舰师 W.T. 戴维斯（W.T.Davis）也参加了动力海试，他所提交的报告称"狮"号动力系统在全功率和封闭排气状态下的输出功率为 76623 马力，最高航速达 27.623 节，螺旋桨效率为 43.5%。戴维斯在 1 月 15 日致海军造舰总监的信中解释了影响"狮"号航速的两个因素：

航速降低的原因可能与舰底有关——"狮"号的舰底使用了莫拉维亚（Moravia）冷水防污涂料，众所周知这种涂料的表面较为粗糙……但即便如此，影响航速的主要原因还是（"狮"号）全功率状态时螺旋桨的效率低于以前所建战列巡洋舰，所以必须对此加以改进。海试中使用的是备用螺旋桨，其尺寸是依据取得成功的"无敌"级和"不倦"级所用螺旋桨设计而来的。然而与上一级战列巡洋舰相比，"狮"号的发动机功率从 43000 马力增加到了 70000 马力，排水量也从 18750 吨增至 26350 吨，这（即不同排水量和发动机功率）很可能就是螺旋桨性能出现较大差异的原因。如有可能，应立即在"狮"号上进行特别试验，以确定为"狮"号、"大公主"号和"玛丽女王"号所安装螺旋桨的（最佳）尺寸。

本次试验显示螺旋桨表面并未出现空泡现象——很明显，螺旋桨的面积过大，特别是内侧螺

旋桨。我建议为"狮"号安装那些原本为其制造的螺旋桨，并在波尔佩罗海域重新进行海试。这些螺旋桨的面积要小于上次海试所用螺旋桨，很有可能会在表面形成空泡效应——尽管如此，也能够测试出它们的实际使用效果。在对结果进行分析后，我们就可以（也才能）考虑采取新的措施。

我建议在与上次完全一样的条件下进行新一轮海试，而且新的海试应被安排在本周即将开始的鱼雷和火炮试验之后、动力系统检查之前进行。这次海试可能会延后军舰服役时间，也会增加制造商的成本，但由于"狮"号是新一级军舰首舰，因此还是值得一试的。

在对新螺旋桨的尺寸做出最后决定前，我建议为了获得最佳结果，海试可以在哈斯拉（Haslar）进行；此外，我想与弗劳德先生见上一面，以便直接讨论此事。[8]

海军造舰总监认为舰底涂料是影响"狮"号航速的主要因素，他希望改用一种更加光滑的舰底涂料，然后再次进行海试；但海军审计官布里格斯少将认为这样做的花费过于巨大，因而否决了前者的建议，并决定为"狮"号更换螺旋桨，随后重新海试。不过在"不倦"号上进行的试验表明，面积较小的螺旋桨也未必能达到更好效果；结果是"狮"号并没有进行第二次海试，而

是直接使用了"大公主"号的海试数据。1912 年 6 月，皇家海军在接收"狮"号时进行了再次海试——当时处于满载排水量状态，发动机功率相对较小，最终显示的结果与 1 月海试区别不大，"如果非要说有区别的话，那就是旧式螺旋桨的性能还要更好一些。"同年 9 月，"大公主"号使用旧式螺旋桨在波尔佩罗海域进行了海试。处于全功率状态时，其输出功率达到 78803 马力，航速为 28.5 节，军舰平均吃水为 28 英尺；在换装小面积螺旋桨后进行的海试中，其发动机功率达到 79424 马力，但航速仅为 28.05 节。计算结果表明，如果发动机输出功率为 70000 马力，使用新式螺旋桨时的航速还要比使用旧螺旋桨低 0.55 节。不过，在比较"狮"号和"大公主"号的海试结果后，相关人员得出的结论是"狮"号的粗糙舰底涂料使其损失了 0.8 节航速——这说明海军造舰总监所作"舰底涂料是影响航速的主要原因"的结论完全正确。后来，两舰（即"狮"号和"大公主"号）都使用了小面积螺旋桨。

1912 年 9 月 20 日，海军总工程师奥拉姆就"大公主"号的海试结果致信海军审计官：

本次海试输出功率是在只使用燃煤情况下获得的。经计算，如果同时使用燃油和燃煤，输出功率可增至 90000 马力，并保持（这一功率状态）大约 4 小时。但我不希望在制造商海试中让军舰达到

表 36：各舰动力系统概况

军舰	锅炉数量（台）	设计功率（马力）	设计航速（节）	涡轮机类型
"无敌"级	31	41000	25	帕森斯直接驱动
"不倦"号	31	43000	25	帕森斯直接驱动
"澳大利亚"号和"新西兰"号	31	44000	25	帕森斯直接驱动
"狮"级	42	70000	28	帕森斯直接驱动
"玛丽女王"号	42	75000	28	帕森斯直接驱动
"虎"号	39	85000*	28	布朗－寇蒂斯直接驱动
"声望"级	42	112000	31.5	布朗－寇蒂斯直接驱动
"勇敢"级	18	90000	32	帕森斯齿轮驱动
"暴怒"号	18	90000	32	布朗－寇蒂斯齿轮驱动
"胡德"号	24	144000	31	布朗－寇蒂斯齿轮驱动

* 设计过载功率达 108000 马力，航速为 29 节。

以上所有军舰均采用 4 轴推进。大型轻巡洋舰、"胡德"号的螺旋桨转速分别为 300 转 / 分和 210 转 / 分，其余战列巡洋舰为 275 转 / 分。

"无敌"号、"不屈"号、"大公主"号和"玛丽女王"号使用亚罗大水管锅炉；大型轻巡洋舰和"胡德"号使用亚罗小水管锅炉；其余军舰使用巴布考克－威尔考克斯锅炉。

"无敌"号和"不倦"号上锅炉工作压力为 250 磅 / 平方英寸（psi），其余军舰为 235 磅 / 平方英寸。

表 37：各舰燃料及淡水储备（单位为吨，表中数据均为最大值）

军舰	燃煤	燃油	锅炉用淡水	舰员用淡水 **
"无敌"号	2997	738	350*	134
"不屈"号	3084	725	350*	110*
"不挠"号	3083	713	360	110*
"不倦"号	3300	870	502	176
"澳大利亚"号	3170	840	400	186*
"新西兰"号	3170	840	400	186*
"狮"号	3500	1135	650	140
"大公主"号	3500	1135	663	250*
"玛丽女王"号	3600	1170	650	200*
"虎"号	3320	3480	745	149*
"声望"号	112	4289	720	150*
"反击"号	104	4243	720	150*
"勇敢"级	–	3250*	–	–
"暴怒"号	–	3393	–	–
"胡德"号	58	3895	572	–

* 设计数据。
** 不包含填充和重力水柜中的淡水（共计 15 吨）。

表 38：各舰螺旋桨尺寸

	内侧			外侧		
	直径（英尺-英寸）	桨距（英尺-英寸）	桨叶面积（平方英尺）	直径（英尺-英寸）	桨距（英尺-英寸）	桨叶面积（平方英尺）
"无敌"号	11-0	11-0	60	10-0	11-0	45
"不挠"号与"不屈"号	10-6	11-4	60	9-6	11-4	45
"不倦"号（1910）	10-9	11-0	42.5	10-9	11-0	42.5
"不倦"号（1911）与"新西兰"号	10-10	11-2	55.5	10-3	11-2	46
"澳大利亚"号	10-10	11-2	59	10-3	11-2	46.5
"狮"号（设计数据）	12-6	12-3	57	12-6	12-3	57
"狮"号（1911）和"大公主"号	12-3	12-4	75	11-8	12-2	60
"大公主"号（1912/9）	12-3	12-3	57	12-3	12-3	57
"虎"号	13-6	12-6	90	13-6	12-6	90
"反击"号	13-6	13-6	100	13-6	13-6	100
"暴怒"号	11-6	11-6	–	11-6	11-6	–

这样的输出功率，因为根据以往经验，海试结果很容易就会被泄露给公众。以"上乘"号和"不倦"级的相关经验作为借鉴，这些（满功率动力）海试项目应在军舰服役后进行。我们曾考虑过让"狮"号在服役后进行这样的海试，不过当时没有机会真正执行下去；现在，我们申请将"大公主"号的满功率动力海试安排在服役之后进行。[9]

接替布里格斯担任海军审计官的摩尔少将（Gordon Moore）同意奥拉姆的观点，决定在"大公主"号服役之后进行一次航程为一海里的大功率海试。此次海试于1913年1月3日进行，然而结果令人并不满意——尽管动力系统运作良好，但远没有达到众人所期望的最大输出功率。在仅使用燃煤的情况下，发动机输出功率曾在短暂时间内达到84190马力；使用燃煤和燃油混合燃料时的最大输出功率为84700马力。奥拉姆分析影响海

理想状态下能达到（甚至超过）29 节航速。

英国海军部对军舰动力系统处于极端状况中的海试非常重视，不过原因尚不清楚，毕竟大幅度增加动力系统功率也只能小幅提升最高航速，而且有诸多因素可以导致航速急剧下降。他们（海军部）可能是为了达成以下目的：一、检查军舰制造商是否如约履行合同，达到相应质量要求；二、给海军部工程和设计人员提供现有军舰的性能数据，为他们能发展出更新的动力系统打下基础。军舰可能（在多个方面）存在的问题，包括螺旋桨设计、舰底清洁状态，以及海试区域水深（过浅）等都能在大功率海试中发现并得以解决。了解军舰处于极端状况中的性能无疑重要，但这样的性能状态即使在理想情况中也只能维持很短时间。

"玛丽女王"号的动力海试于 1913 年 5 月和 6 月

"大公主"号在 1918 年进行了与"狮"号相似的改装，但与后者存在以下方面的不同——上层建筑末端设有一座测距仪塔，主桅没有星形枪盘，斜桁的位置也较高；另外，前者第一烟囱两侧的高射炮被布置在了略微升高的平台上（虽然不是很清晰），而后者的高射炮被直接布置在甲板上。值得一提的是，X 炮塔上的黑色盒型物体是帆布材质机库。（帝国战争博物馆：Q19280）

试效果的主要原因是司炉兵对添加混合燃料的相关经验不足；他认为舰上工程军官应该加强对舰员的培训，然后在三个月后重新进行海试。同年 8 月 13 日，"大公主"号又在波尔佩罗海域进行了一次航速试验，结果"令人非常满意"。当时海况良好，风力仅为 3 级，军舰排水量高达 29660 吨，海试条件相当理想。"大公主"号一共进行了 7 次短距离高速试验——第一次的结果未被接受，其余 6 次均为每两次一组。军舰的平均最大输出功率达到了惊人的 95117 马力，航速为 27.87 节；其中最后 4 次测试的平均最大输出功率达 96238 马力，航速为 27.97 节。由于当时"大公主"号处于满载排水量状态，而且波尔佩罗海域的水深较浅，因此参与人员估计它在

由"声望"号前桅朝舰尾方向俯瞰（见右页），注意位于第二烟囱周围的探照灯平台和右下方的 3 英寸高射炮。本图摄于 1917 年。（作者收藏）

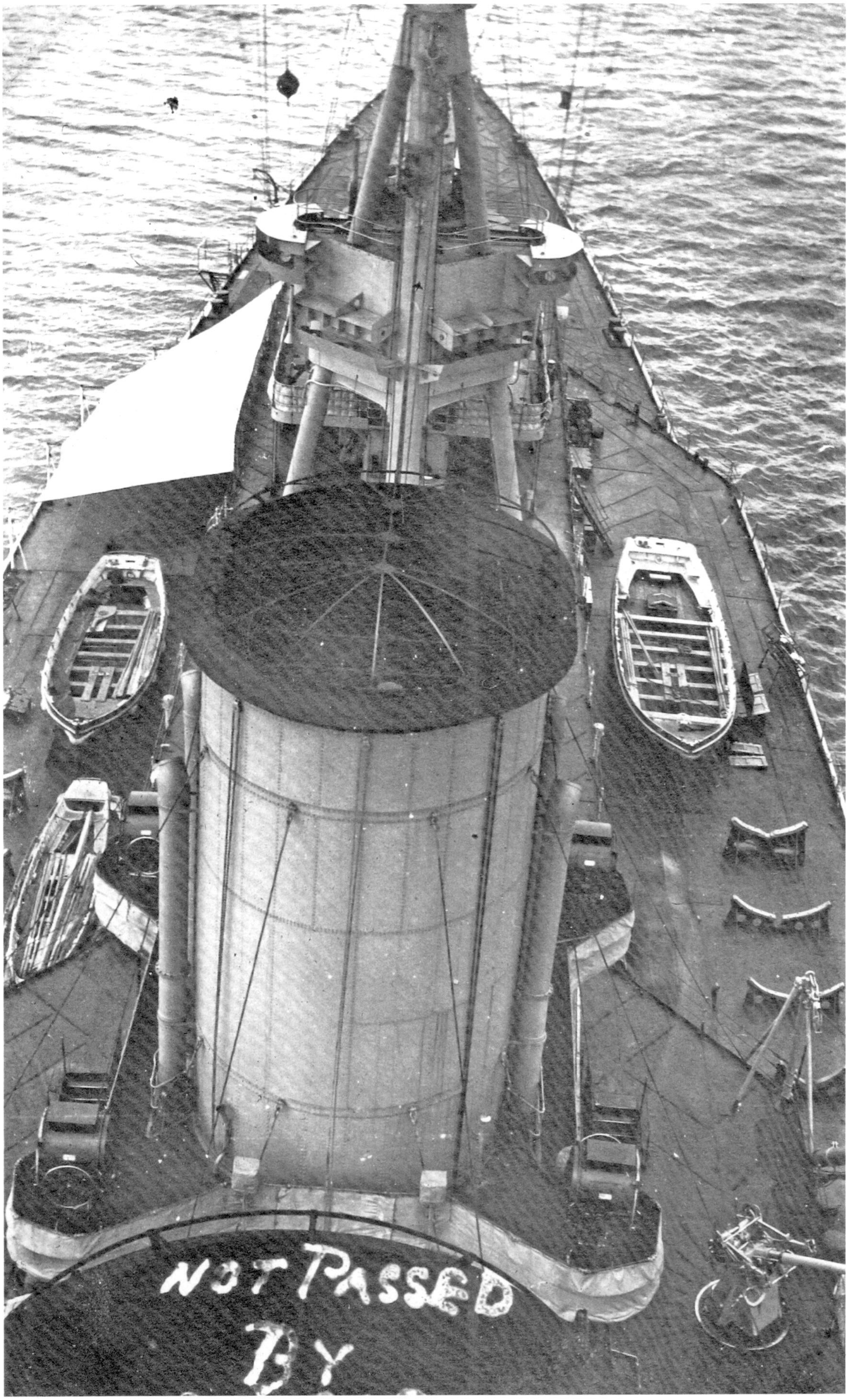
NOT PASSED
BY

自"胡德"号左舷后甲板看向烟囱和舰桥所得视图。(作者收藏)

进行，在 6 月 2 日进行了全功率一海里测试。在封闭排气的情况下，其 4 次测试的平均输出功率达 83003 马力，航速为 28.17 节。

"虎"号的建造合同要求它在输出功率达到 85000 马力时获得 28 节航速。该舰的设计过载功率为 108000 马力，相应的航速是 30 节；但海军并没有要求制造商达到这一标准，如果动力装置在过载功率海试中出现问题，后者也无须负责。当"虎"号正式服役并加入第一战列巡洋舰中队 9 天后，相关海试在战争爆发之后的 1914 年 10 月 14 日进行。在由制造商负责进行的测试中，其航速达到 28.38 节，发动机输出功率为 91103 马力；过载测试中，发动机总功率达 104635 马力，相应航速为 29.07 节。尽管后者（29.07 节航速）也没有达到当初的设计速度要求，但如果改在深水区域进行测试，"虎"号的（最大）速度是仍有提升空间的。另外，由于它所装备螺旋桨的实际表现效果低于预期，因此需要对这一部分加以改进。海军造舰总监的建议是将"虎"号的备用螺旋桨每个桨叶的顶端削掉 4 英寸长度，使其面积减少 2 平方英尺，这样就能改善螺旋桨效率。海军部命令该舰前往德文波特，接受相应的改造任务；然而没有后续记录表明"虎"号完成了改进，因为当时任何可能拖延它加入舰队的缘由都是不可接受的——所以这一修改方案是否有所执行至今也不得而知。

为避免以往水深过浅对主力舰海试结果中高速性能的影响，海军部特地选择了克莱德湾阿兰岛附近的水域作为"声望"号和"反击"号一海里海试地点。1916 年 8 月，"反击"号在前往朴茨茅斯、途经阿兰岛水域时进行了测试；虽然有记录表明军舰进行了长达四个小时的全负荷动力测试，但除了最大输出功率达到 125000 马力外，并没有其他数据被记录下来。9 月，当"反击"号北上加入大舰队时，它又在该海域进行了数次距离为一海里的动力测试。这一次，该舰发动机的输出功率达到 118913 马力，航速为 31.725 节；虽然低于 32 节设计航速，可当时"反击"号较其设计满载排水量重了 3400 吨，而且测试开始时出现了 5 ~ 6 级顶风，结束时还有 8 级顶风，它能取得这样的成绩实属不易。海军部估计，"反击"号在处于正常排水量状态时的动力输出功率可达 120000 马力，相应航速为 32.5 节。"声望"号在海试中的动力输出功率达 126300 马力，航速为 32.58 节，当时它的排水量超过了标准排水量 1400 吨。

在战时条件下，海军部并没有对大型轻巡洋舰进行全面海试，其中"暴怒"号甚至没有进行任何海试。1916 年 11 月 16 日，"勇敢"号在泰恩河口进行了一次内容有限的海试，结果是它在开放排气的情况下获得了 91200 马力输出功率和 30.8 节航速；当时相关人员估计，该舰如果封闭排气就能使动力系统输出 110000 马力功率，并跑出 33 节的高航速。由于受到之前章节中所提舰体结构损坏的影响，"勇敢"号并没有继续进行其他内容的测试。1916 年 12 月，"光荣"号在阿兰航道进行了一次（内容）更为全面的海试。当时海况良好、海面平静，但测试由于能见度不佳而提前结束。在将两次测试数据进行平均计算后，该舰的最大输出功率达到 91195 马力，航速为 31.42 节。以上两艘军舰（"勇敢"号与"光荣"号）在海试时都处于满载状态。

由于建成时已经处于和平时期，"胡德"号进行了内容非常全面的海试，包括处于正常或满载状态下的测试。海试取得了圆满成功，该舰的动力输出功率达到了 151600 马力，最高航速为 32 节。

表 39：各舰动力海试数据

军舰	日期	类型 / 地点	试验次数	平均速度（节）	平均功率（马力）	螺旋桨平均转速（转/分钟）	排水量（吨）[1]	平均吃水（英尺－英寸）[1]
"不挠"号	1908/4/26	70% 功率, 波尔佩罗, 1 海里测试	6	22.49	26880	248	17620	26-3
"不挠"号	1908/4/27	20% 功率, 斯凯莫里, 1 海里测试	4	16.5	10304	178	17120	25-8
"不挠"号	1908/4/27	70% 功率, 斯凯莫里, 1 海里测试	6	23.67	30920	260.5		
"不挠"号	1908/4/29	全功率, 斯凯莫里, 1 海里测试	4	26.1	47879	296	17435	26-0
"无敌"号	1908/10/22—23	30 小时20% 功率, 纽卡斯尔—斯比得海德		15.9	9301	170.7		27-0.5
"无敌"号	1908/10/23	20% 功率, 切塞尔滩, 1 海里测试	6	16.24	9695	174.4	17600(e)	26-3
"无敌"号	1908/11/3	70% 功率, 波尔佩罗, 1 海里测试	6	24.26	34124	269.5		
"无敌"号	1908/11/7	全功率, 波尔佩罗, 1 海里测试	6	26.64	46500	295.2	17400(e)	26-0
"无敌"号	1908/11/9	3 小时大功率, 波尔佩罗, 1 海里测试[2]	6	20.81	21266	225.6	17330(e)	25-11
"无敌"号	1908/11/10	3 小时低功率, 波尔佩罗, 1 海里测试[2]		11.55	3854	122.5		
"无敌"号	1908/11/10	3 小时中等功率, 波尔佩罗, 1 海里测试[2]		18.2	13291	196.3		
"无敌"号	1908/11/11	低功率, 波尔佩罗, 1 海里测试		11.55	3854	122.5		
"不屈"号	1908/6/12	20% 功率, 波尔佩罗, 1 海里测试	6	16.62	9128	169.6		
"不屈"号	1908/6	30 小时20% 功率		16.53	9139	169		
"不屈"号	1908	全功率, 斯凯莫里, 1 海里测试	6	26.48	46947	291.3		
"不屈"号	1908	大功率, 斯凯莫里, 1 海里测试[2]		20.67	19703	215		
"不倦"号	1910/12/11	70% 功率, 切塞尔滩, 1 海里测试	6	22.95	31718	256.4		
"不倦"号	1910/12/14	全功率, 切塞尔滩, 1 海里测试[3]	4	25.01	49676	299.1		
"不倦"号	1910/12/14	全功率, 切塞尔滩, 1 海里测试[4]	4	24.44	44596	288.5		
"不倦"号	1911/4/10	大功率, 波尔佩罗, 1 海里测试	4	25.79	43000		18750(e)	26-6
"不倦"号	1911/4/11	全功率, 波尔佩罗, 1 海里测试	4	26.89	55140	315.3	18750(e)	26-6
"新西兰"号	1912/10	30 小时大功率			31794			
"新西兰"号	1912/10/14	8 小时全功率, 英吉利海峡		26	46894	250		
"新西兰"号	1912/10/14	全功率, 波尔佩罗, 1 海里测试		26.39	49048	300		
"澳大利亚"号	1913/3/7—8	30 小时60% 功率		22.98	32094			
"澳大利亚"号	1913/3/8	60% 功率, 波尔佩罗, 1 海里测试	6	23.43	33122	266.2		
"澳大利亚"号	1913/3/11	全功率, 波尔佩罗, 1 海里测试	6	26.89	55881	308.6	18750(e)	26-6
"澳大利亚"号	1913/3/11	8 小时全功率			48420			
"狮"号	1912/1/8—10	8 小时全功率[3]			75685	273.5		
"狮"号	1912/1/8—10	8 小时全功率[4]			71920			
"狮"号	1912/1/11	全功率 *, 波尔佩罗, 1 海里测试[5]	2	27.62	76121	279	26690	28-0.5
"狮"号	1912/1/11	全功率 *, 波尔佩罗, 1 海里测试[6]	4	26.35	66156	266	26690	28-0.5
"狮"号	1912/1/3	75% 功率 *[7]	6	24.99	54872	251.1	26570	28-0
"狮"号	1912/1/12	35000 马力 *, 波尔佩罗, 1 海里测试[3]	4	23.08	41208	228.8	26570	28-0
"狮"号	1912/1/12	20000 马力 *, 波尔佩罗, 1 海里测试	4	19.58	22580	188		
"狮"号	1912/1/12	16000 马力 *, 波尔佩罗, 1 海里测试[3]	2	17.18	15461	162.2	26690	28-0.5
"狮"号	1912/1/12	10000 马力 *, 波尔佩罗, 1 海里测试	4	14.93	10091	142		
"狮"号	1912/1/12	低功率, 波尔佩罗, 1 海里测试	4	11.84	4908	107		
"大公主"号	1912/9/9—12	24 小时75% 功率		25.94	53315	253.9		
"大公主"号	1912/9/9—12	75% 功率, 波尔佩罗, 1 海里测试	6	25.97	53972	254.3	26750	28-0
"大公主"号	1912/9/12	8 小时全功率		28.25	76510	282.3		
"大公主"号	1912/9/12	全功率, 波尔佩罗, 1 海里测试	6	28.5	78803	284.8	26710	28-0
"大公主"号 **	1912/9	全功率, 波尔佩罗, 1 海里测试[3]		28.05	79424	290.9		
"大公主"号 **	1912/9	全功率, 波尔佩罗, 1 海里测试[4]		26.99	69221	275.6		
"大公主"号 **	1912/9	75% 功率, 波尔佩罗, 1 海里测试		25.97	55179	255.7		
"大公主"号	1913/1/3	特殊全功率, 波尔佩罗, 1 海里测试	4	27.82	79462		28440	29-7
"大公主"号	1913/7/8	特殊全功率, 波尔佩罗, 1 海里测试	6	27.97	95117	295.7	29660	30-7.5
"玛丽女王"号	1913/5/27	7500 马力, 波尔佩罗, 1 海里测试	4	14.25	7827	134.8	27380	28-2
"玛丽女王"号	1913/5/27	15000 马力, 波尔佩罗, 1 海里测试	4	18	16420	176.6	27380	28-2
"玛丽女王"号	1913/5/27	37500 马力, 波尔佩罗, 1 海里测试	6	23.28	37275	229.5	27380	28-2
"玛丽女王"号	1913/5/30	75% 功率, 波尔佩罗, 1 海里测试	4	25.13	56719	258.5	27200	28-0

（续前表）

军舰	日期	类型 / 地点	试验次数	平均速度（节）	平均功率（马力）	螺旋桨平均转速（转 / 分钟）	排水量（吨）[1]	平均吃水（英尺 – 英寸）[1]
"玛丽女王"号	1913/5/29—30	24 小时 75% 功率		25.08	57476	258		
"玛丽女王"号	1913/6	8 小时全功率		27.54	77306[8]	283.9		
				27.92	81476[9]	287		
"玛丽女王"号	1913/6/2	全功率，波尔佩罗，1 海里测试	4	27.58	77113	284.3	27180	28–0
"玛丽女王"号	1913/6/2	全功率，波尔佩罗，1 海里测试	4	28.17	83003	289	27180	28–0
"虎"号	1914/10/12	全功率，波尔佩罗，1 海里测试	6	28.38	91103	267.2	28990	28–10.5
"虎"号	1914/10/12	超负荷功率，波尔佩罗，1 海里测试	4	29.07	104635	278.4	28790	28–8.5
"反击"号 *	1916/8/15	全功率，阿兰，1 海里测试	2	31.73	118913	274.7	29900	28–2.5
"反击"号 *	1916/8/15	阿兰，1 海里测试	2	30.4	101550	260	29900	28–2.5
"反击"号 *	1916/8/15	阿兰，1 海里测试	2	25.76	55980	217.8	29900	28–2.5
"反击"号 *	1916/8/15	阿兰，1 海里测试	2	21.41	28615	176.4	29900	28–2.5
"反击"号 *	1916/8/15	阿兰，1 海里测试	2	15.71	12055	130.4	29900	28–2.5
"声望"号	1916/9	全功率，阿兰，1 海里测试		32.58	126300	281.6	27900	26–7.5
"勇敢"号	1916/11/16	泰恩河口		30.8	91200[4]	323	22100	25–5
"光荣"号	1916/12/30—31	阿兰，1 海里测试	2	20.13	20795	205	21670	24–11
"光荣"号	1916/12/30—31	阿兰，1 海里测试	2	24.43	39350	254	21670	24–11
"光荣"号	1916/12/30—31	阿兰，1 海里测试	2	29.84	76700	313	21670	24–11
"光荣"号	1917/1/1	全功率，阿兰，1 海里测试	2	31.42	91195	329.5	21300	24–7
"胡德"号	1920/3/8	全功率，阿兰，1 海里测试		31.79	150473	205		
"胡德"号	1920/3/8	全功率，阿兰，1 海里测试		31.35	144984	202		
"胡德"号 *	1920/3	阿兰，1 海里测试		13.53	9103	80	42090	
"胡德"号 *	1920/3	阿兰，1 海里测试		15.6	14630	93	41700	
"胡德"号 *	1920/3	阿兰，1 海里测试		17.2	20050	103	41700	
"胡德"号 *	1920/3	20% 功率，阿兰，1 海里测试		20.37	29080	124	41600	
"胡德"号 *	1920/3	40% 功率，阿兰，1 海里测试		25.24	58020	154	41850	
"胡德"号 *	1920/3	60% 功率，阿兰，1 海里测试		27.77	89010	176	42100	
"胡德"号 *	1920/3	80% 功率，阿兰，1 海里测试		29.71	116150	191	42150	
"胡德"号 *	1920/3	全功率，阿兰，1 海里测试		32.07	151280	207	42200	
"胡德"号 *	1920/3/22	满载，阿兰，1 海里测试		13.17	8753	81	45000	
"胡德"号 *	1920/3/22	满载，阿兰，1 海里测试		15.8	14020	96	45000	
"胡德"号 *	1920/3/22	满载，阿兰，1 海里测试		19.11	24720	116	45000	
"胡德"号 *	1920/3/23	满载，阿兰，1 海里测试		22	40780	136	44600	
"胡德"号 *	1920/3/23	满载，阿兰，1 海里测试		25.74	69010	161	44600	
"胡德"号 *	1920/3/23	满载，阿兰，1 海里测试		28.37	112480	185	44600	
"胡德"号 *	1920/3/23	满载全功率，阿兰，1 海里测试		31.89	150220	204	44600	

有关速度的数据似乎意味着极高精度，但它们与实际航速存在有大约 0.25 节的误差。官方文件中的航速值通常会被精确到小数点后第三位，不过这只能代表航速记录数据的精确性，而不能说明航速测量的方式也是如此。

e 为估计值。

* 表示不同阶段的海试。

** 表示使用了改进后的螺旋桨。

1. 海试刚开始时数据；

2. 使用巡航涡轮机试验时数据；

3. 排气关闭时数据；

4. 排气开放时数据；

5. 排气关闭、旁路关闭时数据；

6. 排气关闭、旁路开放时数据；

7. 进行 24 小时 75% 功率海试中任选 3 小时所得数据；

8. 海试开始 1 小时 40 分钟里所得数据；

9. 海试最后 2 小时 20 分钟里所得数据。

双联 B Ⅷ 型炮塔（装载 12 英寸 Mk Ⅹ 型 45 倍身管主炮）

　　该型号炮塔被安装在"不挠"号和"不屈"号上，改进后的 B Ⅷ* 型炮塔则由"不倦"号、"澳大利亚"号和"新西兰"号使用。B Ⅷ* 型炮塔（相较 B Ⅷ 型而言）在中央升降井中增设了一部外动力炮弹升降机，对工作室内处理待用炮弹的方式也有所改进。

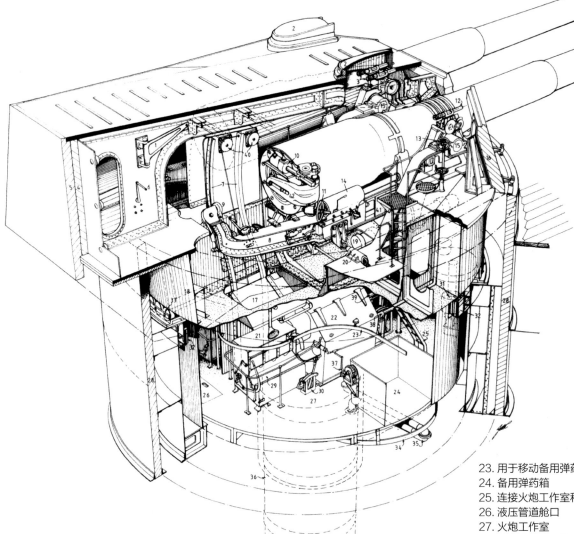

1. 炮弹吊臂（适用于炮塔内备用炮弹）
2. 观察孔防护罩
3. 中心瞄准具
4. 配重低碳钢板（厚度为 6.75 英寸）
5. 炮塔后部装甲（7 英寸厚克虏伯渗碳装甲）
6. 弹丸吊臂绞盘手柄（绞盘位于中心分隔舱壁左侧）
7. 火炮装填篮轨道
8. 火炮装填臂
9. 链式装填杆
10. 液压炮栓操作手轮
11. 手动炮栓操作手轮
12. 右侧瞄准具
13. 火炮俯仰操作手轮
14. 助退液压筒
15. 耳轴
16. 炮塔正面及侧面装甲（7 英寸厚克虏伯渗碳装甲）
17. 火炮清洗水箱
18. 转盘
19. 俯仰动作筒
20. 炮身滑轨固定螺栓
21. 可降至火炮工作室的装填篮
22. 中心炮弹及发射药升降机顶端部分
23. 用于移动备用弹药的悬挂式滑车轨道
24. 备用弹药箱
25. 连接火炮工作室和转盘的悬梯
26. 液压管道舱口
27. 火炮工作室
28. 基座装甲（7 英寸厚克虏伯渗碳装甲）
29. 位于火炮装填篮中的弹丸槽
30. 火炮装填篮摇杆固定螺栓
31. 炮塔水平旋转齿轮
32. 水平旋转滑轨
33. 炮塔水平旋转滚轮轨道
34. 液压管道支架
35. 液压管道
36. 中心炮弹和发射药升降机
37. 手动绞盘
38. 炮弹推杆
39. 发射药推杆
40. 火炮装填篮滑轮
41. 炮身滑轨
42. 炮栓连接部

"玛丽女王"号舰首上层建筑示意图（1913年）

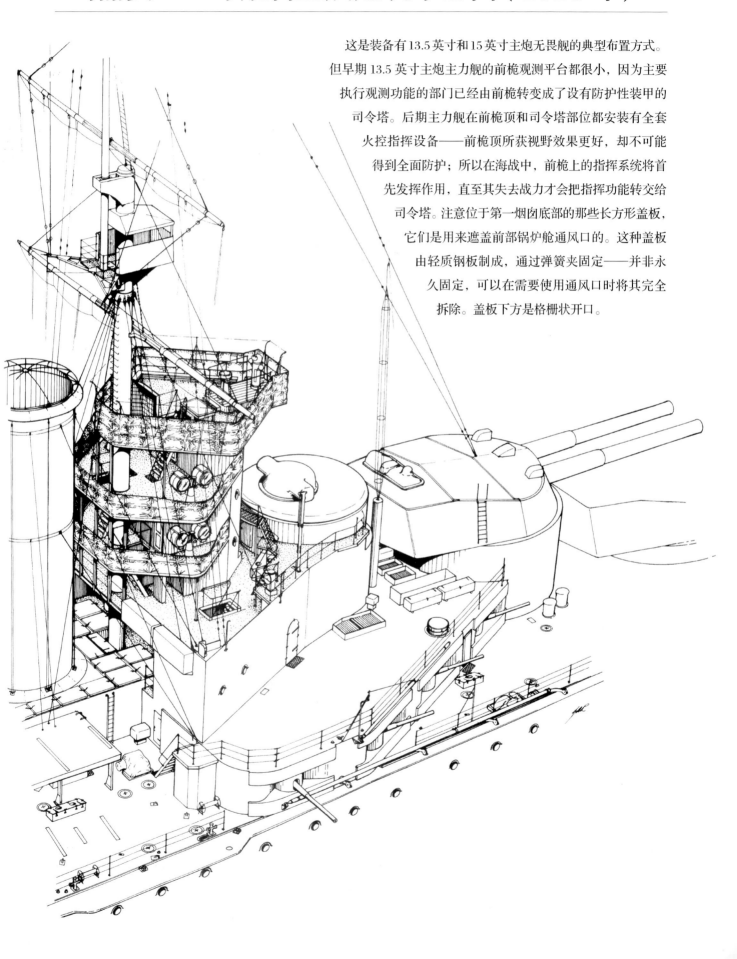

这是装备有13.5英寸和15英寸主炮无畏舰的典型布置方式。但早期13.5英寸主炮主力舰的前桅观测平台都很小，因为主要执行观测功能的部门已经由前桅转变成了设有防护性装甲的司令塔。后期主力舰在前桅顶和司令塔部位都安装有全套火控指挥设备——前桅顶所获视野效果更好，却不可能得到全面防护；所以在海战中，前桅上的指挥系统将首先发挥作用，直至其失去战力才会把指挥功能转交给司令塔。注意位于第一烟囱底部的那些长方形盖板，它们是用来遮盖前部锅炉舱通风口的。这种盖板由轻质钢板制成，通过弹簧夹固定——并非永久固定，可以在需要使用通风口时将其完全拆除。盖板下方是格栅状开口。

武备

费舍尔爵士在地中海举行了远程射击竞赛，从而改变了军舰的面貌和国家的命运。竞赛是以轻松随意的形式进行，开始时（各舰）取得的成绩惨不忍睹——从一个同时伴有纵摇和横摇现象的移动平台上开火命中另一个移动目标显然非常困难，但进行远程射击真正的巨大困难只有在尝试后才会知道。

海军中将 C.V. 乌斯伯恩（C.V.Usborne），《冲击与反冲击》，1935 年

从整体上讲，战列巡洋舰所用主炮（的口径和倍径）与同时期的战列舰主炮极其相似。唯一的例外是"不倦"级——该级舰装备的是 45 倍径 12 英寸主炮，而同期战列舰已经装备 50 倍径 12 英寸主炮；另外，除了"胡德"号，所有战列巡洋舰的主炮数量相较于同时期战列舰都会更少，而且防护性能也更为脆弱。

20 世纪初的几年中出现了一系列技术革新，它们无一不直接或间接地提高了远程火力的精准度和威力。现将其简述如下：

1. 高初速火炮的应用提高了炮弹在远距离上的弹着速度；这也让炮弹的弹道更加平直，从而增加目标的危险区域面积并提高命中率。还有其他一些革新与提高初速有关，比如炼钢技术（主要是镍钢）的发展使火炮无需增重就能承受更高膛压，使用等齐缠度膛线而不是增加缠度同样对提升高初速火炮的性能极为有利。

2. 使用燃速更慢的 MD（改进型）发射药取代 MK I 型发射药。这可以增加火炮装药量，更适用于新式远程高初速火炮，而且精度更高；这也能减少身管磨损，并延长火炮的使用寿命。

3. 在大口径舰炮炮塔内使用改进的水平旋转装置——火炮在方向控制上会更加准确，这对远程射击来说非常关键。

4. 高低机的改进使操作大口径舰炮的炮手能在军舰产生横摇时持续瞄准目标。以前那种在军舰横摇角度最大时开火的方法并没有被完全放弃，而且后来还被重新引入。

5. 大口径舰炮炮塔内弹药的供应和装填机构的发展使火炮射速有了大幅提升。

6. 重型火炮炮座强度的增加使之可以经受大装药、高初速火炮开火时所产生的冲击力。

7. 引入中心火力控制系统。

8. 引入精度更高的改进型瞄准具。

12 英寸主炮

所有 12 英寸主炮战列巡洋舰都使用 Mk X 型 45 倍身管舰炮。"不挠"号和"不屈"号装备了 B VIII 型双联炮座，三艘"不倦"级装备的则是稍加改进的 B VIII* 型炮座。这些火炮由维克斯公司设计，军方于 1903 年首次订购，在 1905 年通过定型测试。火炮在铸造时首次使用镍钢材料（包括炮管的 A 管及 A 管内管），有助于提高炮弹发射初速，并采用维克斯公司专为海军大口径舰炮设计的双动式炮闩。12 英寸舰炮的设计非常成功，它具有较高精度，在全装药射击状态下的发射寿命高达 280 发。其炮座样式与"无畏"号战列舰相同，即使用 3 缸直线排列蒸汽机驱动，进行水平旋转；但"不屈"号上主炮塔的水平旋转动力为 6 缸圆周排列蒸汽机，因而炮塔的旋转更为稳定。B VIII 型炮座结合了维克斯公司的全角度装弹系统和阿姆斯特朗公司的中轴线装弹舱。在弹药舱和工作间（炮塔下方是为装填炮弹和发射药进行准备的舱室）之间的弹药升降机上，炮弹和发射药包是分别被装在不同提弹篮里的，由于发射药舱位于炮弹舱下方，升降机下降经过炮弹舱时空炮弹篮会被留下，然后升降机继续下降至发射药舱位置，当装有发射药的升降机再次上升经过炮弹舱时炮弹篮又被装回；装有炮弹和发射药的提弹篮在升至工作间后，需要等待装弹篮从炮塔降下，然后炮弹和发射药从提弹篮被转移至

从舰桥上俯瞰"不屈"号的 Q 炮塔,后方距离最近者是"不挠"号。本图摄于 1917 年。(作者收藏)

表 40：各舰武备数据

"无敌"级
主炮： 8 门 12 英寸 BL Mk X 主炮，共计 4 部双联 B VIII 炮座（"无敌"号为 2 部 B IX 炮座和 2 部 B X 炮座）

反鱼雷艇副炮： 16 门 4 英寸 QF Mk III 火炮，共计 16 部单联 P I* 炮座（1915 年减至 12 门火炮及相应炮座；1917 年时，"不挠"号的副炮采用 12 门 4 英寸 BL Mk VII 火炮及 P VI 炮座，"不屈"号则采用 12 门 4 英寸 Mk IX 火炮及 CP I 炮座）

防空火炮： "无敌"号：1 门 3 英寸 /20 英担[1] Mk I 火炮及 HA Mk II 炮座（于 1914 年 10 月至 11 月及 1915 年 4 月进行安装）；1 门 3 磅火炮及 HA Mk Ic 炮座（于 1914 年 11 月安装）
"不挠"号：1 门 3 磅火炮及 HA Mk Ic 炮座（使用时间为 1914 年 11 月至 1917 年 8 月）；1 门 3 英寸 /20 英担 Mk I 火炮及 HA Mk II 炮座（于 1915 年 7 月安装）；1 门 4 英寸 BL Mk VII 火炮及 HA Mk II 炮座（最大仰角为 60 度，于 1917 年 4 月安装）

鱼雷： 5 部 18 英寸水下鱼雷发射管，共计 14 枚鱼雷

"不倦"级
主炮： 8 门 12 英寸 BL Mk X 主炮，共计 4 部双联 B VIII* 炮座

反鱼雷艇副炮： 16 门 4 英寸 BL Mk VII 火炮及 P II* 炮座（1915 年末减至 14 门，1917 年时"新西兰"号的副炮减至 13 门）

防空火炮： "不倦"号：1 门 3 英寸 /20 英担 Mk I 火炮及 HA Mk II 炮座（于 1915 年 3 月安装）
"澳大利亚"号：1 门 3 英寸 /20 英担 Mk I 火炮及 HA Mk II 炮座（于 1915 年 3 月安装）；1 门 4 英寸 BL Mk VII 火炮及 HA Mk II 炮座（最大仰角为 60 度，于 1917 年 6 月安装）
"新西兰"号：1 门 6 磅火炮及 HA Mk Ic 炮座（使用时间为 1914 年 10 月至 1915 年底）；1 门 3 英寸 /20 英担 Mk I 火炮及 HA Mk II 炮座（于 1914 年 10 月安装）；1 门 4 英寸 BL Mk VII 火炮及 HA Mk II 炮座（最大仰角为 60 度，于 1917 年安装）

鱼雷： 2 部 18 英寸水下鱼雷发射管，共计 12 枚鱼雷

"狮"级
主炮： 8 门 13.5 英寸 BL Mk V 主炮，共计 4 部双联 B II 炮座

反鱼雷艇副炮： 16 门 4 英寸 BL Mk VII 火炮及 P IV* 炮座（"狮"号）和 PII* 炮座（"大公主"号，1917 年时减为 15 门火炮及炮座）

防空火炮： "狮"号：1 门 6 磅火炮及 HA Mk Ic 炮座（使用时间为 1914 年 10 月至 1915 年 7 月）；2 门 3 英寸 /20 英担 Mk I 火炮及 HA Mk II 炮座（1915 年 1 月和 7 月各安装了一门火炮）
"大公主"号：2 门 6 磅火炮及 HA Mk Ic 炮座（使用时间为 1914 年 10 月至 1916 年 12 月）；1 门 3 英寸 /20 英担 Mk I 火炮及 HA Mk II 炮座（使用时间为 1915 年 1 月至 1917 年 4 月）；2 门 4 英寸 BL Mk VII 火炮及 HA Mk II 炮座（最大仰角为 60 度，于 1917 年安装）

鱼雷： 2 部 21 英寸水下鱼雷发射管，共计 14 枚鱼雷

"玛丽女王"号
主炮： 8 门 13.5 英寸 BL Mk V 主炮，共计 4 部双联 B II* 炮座

反鱼雷艇副炮： 16 门 4 英寸 BL Mk VII 火炮及 P VI 炮座

防空火炮： 1 门 3 英寸 /20 英担 Mk I 火炮及 HA Mk II 炮座（于 1914 年 10 月安装）；1 门 6 磅火炮及 HA Mk Ic 炮座（于 1914 年 10 月安装）

鱼雷： 2 部 21 英寸水下鱼雷发射管，共计 14 枚 Mk II 鱼雷

"虎"号
主炮： 8 门 13.5 英寸 BL Mk V 主炮，共计 4 部双联 B II** 炮座

反鱼雷艇副炮： 12 门 6 英寸 BL Mk VII 火炮及 PV III 炮座

防空火炮： 2 门 3 英寸 /20 英担 Mk I 火炮及 HA Mk II 炮座

鱼雷： 4 部 21 英寸水下鱼雷发射管，共计 20 枚 Mk II 鱼雷

"声望"级
主炮： 6 门 15 英寸 BL Mk I 主炮，共计 3 部双联 Mk I* 炮座（"反击"号有 2 部为 Mk I 炮座）

反鱼雷艇副炮： 17 门 4 英寸 BL Mk IX 火炮，共计 5 部三联 Mk I 炮座和 2 部单联 P XII 炮座

防空火炮： 2 门 3 英寸 /20 英担 Mk I 火炮及 HA Mk II 炮座

鱼雷： 2 部 21 英寸水下鱼雷发射管，共计 10 枚鱼雷

"勇敢"级
主炮： 4 门 15 英寸 BL Mk I 主炮，共计 2 部双联 Mk I* 炮座

反鱼雷艇副炮： 18 门 4 英寸 BL Mk IX 火炮，共计 6 部三联 M kI 炮座

防空火炮： 2 门 3 英寸 /20 英担 Mk I 火炮及 HA Mk II 炮座

鱼雷： 2 部 21 英寸水下鱼雷发射管，共计 10 枚鱼雷（完工后还加装了 12 部 21 英寸水上鱼雷发射管，呈双联布置）

---

[1] 编者注：为准确表达数据，中文版保留了原书的英制单位。1 英担 =112 磅 =50.802 千克，20 英担 =2240 磅 =1016.04 千克。下文出现该单位时，读者可自行换算。

（续前表）

"暴怒"号

主炮：	2 门 18 英寸 BL Mk I 主炮，共计 2 部单联 Mk I 炮座
反鱼雷艇副炮：	11 门 5.5 英寸 BL Mk I 火炮及 P I* 炮座
防空火炮：	2 门 3 英寸 /20 英担 Mk I 火炮及 HA Mk II 炮座
鱼雷：	2 部 21 英寸水下鱼雷发射管，共计 10 枚鱼雷

"胡德"号

主炮：	8 门 15 英寸 BL Mk I 主炮，共计 4 部双联 Mk II 炮座
反鱼雷艇副炮：	12 门 5.5 英寸 BL Mk I 火炮及 CP II 炮座
防空火炮：	4 门 4 英寸 QF Mk V 火炮及 HA Mk III 炮座
鱼雷：	2 部 21 英寸水下鱼雷发射管，4 部 21 英寸水上鱼雷发射管

12 英寸主炮和 13.5 英寸主炮备弹量均为 80 枚 / 门（平时）或 110 枚 / 门（战时），15 英寸主炮备弹量为 120 枚 / 门。"无敌"级在完工时所用炮弹的弹头曲率半径为 2crh，1915—1916 年间改为 4crh；其余战列巡洋舰所用炮弹均为 4crh。

如无特殊说明（如"双联""三联"），所有火炮（及相应炮座）均默认为单联型号。

装弹篮后升至炮塔，由推弹杆先后将炮弹和发射药包推入炮膛。由于炮弹和发射药在转移至装弹篮后，提弹篮才能重新降入弹药舱内，因此输弹效率较低。在后来的 12 英寸 50 倍身管主炮炮塔中，工作间内设有一个用于炮弹和发射药的临时存放架，以便提弹篮能够及时返回弹药舱；同时，炮弹和发射药的提弹篮被合二为一，即提弹篮先在发射药处理室装上发射药包，然后升至炮弹舱装载炮弹。"不屈"号和"澳大利亚"号的主炮塔由维克斯公司制造，"不挠"号、"不倦"号和"新西兰"号所用型号则由阿姆斯特朗公司生产。"不倦"级的火炮防盾外形有所改良，因而防护性能得到了一定加强。

与其他姊妹舰不同，"无敌"号上安装了试验性电动炮塔。这种炮塔的设计最早可以追溯到 1900 年，当时海军助理鱼雷总监提出需要考虑在辅助动力方面更多地使用电力——同时期的美国和欧洲部分国家海军都在军舰上成功安装了一些电动设备。到无畏舰开始建造时，军舰上除主动力之外的大部分辅助机械均已使用电力。仅有的例外是用于收放锚链的绞盘和收放小艇的吊臂——两者依然分别使用蒸汽和液压动力（在不常用设备上使用电力被认为是一种浪费行为）；当然，军舰上的发电机也需要利用蒸汽才能发电。此外，主发动机舱部位的排气扇同样使用了电力（进行驱动）。电力的应用可以减少军舰内部蒸汽管道的数量，从而提高舰体内隔舱的水密性，但人们对主炮塔能否使用电力进行操作

仍持谨慎态度。现有液压动力的优点包括简单、平稳和安全，而电动炮塔的优点是重量轻（减少了液压泵和大量液压管路）和运转速度快。然而海军军械总监（DNO）认为这些优点并不足以让电力代替液压，成为炮塔的驱动动力，因为"试验和完善的过程就可能需要数年时间"。但到 1902 年，海军部所设立的电力装备委员会在研究之后强烈建议引入电动炮塔。随后，海军部向维克斯和阿姆斯特朗公司招标，提出研制双联 12 英寸和双联 9.2 英寸电动炮塔的要求，并决定在炮塔制造完成后用一艘"纳尔逊勋爵"级战列舰进行安装和后续试验；不过在 1905 年 8 月，海军部正式批准直接为"无敌"号安装全电动主炮塔。由维克斯和阿姆斯特朗公司分别制造的两座炮塔进行了对比试验和性能评估。其中 A、X 炮塔采用维克斯公司制造的 B IX 型炮座，P、Q 炮塔采用阿姆斯特朗公司制造的 B X 型炮座。两种炮座都使用沃德-伦纳德控制方式（Ward Leonard control），只是在助退机和俯仰机构的布置上有所不同。在阿姆斯特朗公司的设计中，火炮吊篮下方设有助退液压筒，并采用电气缓冲装置，以及由大型螺栓控制的高低机托架；在维克斯公司的设计中，助退液压筒位于火炮吊篮两侧，吊篮上方和下方设有减速弹簧，另外还设有弧形高低机齿轮。两家公司的每部炮座均设有两台电动机驱动炮塔进行水平旋转（也可通过单台电动机独立驱动炮塔），这两台电动机都被固定布置在位于炮塔外侧的下甲板上——最

新的液压动力装置都是安装在炮塔内部与炮塔一同运动的，但电动装置占用空间比较大，加上需要平衡重量，所以只能将它们布置在炮塔之外。

在"无敌"号的电动炮塔还未完成安装时，海军内部就已经出现了不少质疑的声音。1907 年 7 月，曾经参与做出装备电动炮塔决定的海军军械总监杰利科声称："……除非'无敌'号能在服役后的试验中证明它的电动炮塔比性能可靠的液压式炮塔优越得多，否则在此之前给更多新的主力舰安装电动炮塔就会造成灾难性后果。以液压作为动力的 12 英寸舰炮在灵活性方面已经可以与手动操作的 6 英寸舰炮相媲美，难以想象电动炮塔会表现得更优秀……'无敌'号上的炮塔不但没有体现出任何优越性，它的每座电动炮塔的造价还要比液压炮塔高出 500 英镑，重量达到了 50 吨，对维护的相关要求也比液压炮塔高得多。"[1]

"无敌"号在服役后证明了杰利科的预测是正确的。1908 年 10 月，该舰在怀特岛附近进行火炮试验，海军炮术学校校长雷金纳德·图波尔上校（Reginald Tupper）亲临现场，观摩了这场被他自称为参与过的"最危险"试验：

> 军舰上的每处装备看起来都没有安装完成，而且肮脏无比。我们从泰恩河口驶入大海时炮塔上的（电线）线路全被暴露在外，很多电动设备都没有相应标志。本来炮塔旋转和火炮俯仰等操作都只需要按下一个按钮或扳动一个电掣就能完成，但在这样做的时候，炮塔内部竟然充满了蓝色的电击闪光——线路出了问题，保险被熔断了，技术人员不断跑来跑去检查故障。用于冲洗发射药残渣的水管系统也出现故障，新发射药险些被直接推进尚有火药残留、甚至仍在燃烧的炮膛内，差点就引发了重大事故。[2]

试验结果表明这些电动炮塔故障连连、运转缓慢，因而不得不进行大量修理和改进，其中阿姆斯特朗公司所造炮塔出现的故障比维克斯公司更多。1909 年 8 月至 11 月和 1911 年 3 月至 6 月间，"无敌"号在朴茨茅斯基地对炮塔部位施以重大改进，但之后仍然故障频发，效果难以令人满意。海军部终于承认采用电动炮塔的昂

贵尝试失败了——1912 年 2 月，第一海军大臣弗朗西斯·布里奇曼（Francis Bridgeman）建议花费 151200 英镑，为"无敌"号的炮塔安装液压驱动装置。他还发表了如下评论："作为舰队的一部分，'无敌'号战力的发挥迄今都只能凭借运气。它根本无法确保（自身的）主炮正常运行，我们和美国海军已经证明了使用电动炮塔的失败。"3 月 20 日，海军部召集阿姆斯特朗和维克斯公司的代表开会，讨论炮塔改装的具体细节。为节省开支，海军部决定把水平旋转动力留在固定位置上，使用阿姆斯特朗公司的斜盘发动机取代电动机。这两个公司本来还分别制造了一座备用电动炮塔，不过随后也会将其改为液压驱动。相关的改造工作于 1914 年 3 月至 8 月间在朴茨茅斯进行。

13.5 英寸主炮

1906 年，海军部在讨论 1907—1908 财年主力舰建造计划时曾分别考虑过双联 12 英寸、三联 12 英寸和双联 13.5 英寸的主炮。最后，海军军械总监杰利科建议采用双联 50 倍径 12 英寸主炮，其理由如下：

（1）没有相应的制造和测试经验就采用 13.5 英寸主炮过于冒险。

（2）既然德国新主力舰只装备 11 英寸主炮，那么过于加大主炮口径便完全没有必要。

（3）采用 13.5 英寸主炮意味着海军将获得比 50 倍径 12 英寸主炮威力大得多的打击能力，在更远的距离上击穿更厚的装甲；但要在更远距离上获得足够命中率的话，至少现有火控系统无法做到。

（4）以目前主力舰的排水量来看，如果要安装重量大增的 13.5 英寸主炮就必须减少主炮的数量。

采用更大口径主炮的提议一直都没有引起任何反响，但 1908 年（一说为 1909 年）的"海军恐慌"使情况有所变化。由于德国海军的最新主力舰均采用 12 英寸主炮，英国海军有必要提升主力舰主炮的威力以重新获得优势，同时政府和议会允许海军建造排水量更大的主力舰也为装备更重型舰炮奠定了基础。1908 年 10 月，海军要求维克斯公司研制一种新的主炮——口径可

以是 13、13.5 或 14 英寸，由新主炮发射的炮弹在 8000 码距离上的弹着速度要与 12 英寸的 Mk X 型主炮相同（即 1639 英尺 / 秒）。1909 年 1 月，海军军械总监培根邀请维克斯公司投标制造一种带有试验性质的 13.5 英寸主炮；后者于 2 月 2 日递交标书，报价包含将其运至伍尔维奇（Woolwich）试验场的费用在内——火炮为 11400 英镑，炮尾机构为 1250 英镑。海军部在 20 天后便宣布维克斯公司中标。第一门 Mk V 型 13.5 英寸舰炮于 1909 年底在肖伯里尼斯（Shoeburyness）进行试射，并取得了令人满意的效果。新型火炮的设计膛压为 18 吨 / 平方英寸，而且还有极大提升空间；试验还表明火炮在发射炮弹时的受磨损程度较轻，预计炮管寿命可达 450 发（全装药射击）。为增加火炮威力，海军部决定采用更大剂量的装药，使膛压达到 20 吨 / 平方英寸。

这一举措提高了 1250 磅炮弹的初速；后来 13.5 英寸舰炮还使用了更重的 1400 磅炮弹，虽然初速有所下降，但它的威力得以大幅提升。当然，这些做法难免会降低炮管寿命，不过也能进行 300 次至 350 次全装药射击。在 13.5 英寸舰炮大获成功的同时，以提高炮弹初速为目标的 Mk XI 型 50 倍径 12 英寸舰炮却失败了——主要问题是炮管刚性不足和发射药燃烧不稳定，从而严重影响火炮精度。

在双联 Mk XI 型 50 倍径 12 英寸主炮基础上，维克斯公司设计出了双联 13.5 英寸主炮炮座。为减轻炮

"澳大利亚"号前主炮塔及舰桥（舰首方向视角），本图摄于 1918 年。（帝国战争博物馆：Q18740）

"玛丽女王"号 13.5 英寸前主炮塔，本图摄于 1914 年 7 月 14 日。（作者收藏）

"玛丽女王"号上转向左舷方位的 13.5 英寸 X 炮塔，注意位于上层建筑末端的鱼雷控制塔。本图摄于 1913 年。（作者收藏）

1918 年 4—5 月间"狮"号的 Q 炮塔,其顶部是起飞平台和一架索普维斯 2F.1"骆驼"式舰载机。这种平台首先于 1917 年 10 月被安装在"声望"号和"反击"号上进行试验;到 1918 年春所有战列巡洋舰,包括"勇敢"号和"光荣"号也都安装了类似平台。但各舰在设计和位置上略有不同,比如"狮"号上的平台就突出于炮塔左侧。注意炮塔侧面和防波板上的卡利救生筏以及烟囱周围的探照灯塔。(作者收藏)

在"狮"号上从炮塔前方看向起飞平台,该平台突出于炮塔左侧的部位清晰可见。(作者收藏)

"大公主"号前主炮及舰桥，本图摄于 1917 年 12 月。(作者收藏)

座和炮塔装甲重量，后者基本保持了前者的尺寸，其中炮塔基座的内直径甚至没有变化——仍为 28 英尺，炮塔旋转部分也仅增加 60 吨重量。除了增加炮座强度以安装威力更大的火炮外，双联 13.5 英寸主炮炮座（相较于 12 英寸主炮炮座）的区别主要有以下几点：

（1）弹药升降机通道的直径仅比 50 倍径 12 英寸主炮增加数英寸，同时允许装有炮弹和发射药的提弹篮通过升降机从弹药库升至位于炮塔下方的炮塔工作室。为使升降机通道能容纳更长的炮弹，提弹篮在升降机中会保持 38 度倾角，到达炮塔工作室后自动恢复成水平姿态，这样就减小了升降机通道的直径；位于炮塔工作室和炮室之间的弹药装填篮也改成了类似设计。

（2）每座炮塔的旋转均通过两部 7 缸斜盘旋转机构来实现，它不仅结构紧凑、重量轻，而且在低速旋转时非常稳定；这种斜盘旋转机构与装备在"巨人"级上的相关设备属于同一型号。最早的试验型号采用 10 缸，曾在"上乘"号（HMS Superb）战列舰的 Q 炮塔上成功进行过试验。

（3）每门火炮只装备一部而不是两部（采用背靠背布置方式的）液压驱动高低机构，火炮的最大仰角达到了 20 度。

（4）由于两门火炮之间的空间狭小，辅助发射药供应装置从两门火炮之间被移到火炮外侧，并与辅助炮弹供应装置进行了合并。

"狮"号和"玛丽女王"号的主炮塔由阿姆斯特朗公司制造，"大公主"号和"虎"号则是由维克斯公司生产。"狮"号和"大公主"号上的 Mk II 型炮座使用的是重量为 1250 磅的炮弹；后来制造的炮座型号为 Mk II*（装备"玛丽女王"号）和 Mk II**（装备"虎"号）型，可发射 1400 磅炮弹，火炮转变俯仰状态的具体度数也由每秒 3 度提升至每秒 5 度。"狮"号还在炮塔内部设有发电机，专用于火炮的电激发装置，发电机由炮塔液

压系统中的佩顿水轮机提供动力；这项革新也被应用于"玛丽女王"号和"虎"号（以及后来的 15 英寸主炮塔），但在后来的舰艇上，发电机从炮塔旋转机构两侧被移到了中心桁梁处。

曾有人考虑过放弃 13.5 英寸炮座上的全角度装填系统，以便节省重量、扩大炮室内的可用空间，并增加炮座的结构强度。这样做会略微增加火炮装填时间，但不算明显，不过重要的是这会使舰炮丧失持续瞄准能力——因为火炮在装填时不允许保持原先的瞄准姿势。最后海军部认为那样做得不偿失，因而放弃了这一想法。

15 英寸主炮

在装备战列巡洋舰之前，Mk I 型 15 英寸主炮已经成功地在"伊丽莎白女王"级和"君权"级战列舰上得以应用。它实际上是被扩大口径的 Mk V 型 13.5 英寸舰炮——皇家海军从这一口径级别舰炮开始就放弃了原先

从舰桥上俯瞰"反击"号的前主炮，本图摄于 1918 年底。位于 B 炮塔顶部飞行平台上的是一架索普维斯"11/2 支柱"式飞机。此外，水兵们正在拆卸（或是安装）延伸至炮管上方的一种可拆卸平台。（作者收藏）

表 41：各型主炮性能数据

口径（英寸）	12	13.5	15	18
型号	X	V	I	I
重量（吨，不含炮尾）	56.81	74.91	97.15	146.2
炮尾重量（吨）	0.85	1.21	2.85	2.8
全长（英寸）	556.5	625.9	650.4	744.15
身管长（倍径/英寸）	45/540.9	45/607.5	42/630	40/720.2
药室直径×长度（英寸）	最小13，最大19×81	最小15，最大16.85×92.13	20×107.5	23.85×127.05
药室容积（立方英寸）	18000	19650	30590	51310
膛线部分炮管长度（英寸）	453.193	509.57	516.33	585.42
膛线数量（条）	60	68	76	88
发射药型号	MD45	MD45	MD45	MD45
发射药重量（磅）	258	297（293*）	428	630
炮弹重量（磅）	850	1400（1250*）	1920	3320
设计膛压（吨/平方英寸）	18	20	19.5	18
炮口初速（英尺/秒）	2725	2500（2582*）	2450	2270
炮口动能（英尺-吨）	44431	60674（56361*）	79914	118592
最大射程（码/仰角）	18850/13.5**	23800/20	23734/20 或 29000/30	28800/30

所有火炮均为平直截面。MK I 型为多腔线身管，缠度为 30 倍身管。
* 该数据适用于"狮"级所装备 13.5 英寸主炮的 1250 磅重炮弹。
** 该数据适用于 4crh 炮弹（"无敌"级使用的 2crh 炮弹的最大射程为 16450 码）。

对炮弹高初速性的追求，转而通过增加弹丸重量来提升威力。15 英寸主炮的炮管身管倍数低于 13.5 英寸主炮，炮弹飞行初速有所下降，但射程略有增加；此外，前者的最大优势就是能发射 1920 磅重的炮弹。与 13.5 英寸主炮一样，15 英寸舰炮也以优秀的精度和低磨损性著称，其炮管寿命达到 350 发（全装药射击）。该型舰炮在英国皇家海军中一直被使用到了第二次世界大战之后。

Mk I 型 15 英寸主炮所用炮座也是 13.5 英寸主炮炮座的扩大型，但基座内径增至 30.5 英尺，总重也大大增加，以承受火炮射击时产生的巨大后座力。被安装在"声望"号、"反击"号、"勇敢"号和"光荣"号上的炮座与装备在战列舰上的炮座型号相同，不过炮塔的防护性能较差，炮室外观形象有所不同；对于炮弹处理室的布置有一定改变，以适应位置更低的升降机。此外，以上各舰的具体装备情况也不尽相同。[3]

为增加火炮射程，"胡德"号的炮座进行了重新设计，使其火炮最大仰角从 20 度加大至 30 度。其他改进内容还包括增加炮室的深度以容纳最大仰角时炮尾的后

"勇敢"号 15 英寸前主炮，本图摄于 1918 年中期。（作者收藏）

从"胡德"号首楼甲板上看向炮塔和舰桥,注意该舰更显"方正"的 15 英寸 Mk II 型炮塔。(作者收藏)

座距离，将炮塔底部到火炮轴线的高度从 21 英尺 2 英寸增至 23 英尺 11 英寸。炮室正面的高度也有所增加，以便为处于最大仰角时的炮管提供空间；不过也有可能是使炮塔顶部装甲更加接近水平状态，以增加陡直下落的炮弹击中炮塔顶部时的入射角，从而增强防护能力。火炮仍然可以进行全角度装填，但装填机构与 Mk I 型炮座所用型号相同，所以最大装填角仍为 20 度。

液压动力

主炮塔使用动力由蒸汽所驱动大型液压泵形成的液压回路提供。所有 12 英寸主炮战列巡洋舰都布置了两部液压装置，虽然动力完全够用，不过也没有太多冗余部分，一旦出现故障或战损就会影响主炮工作。1909 年，海军军械总监培根认为以前为主力舰布置的两部液压装置从未出现过问题，所以只要略微增加"狮"号和"大公主"号上液压驱动装置的功率即可（液压流量从 98 立方英尺 / 分钟增加到了 110 立方英尺 / 分钟）。1912 年 1 月，"狮"号进行火炮测试后，其舰长记录了如下内容：

> 为 5 座炮塔布置 3 部液压泵是显然不够的，因为 4 座炮塔就至少需要 3 部，本舰却只有 2 部。如果有 3 部液压泵，一旦某一部失效还只会损失 33% 的炮塔动力；可如果只有 2 部，要是其中一部无法工作就会损失 50% 炮塔动力。液压泵的总功率非常重要，哪怕在紧急情况下也应该留有足够冗余量。如有可能，我们应按此原则对现有军舰加以改进。[4]

1912 年 4 月，海军部决定为"狮"号、"大公主"号、"玛丽女王"号及"虎"号安装第三部液压泵，这样每艘军舰就会增重 30 吨。在此之后的英国战列巡洋舰也都布置了共计三部液压泵。这样做的另一个原因是采用齐射火控系统后，所有炮塔被要求同时进行运动和装填——特别是大仰角齐射时，这会消耗大量的液压动力，而现有液压动力装置无法实现这样的统一齐射。在

"胡德"号上，这个问题通过采用电气缓冲装置得以解决；该装置原本是阿姆斯特朗公司为"无敌"号上的电动炮塔所设计，但后来也被应用到了其他类型炮塔上。

炮口风暴

费舍尔的设计委员会在 1905 年时非常关注炮口风暴问题，这一问题在后来的主力舰上也是真实存在的。可不知为什么，英国海军一直没有从细节方面入手去解决它，而只是简单地尽量拉开炮塔间距——这种布置方式排斥背负式炮塔，但后者对于设计出一种紧凑和高效的舰桥结构却非常重要。另外，对那些位于舰体两侧的主炮塔而言，在减小其炮口风暴对其他炮塔产生影响的同时通常也会增加它们对司令塔、小艇和副炮造成的影响。背负式炮塔的主要问题在于上方炮塔炮口所产生冲击波将从观察孔和炮孔进入下方炮塔，进而影响该炮塔操作，甚至有可能对炮塔成员造成伤害——特别是那些专门负责瞭望的人员，他们很有可能会因为被冲击波弹向观察孔护罩，从而发生严重震荡并造成头部损伤。当时，解决这一问题的方式是在炮塔上使用潜望镜进行观测，这样一来操作手的头部会低于炮塔顶部，而冲击波也不会进入观察孔；此外，炮孔处也会使用防冲击罩将炮孔和炮身之间的空间密封起来，这种防冲击罩一般由增加了强度的厚帆布制成。相关人员在"虎"号上试验了在 A 炮塔两侧布置水平放置潜望镜的方案，这样炮塔顶部就只设有一处位于中心的观察孔护罩，而以往军舰主炮塔的顶部都有三处。位于侧面的潜望镜需要穿透侧面装甲，并由一个小型装甲护罩提供保护；但后来没有继续采用这种方法，这可能是因为早期的观测设备不能距离炮塔旋转轴太远。不过在第一次世界大战后，"纳尔逊"号和"罗德尼"号的三联 16 英寸炮塔上又再次出现了这种布置方式。值得一提的是，"胡德"号取消了炮塔顶部观察孔，并直接将望远镜安装在炮塔正面装甲部位开出的长方形观察孔上。

火力控制

位于"无敌"级两座桅杆上的瞭望平台是用于指挥军舰主炮进行射击的火控中心。每座平台上都装有一部巴尔 – 斯特劳德（Barr & Stroud）9 英尺测距仪，以及两部杜马雷斯克计算器（Dumaresq）——最后者可在输

从"虎"号首楼甲板上看向前主炮和舰桥（见左页），本图拍摄时间是 20 世纪 20 年代中期。注意位于 A 炮塔两侧的观察孔——这是"虎"号独有的布置方式；此外注意在遮蔽甲板两侧的 3 英寸高射炮。（作者收藏）

位于"虎"号 Q 炮塔上方的起飞平台和帆布机库，本图摄于 1917 年底。图中飞机的型号是 2F.1"骆驼"式，使用时会在平台上朝炮塔后方起飞，平台右侧的木架用于支撑飞机机尾。装备类似平台的包括"反击"号，"声望"号、"光荣"号和"勇敢"号的 Y 炮塔，以及"狮"号和"大公主"号的 X 炮塔。其余主力舰上的飞机均是朝炮塔前方起飞。"虎"号是唯一一艘只在 Q 炮塔上布置起飞平台的战列巡洋舰，其余战巡均设有两部（"狮"号和大公主"号布置在 Q、X 炮塔上，"声望"号和"反击"号是 B、Y 炮塔，"勇敢"号和"光荣"号是 A、Y 炮塔，另外所有当时在役的 12 英寸主炮战列巡洋舰则是 P、Q 炮塔）。（作者收藏）

入本舰速度、航向和敌舰方位、速度及航向后，计算出射击目标相对于本舰的距离和方位变化率。数据首先通过电传、电话或传声筒传递给瞭望平台正下方甲板上的两个通信站（TS）。通信站内人员会不断更新距离钟上显示的目标距离，并使用绘图平台测算出目标在未来时间里的距离，然后将距离和方位偏差信息发给各主炮塔；同时，位于通信站内的一部记录仪能根据收到的目标信息在绘图桌上连续绘出目标轨迹，火控军官可以据此对本舰的战术提出建议；每座炮塔内也都有电传、电话和传声筒等设备。由于可以与通信站进行直接联系，因此

每座瞭望平台都能通过前者控制全部主炮的射击，但也可以由前后通信站和瞭望平台分别控制两座炮塔向不同目标射击。前桅瞭望平台是主火控平台，主桅上的那座则是备用，因为后者更容易受到来自烟囱所产生烟雾的干扰。

"不倦"级采用的火控系统与"无敌"级相似，但在舰桥下方、主指挥塔后方增设了一套带有防护装甲的瞭望兼通信一体化火控系统，这主要是考虑到位于桅顶的瞭望台及其下方的通信站在战斗中的生存能力较弱。1907 年，英国海军以老式战列舰"英雄"号（HMS Hero）为靶舰进行了实弹射击试验，其桅顶瞭望台共被击中两次——有一次只是被弹片击中；另一次则是被炮弹直接命中，位于桅杆上的传声筒和全部电线均被弹片摧毁。英国海军得出的结论是——在桅顶位置的火控设备只能在战斗刚开始时使用，当桅顶有被命中的风险或

另一张展示出了"虎"号 Q 炮塔上起飞平台和机库的照片（见右页）。（作者收藏）

"勇敢"号后主炮，注意主桅处后部火控战位上的距离钟和后甲板上（之前遗留下来）的水雷滑轨支撑。本图摄于 1918 年中期。（作者收藏）

双方处于决定性的近距离后，火力控制任务就应由位于下方的较安全战位来执行。另外，"不倦"级取消了后部备用指挥塔，取而代之的是一座轻防护鱼雷控制塔；这是因为在增设前面的瞭望兼通信指挥设备后，军舰整体重量有所增加，所以就取消了相对较重的备用指挥塔。此时，英国海军对主力舰火控系统的布置还处于摸索阶段，存在争论的地方也很多。经过研究，比"不倦"号服役更晚的"澳大利亚"号和"新西兰"号对火控系统再次加以改进——位于指挥台后方的瞭望兼通信系统被整合进入指挥塔，得到了更好的装甲保护；此外视野（观测条件及范围）大有改善，还可以使用指挥塔内更加完善的通信设备，从而使火力控制更为有效。"不倦"级主要使用的火控指挥系统是指挥塔内的火控系统和前桅上的火控设备，而主桅上的瞭望塔及其下方通信站已被取消；位于前桅下方的通信站根据使用意见有所扩大，从而减轻了此处（曾经广受抱怨）的拥挤程度。同时，A炮塔顶部增设了一部9英尺基座测距仪，它位于炮室后部，穿过顶部装甲并由一个大型铸钢防护罩提供防护。这一设备的安装于1909年得到海军部批准，被加装在"不倦"号上，3艘"无敌"级也在1911年至1914年的大修中进行了加装。炮塔测距仪可在主火控系统失去作用时让A炮塔指挥全部主炮射击，相当于为火控系统增设备份。"狮"号和"大公主"号上的B、X炮塔也安装有9英尺基座测距仪，以作为火控指挥系统的备份，它们（"狮"号及"大公主"号）也是最后两艘布置有第二座主通信站的战列巡洋舰。

在最初的设计中，"玛丽女王"号上火控系统与"狮"级的区别主要在于（前者）将前桅上和后部鱼雷指挥塔中的火控设备作为主要火控指挥系统使用。后部鱼雷指挥塔被扩大并安装了必要设备，包括一部可旋转式9英尺基座测距仪，由于设置有重型装甲加以保护，其防护性能远远超过了以前主力舰上的测距仪。但在1911年，海军发现1909—1910财年中所建首批舰艇上的烟尘和高热对火控设备影响严重，因此决定调整"玛丽女王"号上烟囱和桅杆的具体位置，并取消桅顶控制中心；主火控系统被安装在了设有重型防护装甲的指挥塔中，原先设计中位于前桅上的9英尺"阿果"（Argo）测距仪同样被移至指挥塔内顶部可旋转并设有防护装甲的观测塔中。"狮"号在1912年的试航中也发现有类似问题，

因此与"大公主"号（未布置后部指挥塔）一起按"玛丽女王"号的标准改装了火控系统。只是由于当时两舰已经建成，因此在原有上层建筑部位的改装与"玛丽女王"号稍有不同。这三艘军舰都没有设置位于桅顶的火控系统，除了前桅瞭望台外，其主要火控设备都处在位置较低的指挥塔中，并设有厚重装甲加以妥善保护。

"玛丽女王"号是装备有阿果距离钟的试验舰。阿果距离钟是由英国发明家A.H.坡伦（A.H.Pollen）所发明阿果火控系统中最重要的构成部分。这一火控系统由三部分组成——陀螺稳定型9英尺阿果测距仪(已在"狮"级上装备)、阿果距离钟，以及阿果实时航线绘图仪。

作战时，从测距仪上得到的目标距离和方位被手动输入阿果绘图仪后，后者即可自动在绘图板上画出敌舰航迹。阿果距离钟是现代火控计算机的原型，它可以根据目标和本舰运动态势预测出敌舰距离及方位，并将其提供给火控军官，以作为主炮的装定诸元。

1906年9月，费舍尔在仔细阅读了杰利科的报告后，认为这种先进的测距设备将使英国大口径火炮在远距离上的命中率远远超过敌方，并且可以在高度保密的前提下领先多年而不被赶超。但在此时，皇家海军军官德雷尔也设计出了一种类似的被称为"德雷尔火控平台"的机械式火控计算机，并在诸多因素影响下击败坡伦系统，最终被英国海军采用。

坡伦系统远比德雷尔火控平台复杂和精密得多。尽管原理相近，不过前者的自动化程度极高，而完全由机械装置组成的德雷尔系统只能根据舰桥上指挥人员下达的航速和航向来确定本舰态势，在实战和不同海况下的使用中都会受到很大限制，不仅精度较低，而且需要更多的操作人员。海军之所以会选择德雷尔系统，一方面是因为它的成本低得多，另一方面则是因为它由海军内部的军官所设计。

1910年，英国海军使用"前卫"号战列舰进行了火控系统相关试验，目的是研究当军舰主火控系统被摧毁或者连接火控系统与炮塔的通信线路被切断后，各主炮塔还能否自主进行火力控制。针对试验结果，海军部决定为所有无畏舰和战列巡洋舰的主炮塔安装9英尺基座测距仪和必要设备，使其有能力完成自主射击。第一艘进行改装的战列巡洋舰就是"玛丽女王"号，但因为要从使用中获得必要的经验并验证其效果，那些较早服

在 1917 年春季作为布雷舰使用的"勇敢"号——可见 Y 炮塔后方排列的大量水雷。该舰的后甲板滑轨上能携带超过 200 枚水雷，但这一设备只使用了很短时间，之后它（"勇敢"号）就再也没有执行过布雷任务了。（作者收藏）

役主力舰的改装进程都相对缓慢，等所有战巡完成改装都已是 1914 年甚至 1915 年的事了。

"虎"号所用火控系统与"玛丽女王"号相似，只是前者在完工时就于桅顶布置了 9 英尺基座测距仪，而且还设有专用于指挥 6 英寸副炮的第二座通信站。

第一次世界大战爆发前夕，英国海军在舰用火控系统方面有两项重要革新。第一项是引入机械式火控计算机，它基本上结合了距离钟和杜马雷斯克计算器的功能，能根据各种参数及相应修正不断读出目标的距离和方位。这种计算机最初有两个型号——由海军上校（后来晋升成为海军上将）F.C. 德雷尔发明的德雷尔火控平台和由 A.H. 坡伦发明的阿果钟。1912 年，海军订购了两种计算机各 5 部进行对比试验。有 2 部德雷尔平台被分别安装在"狮"号和"大公主"号上，1 部 Mk IV 型阿果钟被安装在"玛丽女王"号上。德雷尔平台与阿果钟在基本功能上相似，但多出一部绘图仪。[5] 阿果钟具有的一个主要功能是"离舵"性——也就是说它可以在本舰任意改变航向的情况下持续并且精准地追踪目标。事实上，这也是 1912 年型德雷尔平台具有的一项性能，它与军舰的陀螺罗盘直接相连，可以对本舰的航向改变和偏航进行自动修正；不过阿果钟需要在军舰航向发生改变时手动输入数据，这样也就称不上能够自动追踪目标（的具体方位）了。[6]

海军部最终选择了德雷尔平台，因为它造价低、结构简单，当然也因为这是一项出自海军军官的设计。没有采用阿果钟遭致大量批评，但即使它在基本性能方面比德雷尔平台更加先进，作者认为海军部放弃它也不会造成如很多批评者声称的那些严重后果——毕竟这些设备只是庞大火控系统中的一个组成部分，其运作依赖于观测数据的精确性，而不是本身运转时的精密程度。另外，输入的数据需要进行不断变化，以保证对观测数据的修正和根据目标速度和航向改变对其加以追踪。这些变化意味着任何一种方法也不可能不间断地输出结果，这样就抵消了由系统精确性带来的好处——就如同一部计时闹钟那样，它只是能在相对有限的时间内获得精度尚可接受的数据，但随着时间流逝，其可靠性也会被逐渐弱化。

德雷尔平台的原型机于 1911 年被安装在前无畏舰"威尔士亲王"号（Prince of Wales）上，并在 1912 年被移至无畏型战列舰"大力神"号（Hercules）上。1912 年，海军部订购了第一批 5 部德雷尔平台。此外，德雷尔还研制出了一种小型平台，可将其安装在炮塔内部，用于指挥本炮塔的自主射击；该型号在 1913 年被首先安装在"玛丽女王"号的 B 炮塔中。为避免混淆，海军部于 1914 年初为德雷尔平台提供了型号代码，并在同年 3 月"海军部每周条令第 972 号"中首次颁布——Mk I 型为布置在"玛丽女王"号炮塔里的小型平台，Mk II 型为"大力神"号上的原型机，Mk III 型为首批生产型平台，Mk III* 型为与阿果钟联机使用的德雷尔绘图仪。新一代的 Mk IV 型德雷尔平台完全通过电动马达驱动，于 1914 年末被安装在"虎"号上；此外，该舰的每座炮塔都装备有"自主火控平台"。

一种通过手动操作的简易型德雷尔平台于1915年装备海军,它使用了"玛丽女王"号上炮塔火控平台的"Mk I"代码;后者不再拥有代码,而是被称为"自主火控平台"("玛丽女王"号应该一直设有该装备,详见后文本章注释7)。Mk I型平台到1916年4月之前可能已经装备了"澳大利亚"号、"新西兰"号、"不屈"号和"无敌"号。

"反击"号、"声望"号、"勇敢"号、"光荣"号和"暴怒"号在建造时就已经装备 Mk IV* 型德雷尔平台,每座炮塔也都布置有"自主火控平台"。在战争(即一战)进行到大约一半时间时,"狮"号和"大公主"号上的 Mk III 型平台被 Mk IV* 型取代(1918年时德雷尔火控平台手册上有以上军舰名称)。德雷尔平台的最后一个型号是 Mk V 型,它与"自主火控平台"——到1918年时更名为"炮塔火控平台"——一起被安装在了"胡德"号上。[7]

第二项,也是更为重要的那项革新是指挥仪火控系统。该系统包含有被布置在军舰高处并通过电路与火炮水平和高低诸元接收机相连的瞄准具式指挥仪。日德

1915年初在地中海服役的"不屈"号拥有与众不同的迷彩,其 A 炮塔顶部的两门4英寸副炮此时呈高角状态。(作者收藏)

兰海战后,指挥仪火控系统和操炮控制系统都被视为军舰上的核心设备,但前者的使用并非没有限制——主要会受到能见度和天气两大因素影响。它的应用完全取代了各炮塔的自主射击方式,使炮塔的水平机和高低机指示仪与指挥仪上的指示仪能同步显示射击诸元,火炮水平机及高低机操作手都可以根据指示仪上的数据操作火炮。这样,负责指挥仪的军官就可以指挥所有火炮的操作,并通过指挥仪瞄准器上的一个扳机命令所有火炮同时开火;各炮塔将不再承担独自搜寻目标的任务,由于随意射击而干扰对目标定位的问题也不复存在。此外,所有主炮同时开火更能避免因军舰横摇造成的炮弹落点散布过于分散的问题。第一艘安装指挥仪的战列巡洋舰是"无敌"号,它在1914年4月至8月的改装中添加了这一设备;不过,当时该舰的指挥仪安装工作未能全部完成,直到福克兰海战之后才真正具备了作战能力。"虎"号在完工时就安装有指挥仪,其他战列巡洋舰在1915年中期至1916年5月才陆续得到该设备,"不挠"号和"不屈"号甚至到日德兰海战爆发前才安装指挥仪。由于安装时间过晚,这些军舰的火控指挥仪因为可能未完成安装或缺乏相关训练而没有在日德兰海战中完全发挥作用。"声望"级和3艘轻型战列巡洋舰(即"勇敢"级大型轻巡洋舰)在完工时安装有两部指挥仪——其中一部以常规形式被装在桅顶,另一部则位于前部司令塔

这张摄于1915年初、模糊但有趣的照片展示出了"不屈"号的 A 炮塔。位于炮塔顶部的两门4英寸副炮已被枪炮官调成高角状态,用于在达达尼尔海峡附近炮击岸上目标。(作者收藏)

1915—1916 年间，从"不屈"号右舷后甲板上所摄照片。注意布置在上层建筑末端的 3 英寸高射炮。（作者收藏）

内火炮指挥塔顶部的可旋转防护罩中。后者还包含一部测距仪，这是向战后才出现的"指挥仪控制塔"迈出的第一步。"胡德"号所用指挥仪与之相似，但更为复杂，而且其桅顶指挥仪带有一部测距仪。

所有在战时建造的军舰都装备有副炮指挥仪。1917年，"虎"号安装了用于控制 6 英寸副炮射击的指挥仪；1918 年末，海军部决定为那些更早建造的战列巡洋舰安装副炮指挥仪，但随着战争结束，相应的计划也被取消。

直到在第二次世界大战中大规模使用雷达前，所有的海军火控系统都完全依赖于对目标，特别是对炮弹落点的观测。判断整套火控系统是否先进的根本要素在于它所采用火力控制的基本方式，因为火控方式就决定了该系统能否计算目标的未来位置以及快速处理信息的能力。不幸的是，尽管英国比德国更早发展火控装备，可在先敌开火和持续射击方面的系统整合及运行能力却逊于德国。这一结论的得出主要（但不是全部）基于英国战列巡洋舰在日德兰海战，特别是在向南追击战斗中火控系统的糟糕表现。当时的能见度条件非常有利于德方，加之德舰使用了适用于当时能见度环境的体视式测距仪，而英国的合像式测距仪却难以发挥作用。不过即使如此，数艘英国战列巡洋舰上的火力控制系统也比其

应有的表现要差。具体原因可以归咎于这些驻扎在罗赛斯的军舰缺乏进行实弹射击训练的机会，但这也只是其中一部分（原因）。在后来的战斗中，虽然能见度很差，而且测距仪和火控平台无法正常发挥作用，英国主力舰（特别是"铁公爵"号和"无敌"号）还是表现出了优异的炮术能力。

皇家海军在战前发展的最基本定位系统一直被使用到多戈尔沙洲海战爆发，之后略有改进，并一直装备到日德兰海战之后。英国海军在 1914 年时就认为海战将从远距离上展开，当时预想的射程对于 13.5 英寸主炮和 12 英寸主炮而言分别是 15000 码和 13000 码。首先，军舰将使用一半数量的主炮齐射（位于同一炮塔的两门主炮进行交替射击）；一旦炮弹落点得以确定，就根据射程和方位的偏差对下一次开火（的炮弹落点）进行校正；以这样的"夹叉"方式进行持续射击，直到炮弹的落点分布在目标周围；这种半齐射方式会一直使用到对目标形成跨射或将其击中，然后火炮就可以开始快速效力射击，而不需要再等待对落点的定位。需要注意的是，虽然形成了跨射，但大部分落点过远或过近时仍然需要对火炮进行微调，从而使炮弹到达"平均落点"（MPI），即目标处于跨射区域的中心（这种在能见度良好情况下用于观测齐射炮弹落点的方法也同样被用于追踪因距离变化而产生的误差）。如果失去目标，整个程序便需要重新开始。多戈尔沙洲海战的一个结果就是让海军部着

重强调了远距离射击时应使落点略近，因为落点如果远于目标就会给观测带来极大麻烦。[8]

这种抢先形成跨射的火控方式虽然过程冗长，不过在平时的演习中屡屡奏效——因为在火炮演习里，靶舰航向稳定、航速很慢，而且天气和能见度条件也相对良好——然而这种条件不可能在实战中出现。日德兰海战后，英国海军为改进炮术采用了"离线"射击方法（即使用火控系统瞄准目标，但各门主炮都分别以一定偏差角度开火）；战后在这方面采取的改进措施还包括使用无线电遥控靶舰和高速战斗演习靶舰。不过就算这样也不能完全模拟出真实的海战环境，而且由于这些措施在不断加以改进，演习成本因此越来越高——火炮演习的实际效果却越来越难以评估。

英国海军在实战中观察德国海军的火力控制效果后得出了一系列结论，但这些结论很可能是错误的，尤其是他们认为德国海军使用了阶梯式火控方法——这深远地影响了英国海军自己的火控系统。英国人首次对德国火控系统形成印象是在多戈尔沙洲海战中，英国海军简单地认为德国军舰在炮术方面的优势是由于他们的持续高速开火能力所致。这种印象使英国战列巡洋舰队将精力过度集中在了训练炮手进行快速射击方面，而忽略了那些违反安全处理弹药规则中的危险操作。英国人在多戈尔沙洲及日德兰两次海战中还注意到德国军舰齐射时的炮弹散布非常集中。英国海军鼓励使用较大的散布进行齐射，以便更快对目标形成跨射；可问题是炮弹的散布过于分散时，即使形成了跨射，单发炮弹的命中率也不高。相反，德国海军的小散布射击方式可以在一旦形成跨射时就获得两到三次命中；他们还将这种方式与快速射击相结合，从而在快速开火后不久便对英国军舰造成了明显的毁伤效果——多戈尔沙洲海战中，"狮"号在15分钟内被击中10次并失去战斗力就是一个极好例子；而在日德兰海战中，这种现象便出现得更为频繁了。

也正是因为日德兰海战，英国人才真正了解到德国海军是如何实施火力控制的。1916年6月7日，英国战列巡洋舰队副司令、以"新西兰"号作为旗舰的海军少将帕肯汉姆在给贝蒂的信中写道：

> 我荣幸地提请你注意，我们急迫需要认真考虑英国军舰和德国军舰上武器系统在取得命中率方面的差距。
>
> 我个人特别倾向于"跨射"，而不是集火齐射。海战中给我印象极深的是两到三枚炮弹的直接命中就能造成灾难性后果，这使我们没有理由去否定己方大威力主炮的优越性。
>
> 我还认为"跨射"的原则被滥用了。在最近的实弹演习中，我们都没有真正取得过命中。火炮军官在达成"跨射"上受到了巨大压力，这导致火炮在射击时首先要加大炮弹落点的径向散布，甚至这一散布距离超过了三百码都还被认为是可接受的。实际上，大的径向散布得到了很多支持，"巴勒姆"号的主炮射击径向散布曾减小到七十码，但后来却被要求增加，因为较小的散布会降低形成跨射的几率。
>
> 我认为，当我们竭尽全力想要获得集中落点（有利于对落点进行定位）和消除误差时，从炮术的根本原则上讲还是需要有足够散布，测距的原则必须有所改变。但是，"新西兰"号上的海军中校史密斯提出了一条很好的建议，这无疑会对其他有益建议起到抛砖引玉的作用。[9]

帕肯汉姆所提到史密斯中校的建议是后者基于自己在日德兰海战中对德军炮术的观察和理解后提出的，他本人总结说：

> 德国人似乎不等炮弹溅落就连续打出了大约三轮齐射，每轮齐射落点相距大约400码，且每一轮齐射的射程都远于上一轮。
>
> 可以设想第二轮或中间那一轮齐射采用了测距仪（RF）所得数据……结果是他们分三次打出了散布大约为1000码的阶梯形齐射，并且通过观测每一次齐射落点就能非常精准地计算出真实距离，这比我们使用的夹叉方式要快得多。当然，打出比较准确的第一轮齐射是非常困难的，但这个问题在两种方式中都会存在。
>
> 由于没有机会计算德军主炮齐射的间隔时间，因此并不清楚第三轮齐射是否是在第一轮齐射的炮弹产生溅落前便开火的（这要求有极快的装填速度），不过在进行第三轮齐射时他们肯定没有根据

第一轮齐射的落点加以修正。

一旦阶梯式齐射形成跨射，敌人就能在一分半的时间内获得准确距离信息；如果没有形成，他们便会在上一轮（阶梯形）齐射的射程上增加或减少500 码至 600 码，再进行新一轮阶梯形齐射。[10]

史密斯随后建议将这种火力控制方式稍加改进，并为英国海军所用。大舰队在日德兰海战后设立的炮术委员会通过研究史密斯的建议，最后出台了一套"1916 定位准则"。这套准则遵循了上述炮术原则，但使用两轮而不是三轮快速齐射，而且不同齐射间有一定的方向散布（而不是距离散布）。

上述火控方式和德国海军所用火控方式都是将以最快速度先敌取得命中作为目的，而这是老式夹叉式火控方式无法做到的。这在无法对目标进行持续观测时尤为重要，因为事实表明海战中被（多种因素）干扰视线纯属常态——如果炮弹落点没有被观测到，那么这轮齐射对火力控制而言就会失去意义。除了来自炮口的硝烟和烟囱的烟尘外，观测设备还可能受到海浪（特别是在多戈尔沙洲海战中，舰艇进行高速航行时）、敌方炮弹溅起的水花，以及气象条件的影响。所有这些因素加上远距离的射程，使得火控系统操作人员几乎不可能观测到被帽穿甲弹的命中，这也是战前所流行设在低处、受装甲保护的火控战位会被桅顶观测站（以及火控指挥仪）取代的原因，毕竟后者获得清晰视野的机率远大于前者。低矮火控系统产生的问题可以从多戈尔沙洲海战中"新西兰"号上 A 炮塔指挥官的相关经验中发现：

在追逐战开始后大约两个小时内，来自军舰首楼的浪花给大炮水平机和高低机操作手、测距仪操作手，以及我本人带来了极大不便。我们发现擦拭镜片根本没用，因为浪花在不间断地扑来……从观察孔涌入的海水使我的眼睛极其酸痛，而我所在炮塔进行的射击使眼睛更加难受；我很快就浑身湿透，感到无比寒冷……

我的测距仪操作手自始至终也没能读出过一次有用的数据。

首楼排水管流出的海水向前涌动，然后流向两侧，再从那里被风刮向炮塔，我不得不派一名水兵出去关闭所有首楼排水管。

军舰在一段时间内进行了持续的小幅转向，然后命令开火的钟声响起，我所指挥的炮塔向对方从右数第四根烟柱开火。随后我注意到这根烟柱的左侧还有一根，于是马上向司令塔询问哪一根才是我们的目标，他们回答"最左面那根烟柱——第五根"……

我根本无法使用自己的望远镜（除了在海战即将结束时），视野也不断受到来自双方炮火的影响。我根本不能清晰地观察到敌人——事实上，我在追逐战中从来没有见到过敌舰，只看到了腾起的烟云（给我的目标信息根本就是没用的）。[11]

鱼雷

"无敌"级共装备有五部 18 英寸鱼雷发射管，其中两舷各两部，舰尾则一部。布置于两舷的鱼雷被认为是进攻性武器，而舰尾那部鱼雷发射管主要用于防御。很明显，由于远程炮术的发展，主力舰将很少有机会使用鱼雷，除非双方的战斗在近距离上展开；因此从"不倦"级开始，包括"玛丽女王"号都只装备了两部鱼雷发射管，并分别布置于舰首两侧。但英国海军从 1908—1909 年间开始装备了威力巨大的 21 英寸鱼雷——这种鱼雷采用由哈德卡素（Hardcastle）发明的热动力引擎，结构非常简单，通过加热压缩空气以驱动鱼雷，使其航速和射程都有大幅增加。这种动力还被用来对 18 英寸鱼雷进行改造；到 1910 年，这一口径级别鱼雷的射程已达到 6500 码，而新的 21 英寸鱼雷在以 30 节航速航行时的射程更是达到了 10000 码。

在 1910 年出现的另一项革新是"倾斜陀螺"，它既能用于新型鱼雷，也能在改造旧式鱼雷上得以应用。倾斜陀螺能使鱼雷以不同的角度发射，并在发射后不久转向新航向——发射鱼雷的军舰从此不必在进行鱼雷攻击时与目标保持固定角度，从而为其实施鱼雷战术带来相当大的灵活性；具体的设定角度可以在鱼雷发射管角度左右各 40 度内以 10 度作为间隔加以调整。

这些技术革新使英国海军重新考虑了鱼雷的作用，并认为主力舰可以在海战开始时就向对方发射（鱼雷）。1910 年 6 月，本土舰队司令 W.H. 梅（W.H.May）建议重新装备舰尾及侧舷鱼雷发射管，以增加鱼雷齐射时产生的威力。海军鱼雷助理总监 S. 尼科尔森（S.Nicholson）在评论梅的建议时认为："在海战开始阶段发射鱼雷的机会很少也很短暂，非常重要的就是一旦有发射时机就应该尽可能射出最多数量的鱼雷，因此军舰的侧舷方向最好能布置两部或更多鱼雷发射管。"[12] 海军曾试图在"玛丽女王"号上把这一想法实现，但后来发现必须将舰长增加 10 英尺，从而导致排水量增加 400 吨，所以决定在下一年度建造的主力舰上实施该方案。于 1914 年完工的"虎"号是第一艘，也是唯一一艘将四年前这一方案付诸实施的战列巡洋舰。不过它因此在舰尾增设了一个水下鱼雷发射舱，进而需要对这一部分的舱室结构进行重新设计，同时对 Q 炮塔的布置也有较大改动，最终将其移至所有锅炉舱的后方位置。那些在战时建造的战列巡洋舰（包括"胡德"号在内）虽然也被要求布置尾部水下鱼雷发射管，但都由于改变设计过于困难而放弃了——因为这部分舰体已经被发射药舱、炮弹舱和推进器轴所占据，所以只能布置水上鱼雷发射管；可由于鱼雷被布置在水线以上时极有可能因为在战斗中被炮弹直接击中或被近失弹命中而出现爆炸，因此最终将鱼雷发射管前端放置在了盒型装甲内，以增强其安全性。

尽管拥有巨大威力，但两次世界大战里重型舰艇装备的鱼雷都没有发挥决定性作用。英国战巡中只有"狮"号曾经在实战中多次发射过鱼雷。日德兰海战中，"狮"号在向北撤退时曾向德国战列巡洋舰队的先导舰发射出两枚鱼雷；第二次则是它向一艘轻巡洋舰（可能是"威斯巴登"号）发射了一枚鱼雷，"狮"号方面声称命中目标；第三次是它向德国战列舰发射了三枚鱼雷，这次发射时的距离已经达到鱼雷的最大设定射程，即 18000 码，且（鱼雷）航速大大降低，仅为 18 节——这需要大约 30 分钟才能跑完射程，因此命中目标的机率微乎其微。另外一艘在日德兰海战中发射过鱼雷的战巡是"大公主"号，它在晚上大约 8 时 30 分向 10000 码外的一艘德国战列舰发射了一枚鱼雷。除"狮"号可能（在第二次发射中）命中德国轻巡洋舰外，这些在日德兰海战里由战列巡洋舰发射的鱼雷均未取得命中。

反鱼雷艇副炮

费舍尔的设计委员会最初希望使用 4 英寸舰炮作为"无敌"级的反鱼雷艇副炮，但后来一种新的 12 磅（3

英寸）火炮被认为具有炮弹初速高、射速高和精准度优良的特点，而且能比前者布置更多数量。在 1906 年的火炮试验中，英国海军以老式驱逐舰"鳐鱼"号（HMS Skate）作为靶舰测试了火炮威力，参试型号包括 3 磅（1.85 英寸）、12 磅和 4 英寸火炮。试验结果表明，4 英寸火炮是其中唯一能在"敌方"驱逐舰接近至"我方"（即使用火炮一方）鱼雷射程之内前就使其失去行动能力的舰炮。这次试验使设计人员将"无敌"级的 18 门 12 磅火炮又改成了 16 门 4 英寸火炮，火炮具体分布位置包括上层建筑处的露天甲板和 12 英寸主炮塔顶部。当时人们普遍认为，鱼雷攻击将主要发生在白天舰队交战之后的夜晚或舰队在港内锚泊时。因此，副炮并没有被设计得足以参加主力舰之间的炮战——在这种情况下，这些火炮和炮手在敌方重炮轰击和己方主炮的炮口风暴中的生存几率实在甚微；大口径主炮也不会在夜间对近距离上的高速目标开火，因为那样的话其炮口闪光将对副炮在夜间的瞄准造成严重干扰。可就算这样，英国海军还是在 1909 年为 12 英寸主炮配备了用于对付鱼雷艇的高爆炮弹，同时也不要求这种炮弹具有过高精准度。

"无敌"级上的副炮布置方式并不常见，因为人们认为这些副炮很有可能在白天的战斗中就被摧毁，而且炮手在操作火炮时会暴露在炮口风暴和恶劣天气环境中。另外，布置在主炮塔顶部的副炮会给军舰带来危险，因为那些本可以掠过主炮塔上方的（其他主炮塔所发射）大口径炮弹很可能被这些副炮引爆。"不倦"级上，这个问题通过将所有副炮布置在上层建筑上方得以解决；"无敌"级也在 1914—1915 年的大修中把位于主炮塔顶上的副炮移到了上层建筑上。同时，"无敌"级和"不倦"级上的 4 英寸副炮加装了轻型防盾和防波板，用于在恶劣气候环境中改善工作条件并保护炮手不受炮口风暴伤害。

"狮"级和"玛丽女王"号在设计过程中就对副炮的防护问题有所考虑——前部 4 英寸副炮设有全方向的装甲护板，后部 4 英寸副炮则设有尾部敞开的装甲护板；这些护板对于炮口风暴具有良好的防护作用，而且能有限度地遮蔽风雨。在"狮"号及"大公主"号舰首两侧副炮群上方的遮蔽甲板上，还各设有一门敞开式的 4 英寸副炮。在"狮"号结束海试后的 1912 年 1 月，海军

表 42：各型副炮性能数据

口径（英寸）	4	4	6	4	5.5
型号	QF Mk III	BL Mk VII	BL Mk VII	BL Mk IX	BL Mk I
含炮尾重量（吨）	1.318	2.092	7.398	2.125	6.05
全长（英寸）	165.35	208.45	279.23	184.6	284.728
身管长（倍径/英寸）	40/160	50.3/201.25	44.9/269.5	44.35/177.4	50/275
药室容积（立方英寸）	213	600	1715	468.3	1500
膛线部分炮管长度（英寸）	143.456	171.6	233.602	149.725	235.92
膛线数量（条）	24	32	24	32	40
发射药型号	MD16	MD16	MD26	MD16	MD19
发射药重量（磅）	5.11	9.37	28.625	7.688	22.25
炮弹重量（磅）	31	31	100	31	82
炮口初速（英尺/秒）	2300	2832	2772	2642	2725
炮口动能（英尺-吨）	1135	1937	5349	1500	4222
最大射程（码/仰角）	9600/20	11600/15	14600/20	13840/30	17770/30

决定为这两门副炮布置全方位的装甲护板；但在"玛丽女王"号上，这两门副炮被移到了甲板下方的副炮群之中。

到 1910 年，鱼雷的射程和威力都大大增加，这意味着舰队很有可能在白天就会遭受敌方驱逐舰的鱼雷攻击；另外，由于驱逐舰的排水量越来越大，要在更远距离上使其失去战斗力便需要增加反鱼雷艇副炮的威力及射程；此外，海军内部早已出现众多声音质疑当初放弃中口径副炮的决定。但费舍尔坚决反对任何增加副炮口径的建议，所以在他担任第一海军大臣期间，英国海军没有可能在加大副炮口径方面有所作为。德国海军则在这一方面采取了截然不同的策略，他们所有战列舰和战列巡洋舰都装备了 5.9 英寸副炮，且所有副炮都被布置在设有防护装甲的炮座内；不过英国一方直到制订 1911—1912 财年造舰计划时才开始真正考虑装备类似口径的副炮，比如在战列巡洋舰（如"虎"号）舰体两侧分别布置 6 门受到装甲保护的 6 英寸副炮。但德国海军除了将 5.9 英寸副炮用于反鱼雷艇外，还将它们视作主炮之外的重要补充火力。而英国海军认为 6 英寸副炮的主要作用就是反鱼雷艇（如果用来对付敌方主力舰就必须拉近距离，可发挥的作用仍相对有限），不过实际上显得有些威力过剩。但皇家海军在 4 英寸到 6 英寸之间没有其他口径的可选副炮，英国也不愿意发展出一种新口径副炮，因为这样做会使弹药和其他方面的供应变得更加复杂。其实海军曾在 1907 年和 1914 年多次建议研发一种 5 英寸舰炮，可每次都没有通过初始设计阶段。

费舍尔重返海军部后，4 英寸副炮重新成为战列巡洋舰上唯一可选的型号。"声望"号、"反击"号、"光荣"号和"勇敢"号都装备了这种副炮，但环境的变化使"暴怒"号成为例外。由于该舰只装备了两门 18 英寸主炮，无法对付轻型高速舰艇——包括巡洋舰和驱逐舰——因为它的主炮根本无法追踪并命中这些目标。1915 年 4 月，海军军械总监建议为"暴怒"号装备 6 英寸副炮，费舍尔虽然同意为其装备口径更大的副炮，却认为 6 英寸型号过于笨重，并开始寻求一种更容易操作的舰炮；当他失望地发现 5 英寸副炮的发展尚未结束草图绘制阶段时便试图启用 5.5 英寸舰炮，至少后者已经装备在了最新的英国巡洋舰"博肯海德"号（Birkenhead）和"切斯特"号（Chester）上。这两艘巡洋舰是卡末尔 – 莱尔德公司为希腊海军建造的，但在开战后不久被英国海军部购买。它们的舰炮由考文垂兵工厂制造，建造合同中总共包括 22 门 5.5 英寸舰炮（除两艘巡洋舰外，这些舰炮还会被安装在法国为希腊建造的战列舰上）。除了合同中的舰炮，当时还有 16 门 5.5 英寸舰炮已经接近完工，因此费舍尔建议将其中一些用于"暴怒"号。[13] 由于 6 英寸副炮发射的炮弹重 100 磅，这已是人工搬运和装填的极限重量，一旦进行长时间海战，炮手就极易感到疲劳。计划中的 5 英寸舰炮使用 60 磅重炮弹，而 5.5 英寸舰炮使用 82 磅重炮弹——虽然比 6 英寸炮弹轻，但仍然显得比较沉重。5.5 英寸舰炮后来被装备在了更多舰艇上，包括"胡德"号，不过该口径舰炮从来都没有像 5 英寸舰炮那样在美国海军中建立起统治地位。

装甲

军械委员会主持的一项试验表明，当使用被帽穿甲弹攻击 4 英寸厚克虏伯渗碳装甲时，如果入射角超过 20 度，那么所有现役穿甲弹在任何距离上都无法击穿其装甲并保证引信完好，因为炮弹会在侵入装甲的过程中碎裂。总之，即使是填充有惰性盐的被帽穿甲弹，一旦入射角超过 30 度，那么它也将在攻击厚度为炮弹口径一半的克虏伯装甲时碎裂。

穿甲弹在以超过 20 度入射角打击 4 英寸厚克虏伯渗碳装甲时会产生碎裂的结论成为一个决定未来军舰上装甲布置的重要因素，因为使用苦味酸装药型穿甲弹撞击这种装甲时，前者会立即爆炸，而不是正常引爆，从而大大弱化了火炮齐射的效果……

军械委员会相关评论，引自 1910 年 10 月 24 日军械总监呈递给海军审计官的备忘录

从英国战巡的整体设计就可以很好地解释其装甲布置，但这里还可以进行更多方面的讨论。总的防护原则并不是为了完全避免被敌弹洞穿，而是控制由炮弹所造成损害的范围，降低军舰上重要部位（包括动力、主炮、操舵系统，以及指挥战位）受损的风险。进行装甲布置时，有两个方面——第一是军舰设计时的预想交战距离，第二是英国海军使用己方装备炮弹打击装甲的试验结果（以及对日俄战争中军舰受损情况的分析）——会被作为防护设计的决定性（也是基础性）因素加以考虑。

从第一个因素上看，英国海军认为"无敌"级在海战中的最大交战距离为 8000 码，不过直到双方舰队接近至 6000 码时军舰才可能被多次命中。在这个距离（即 6000 码）上，高初速炮弹的弹道比较平直，只需要较薄的水平装甲和较厚的侧舷装甲就能抵御中小口径炮弹——战列巡洋舰在设计之初并没有被要求与敌方战列舰对抗，其主要的水平防护（下甲板装甲）是用来抵御穿过侧舷装甲的炮弹，并防御产生破片或出现碎裂的（其他区域）装甲板，以及（直接威胁到本区域的）来袭炮

弹。然而一般来说，穿过了侧舷装甲的炮弹有可能在击中水平甲板前发生爆炸，更有可能在击穿侧舷装甲时就破裂，不会再以完整的形态攻击水平防护装甲；此外，下甲板装甲也需要能够抵御炮弹在不设防护的舰体上部爆炸后产生的破片——特别是在军舰舰尾部分，因为此处没有布置侧舷装甲。为加强侧舷装甲带后方、位于主甲板和下甲板之间的炮塔基座、前后下层指挥塔等重要部位，相关部门在这些区域附近的主甲板上加装了 1 英寸厚的防护装甲（前部指挥塔周围为 2 英寸），还添加了 2 英寸厚的垂直装甲。

至于第二个因素——由于舰炮炮弹在 1900 年至 1909 年间的发展十分迅速，因此也对装甲防护的布置产生了重要影响。这一时期正值杰利科（1905—1907 年，他还在 1908—1910 年间担任海军审计官）和培根（1907—1909 年）担任海军军械总监，在两人主持下，英国海军对现代军舰的防护进行了大量研究。可惜在他们之后，担任海军军械总监和审计官的军官们都没有继续重视这个问题。在离开海军部前往舰队任职前，杰利科曾要求海军部军械委员会考虑研制一种在以倾斜角度穿透装甲后仍能保持完整的穿甲弹，但这一要求被完全忽视了。

当时，新式炮弹的发展主要表现在两个方面上，一是提升了对装甲的穿透力，二是加强了爆炸产生的破坏力——于 1903 年投入使用的被帽穿甲弹已经能在偏离正常角度（即炮弹轴线与装甲板呈垂直角度，也就是入射角为 90 度时）20 度、并拥有一定的弹着速度时击穿厚度与炮弹口径相同的装甲板。但这种炮弹弹头内部的装药（重）量只占炮弹总重 2.5%，因而爆炸威力相对不足；而且由于引信的敏感性较差，炮弹常常在击穿非装甲部位后未被引爆。1906 年，相关部门研制出装药量占总重 5.3% 的穿甲弹并进行试验；虽然试验获得成功，可他们同时发现这种炮弹在爆炸后产生的破片较小，无法像旧式被帽穿甲弹产生的大破片那样飞行较远距离，因此也就无法对目标造成足够破坏。为了弥补这一弹种

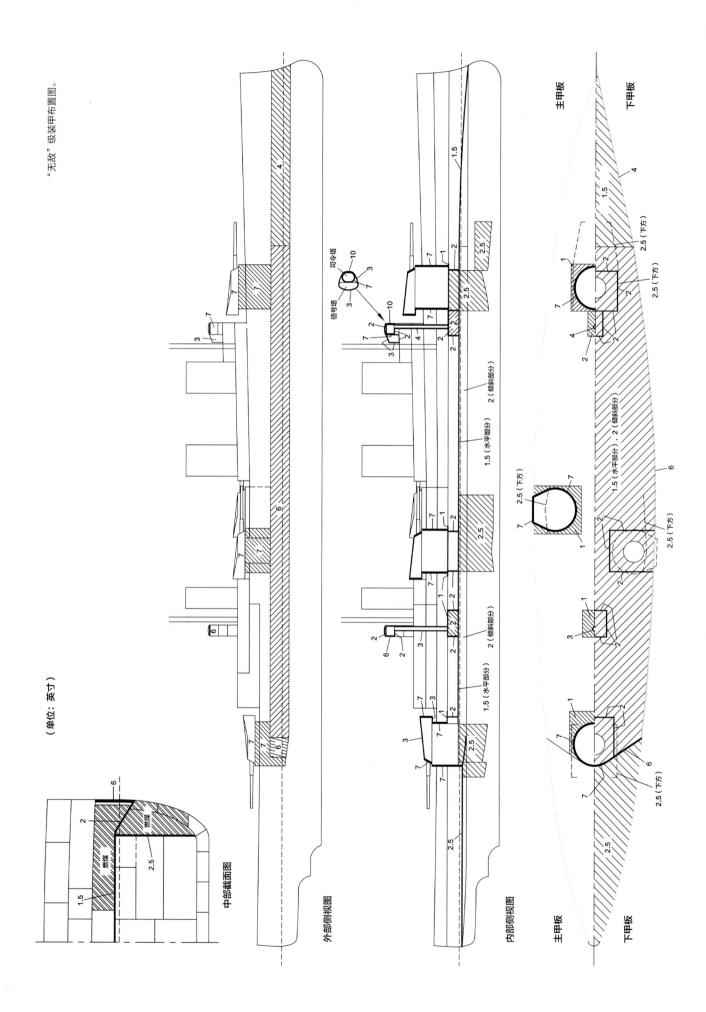

"无敌"级装甲布置图。

（单位：英寸）

中部截面图

外部侧视图

内部侧视图

主甲板

下甲板

此图极好地展现出了装甲被洞穿时的情形——这是"虎"号的 6 英寸装甲上一个边缘很清晰的 12 英寸（炮弹）弹洞。（帝国战争博物馆：SP1600）

（APC）普遍存在的缺陷，英国海军试图对共聚点穿甲弹（Common Pointed，英文简称为 CP）加以改进。这种炮弹从 1901 年开始装备，主要用于击穿中等及其以下厚度的装甲，穿甲能力（即穿甲厚度）能达到被帽穿甲弹约 60%。由于引信被安装在弹底（所以称其为共聚点穿甲弹），而不是像标准的通常弹（Common Shell）那样将其安装在弹头，所以前者（CP）的穿甲能力要比引信装在弹头的穿甲弹更强。不过英国海军当时并没有意识到延时引信的优越性，而是直到日德兰海战之后才开始使用。当时，一枚 12 英寸共聚点穿甲弹装有 80 磅炸药，对只有轻防护和无防护目标的破坏力要比被帽穿甲弹强得多；如果命中重型装甲，无论在击中装甲还是穿透装甲时爆炸，也都能产生相当大的破坏力。1907 年，位于谢菲尔德的哈德菲尔兹（Hadfields）炮弹公司研制出了被帽共聚点穿甲弹（CPC），并于次年被海军采用，其穿甲能力约为被帽穿甲弹的 75%。然而这一弹种有个主要缺点——价格昂贵——每发 12 英寸被帽共聚点穿甲弹的价格为 24 英镑 10 先令，而相同口径的共聚点穿甲弹仅为 14 英镑 10 先令；最贵的还是被帽穿甲弹，其单发价格达到了 30 英镑。被帽共聚点穿甲弹的外形特点是弹头（相对其他弹种）更为尖削，弹头曲率半径为 4crh[1]，而不像共聚点穿甲弹那样为 2crh，因此它（CPC）在飞行中受到的空气阻力更小，能够增加射程并更好地保持速度——从而使弹着速度和穿甲能力得以提高，相对于目标的危险区域也有所扩大。1908 年，被帽穿甲弹通过修改被帽形状也进行了类似改良，但不管它还是被帽共聚点穿甲弹，其外形的改变完全是因为增设被帽，而被帽下方炮弹的弹头曲率半径仍然为 2crh。

1908 年时还出现了使用弹头引信的新型大口径通常弹。由于这种炮弹使用苦味酸装药（Lyddite），因此也被称为苦味酸通常弹（Lyddite Common）或高爆弹（HE）。它的弹壁较薄，仅能经受住发射时产生的应力，不过一枚 12 英寸高爆炮弹内的装药量能达到 112 磅。苦味酸的爆炸威力远大于普通黑火药。这种炮弹主要被用于攻击轻型装甲或非装甲目标，但由于破坏力较大，在命中重型装甲目标时也能造成可观伤害，如果在舰体内部爆炸还能给附近的甲板和舱壁造成巨大破坏；另外，苦味酸炸药在爆炸时会产生浓密而呛人的烟雾，对敌舰的观瞄造成干扰，并给甲板下方和密闭空间内的人员形成恶劣的视觉和呼吸环境。

1909 年，英国海军对使用苦味酸炸药和黑火药的被帽穿甲弹进行了对比试验，并希望前者能增强炮弹的爆炸威力；随后他们在试验中发现苦味酸爆炸力惊人却很不稳定，常常出现炮弹过早爆炸的现象。尽管已有证据表明要是炮弹在穿透装甲的过程中破裂并被引爆，那么苦味酸炮弹的破坏力还不如黑火药炮弹，但皇家海军还是在 1910 年采用了使用苦味酸炸药的重型炮弹。正如本章开头引用评论所言，使用黑火药和苦味酸装药的

"虎"号 X 炮塔基座 9 英寸装甲在日德兰海战中所受战损图——自上而下可见炮塔、位于炮塔和上甲板之间的 9 英寸基座装甲，以及被击穿的上甲板和位于其下方的 3 英寸基座装甲。敌方炮弹命中了 9 英寸装甲靠近甲板的下缘，并在击穿装甲后进入 X 炮塔，所幸没有爆炸；炮塔在几分钟后恢复了战斗力，但射速有所降低。英国海军从日德兰海战中得到的主要教训之一就是装甲的边缘需要加强。（帝国战争博物馆：SP3159）

命伤害。

　　一个更加令人无法理解的问题是海军部没有将被帽穿甲弹的缺点告知一线舰队。海军部颁布的官方文件，诸如"炮术手册"和"炮术备忘录"给人的印象就是只要射程和入射角合理，他们装备的炮弹便能击穿装甲，并在目标内部爆炸。直到日德兰海战后，炮弹效能受到广泛质疑时海军部才公布更多有关被帽穿甲弹性能的说明，并纠正了以前对这一弹种的错误认识。

　　基于这一思路，英国海军在防护上非常强调防破片能力，并使用中等厚度装甲。"不倦"级的防护水平与"无敌"级相当，虽然装甲较薄但防护面积较大。它们的侧舷主装甲带覆盖了整个舰长（即纵向舰身），并对舰首和舰尾（尤其是舵机）的防护性能有所加强；但 A、X 炮塔两侧的主装甲带厚度由 6 英寸被减至 4 英寸，这也是战前英国战列巡洋舰在防护设计方面的原则之一，即对动力系统防护的重视程度超过了主炮。另外，舰首侧舷装甲的厚度由 4 英寸被减至 2.5 英寸，不过高度增加了 5 英尺。主甲板和上甲板之间的烟道增设了防破片装甲，主动力舱和辅助动力舱的风道高于主甲板 2 英尺部分也是如此。这一防护措施（铺设防破片装甲）也被用在了后来建造的所有战巡上，侧面防破片装甲厚 1.5 英寸，位于某区域两端的则是 1 英寸。"无敌"级上层水平装甲使用的是克虏伯非渗碳装甲（KNC，类似于克虏伯渗碳装甲，但未经过表面硬化处理）；"不倦"级改用了镍钢装甲，因为这种装甲结合了高强度和能够抗击断裂的高韧度特性；"玛丽女王"号又用高强度钢（HT）替代了镍钢——前者（HT）不仅具有与后者相当的性能，而且价格大大降低。

　　"狮"级的防护水平有较大提升，不过也主要是加强了对动力系统的防御，在其他方面则与早期的 12 英寸主炮战列巡洋舰差别不大。该级舰的主要变化在于将动力舱两侧的主装甲带厚度增至 9 英寸（位于中部炮塔两侧的装甲带也是如此），同时在主甲板和上甲板之间

被帽穿甲弹都有可能在穿透装甲时碎裂，而使用后者的炮弹即使可以完整穿透装甲，也有可能会因为引信过于敏感而在穿透装甲时爆炸。如果苦味酸炸药能在爆炸中产生巨大威力，就能对爆点附近靠近外侧的舰体结构造成大面积破坏，但除非炮弹在爆炸中能产生具有强穿透力的弹片，否则便无法破坏位于舰体内部的结构；而苦味酸炮弹产生的破片恰恰比较小，无力飞出距爆点更远的距离，因此也不具有足够强的穿透力。

　　从这里就可以看出英国海军对被帽穿甲弹没有过高期望，特别是在远距离交战中，但对"大装药量和具有高爆性的炮弹能对军舰结构造成大面积破坏"这一点推崇备至——由于一艘军舰上轻装甲和无装甲区域的面积要比重装甲关键区域大得多，因此他们有理由相信被帽共聚点穿甲弹和高爆弹能对敌方军舰造成巨大破坏并严重削弱其战斗力。这种打击能破坏军舰的舰体结构，造成进水或减速，还能破坏甚至摧毁火炮及其观瞄系统、通信和指挥设备。总之，英国人的哲学是力图给敌舰造成最大的"干扰性破坏"，以削弱其进行精准反击的能力；从这一理念上看也就不难解释，为何英国海军会更强调在海战中对敌舰首先命中并持续打击，而不是通过穿透装甲并在军舰内部引爆少数几枚炮弹来对其造成致

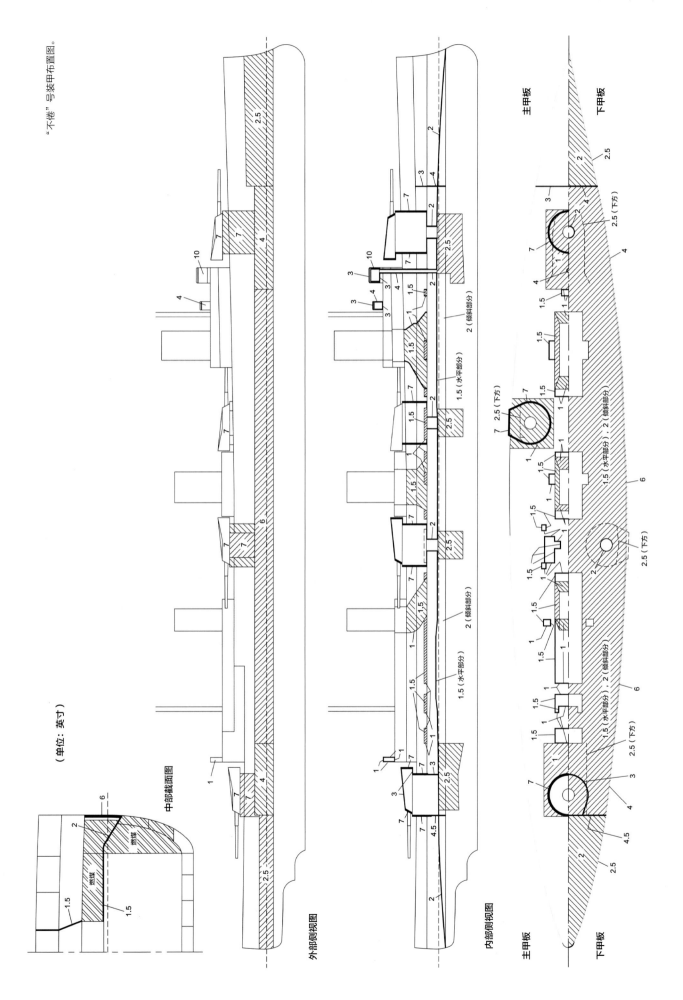

"不倦"号装甲布置图。

（单位：英寸）

中部截面图

外部侧视图

内部侧视图

主甲板

下甲板

主甲板

下甲板

燃煤

燃煤

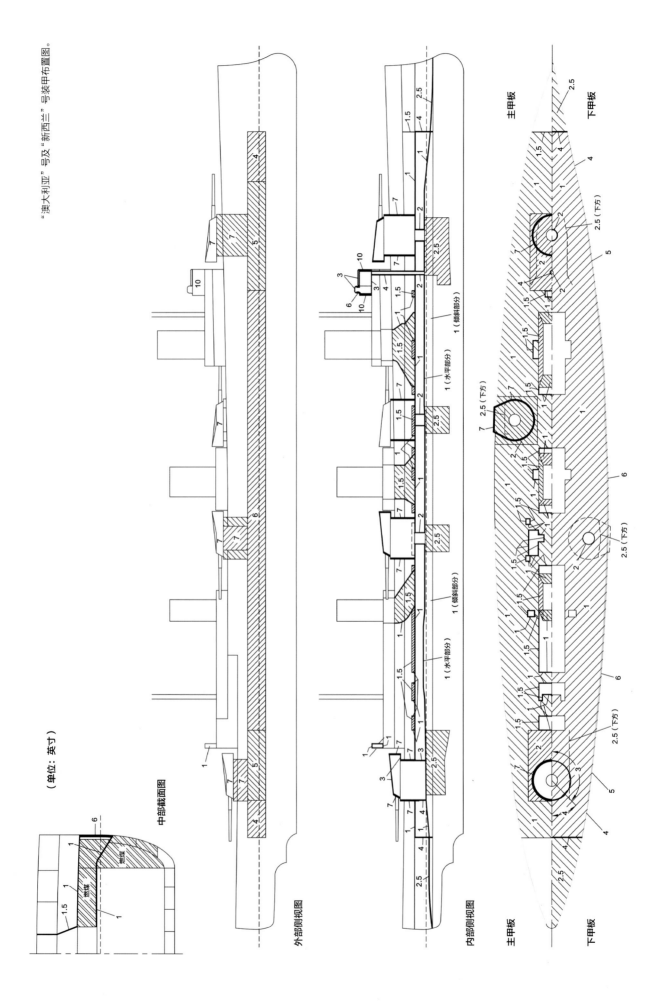

"澳大利亚"号及"新西兰"号装甲布置图。

（单位：英寸）

中部截面图

外部侧视图

内部侧视图

主甲板

下甲板

燃煤

燃煤

1（倾斜部分）

1（水平部分）

1（倾斜部分）

1（水平部分）

主甲板

下甲板

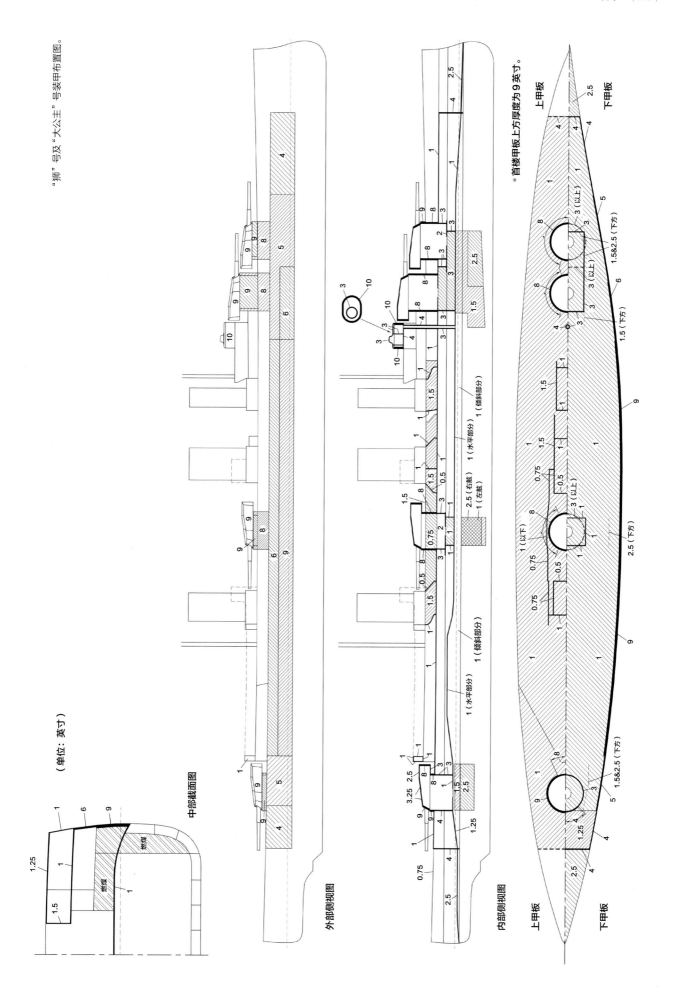

"狮"号及"大公主"号装甲布置图。

（单位：英寸）

中部截面图

外部侧视图

内部侧视图

＊首楼甲板上方厚度为9英寸。

上甲板

下甲板

上甲板

下甲板

燃煤

燃煤

1 (水平部分)

1 (倾斜部分)

1 (水平部分)

1 (倾斜部分)

2.5 (右舷)

1 (左舷)

"玛丽女王"号装甲布置图。该舰以高强度钢取代了镍钢，作为甲板、舱壁等部位装甲中的材质。因此官方图纸显示首楼甲板也具有防护能力。尽管这层甲板只是为了加强舰体强度而增加了厚度——其防护价值附带的。这种方式也在之后的军舰上得以应用。

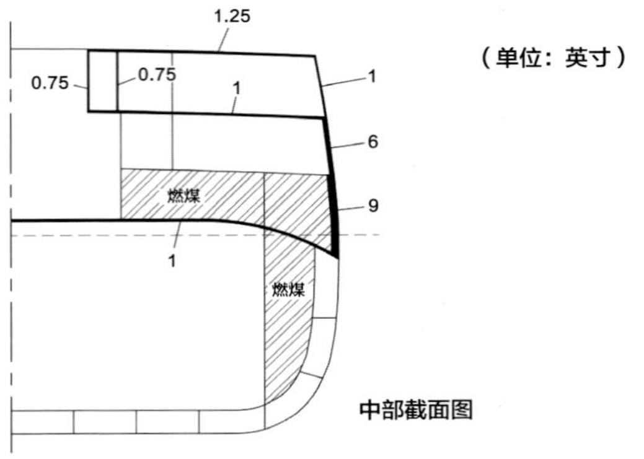

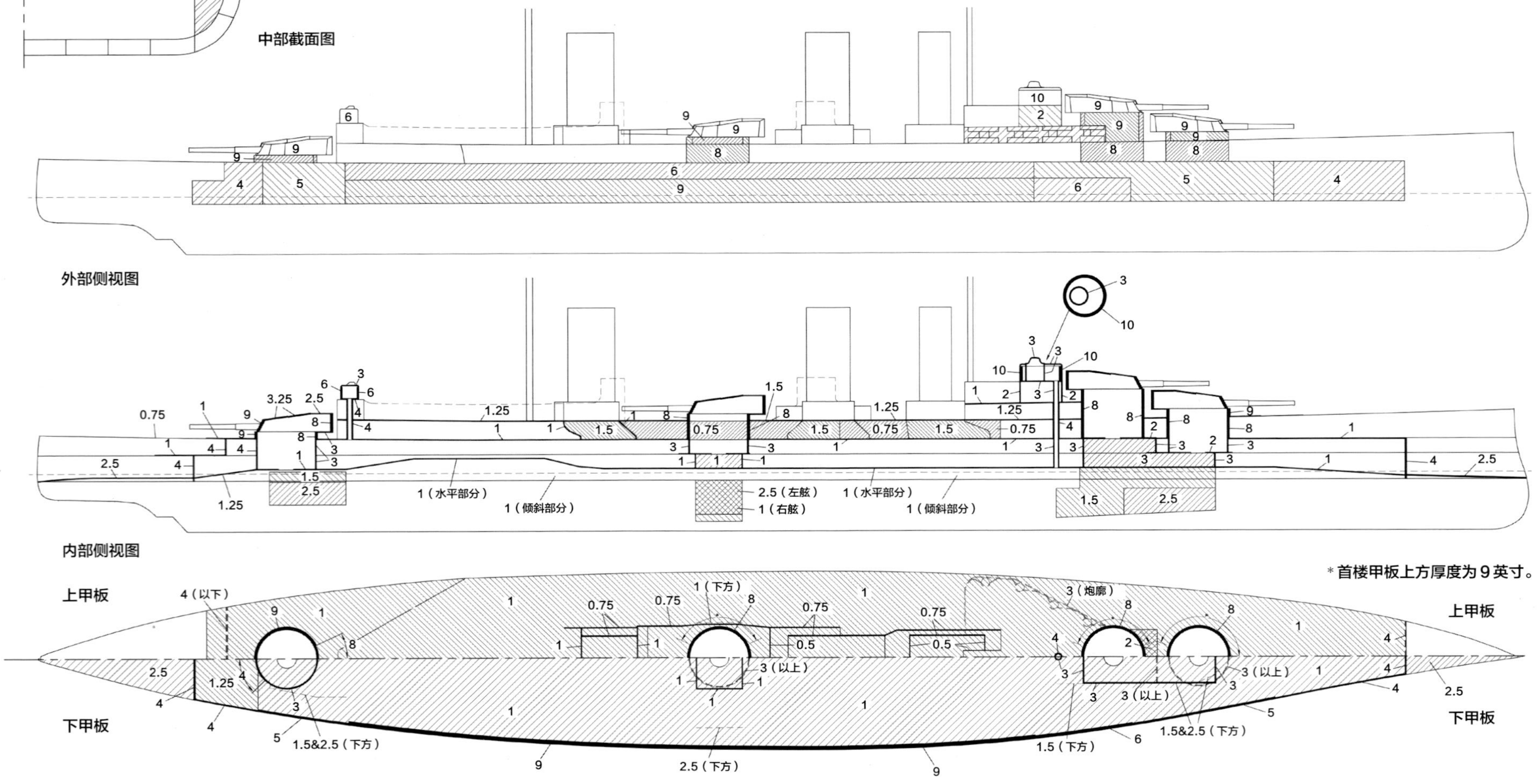

（单位：英寸）

中部截面图

外部侧视图

内部侧视图

*首楼甲板上方厚度为 9 英寸。

上甲板

下甲板

上甲板

下甲板

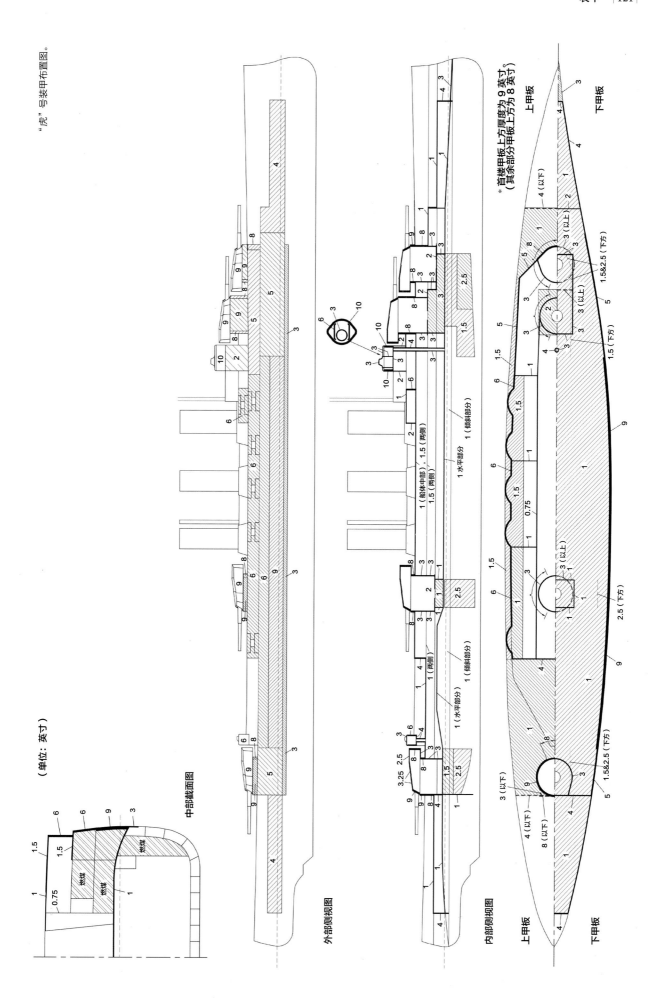

"虎"号装甲布置图。

（单位：英寸）

中部截面图

外部侧视图

内部侧视图

上甲板

下甲板

上甲板

下甲板

* 首楼甲板上方厚度为9英寸。
（臭条部分甲板上方为8英寸）

"虎"号与"狮"号，本图摄于 1917 年。（作者收藏）

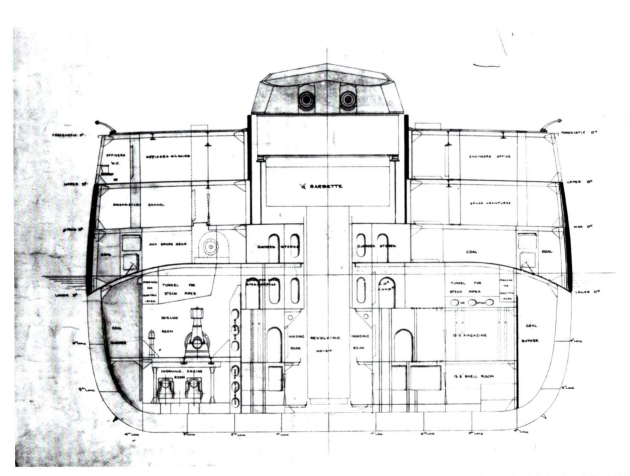

"玛丽女王"号 Q 炮塔处截面图。该炮塔弹药舱的位置比首尾主炮塔弹药舱低一层甲板，后者在下甲板（即装甲甲板）的下方。注意上甲板下方薄弱的基座装甲。（国家海事博物馆，伦敦）

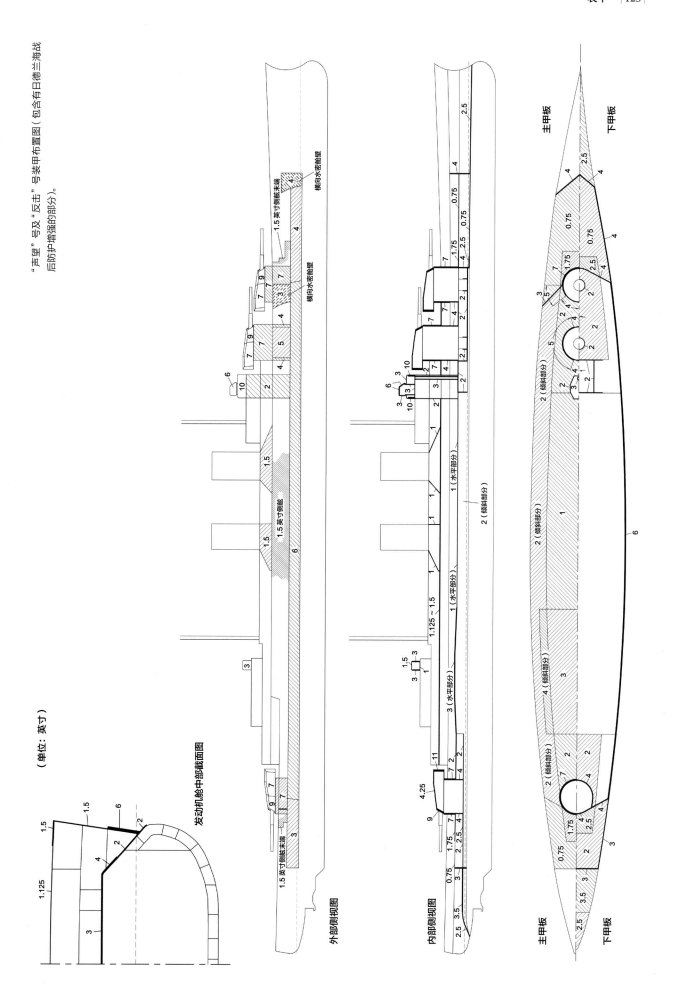

"声望"号及"反击"号装甲布置图（包含有日德兰海战后防护增强的部分）。

（单位：英寸）

发动机舱中部截面图

外部侧视图

内部侧视图

主甲板

下甲板

1.5英寸侧舷末端

横向水密舱壁

1.5英寸侧舷

1.5英寸侧舷末端

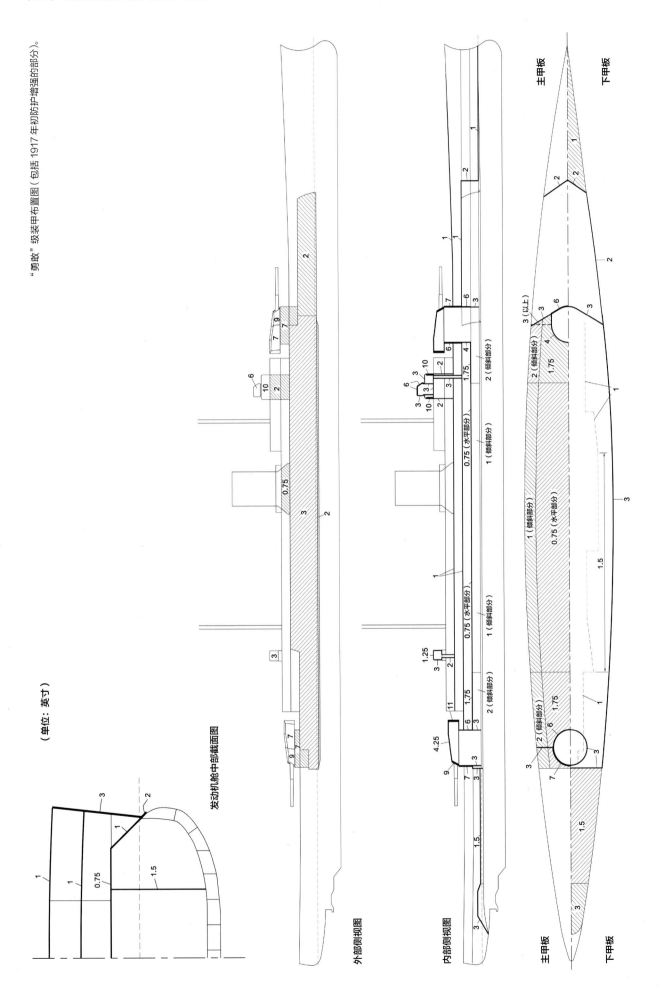

"勇敢"级装甲布置图（包括 1917 年初防护增强的部分）。

（单位：英寸）

发动机舱中部截面图

外部侧视图

内部侧视图

主甲板

下甲板

主甲板

下甲板

"胡德"号装甲布置图。

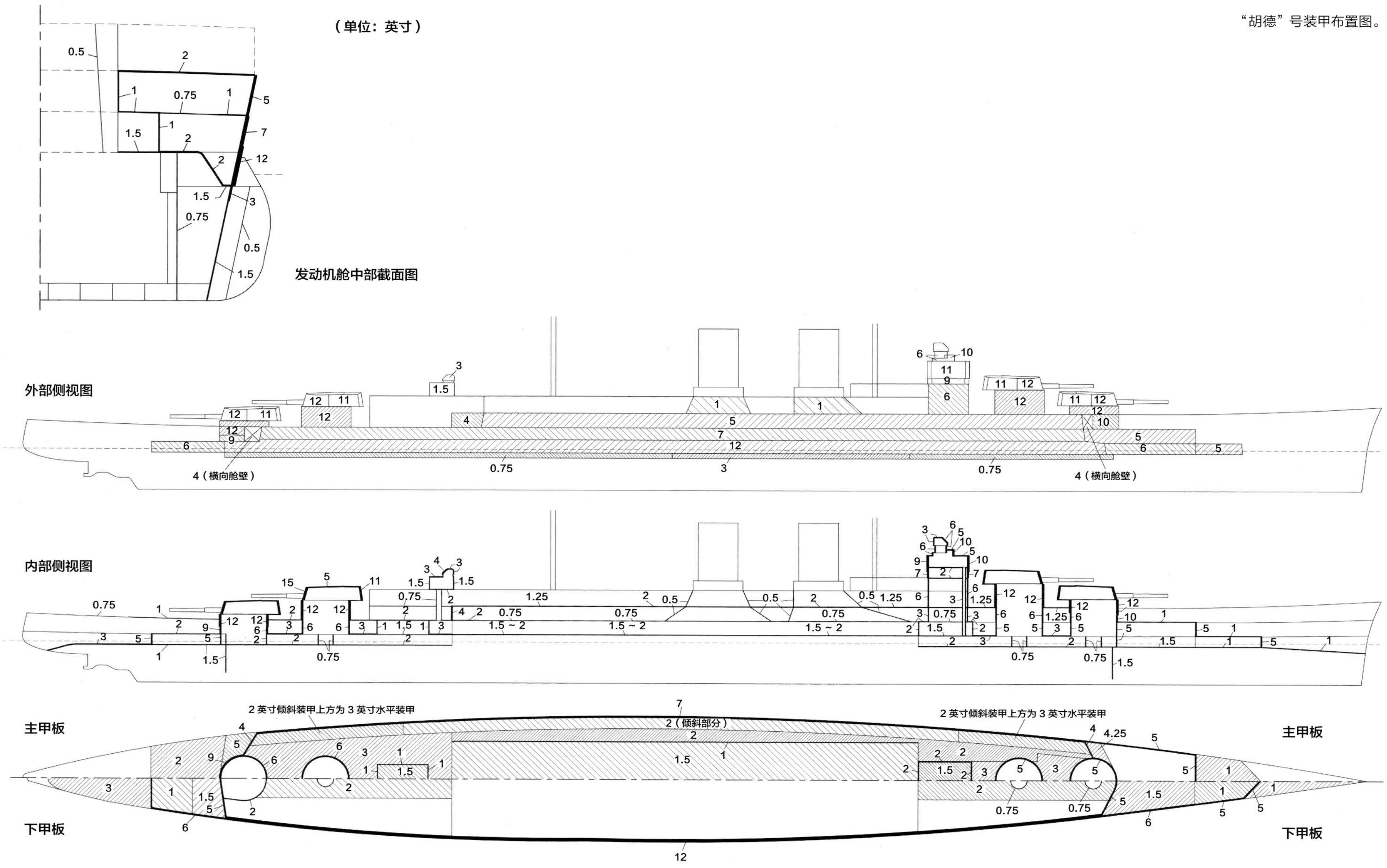

（单位：英寸）

发动机舱中部截面图

外部侧视图

4（横向舱壁）

内部侧视图

4（横向舱壁）

主甲板

主甲板

2 英寸倾斜装甲上方为 3 英寸水平装甲

2（倾斜部分）

2 英寸倾斜装甲上方为 3 英寸水平装甲

下甲板

下甲板

增设了 6 英寸厚的上部装甲带；在水平防护上，"狮"级增设了上甲板装甲，它位于 6 英寸装甲带顶端，厚度为 1 英寸，与 1 英寸厚的下甲板装甲、侧舷装甲和横向装甲一起形成了完整的盒型装甲防护体系。上甲板装甲主要被用来抵御越过侧舷装甲击中军舰的炮弹，以及炮弹在上层建筑中爆炸后产生的破片；下甲板装甲除了可以阻挡击穿侧舷装甲的炮弹及因其生产的破片外，还能防御击穿上甲板装甲后继续下落的炮弹。增加侧舷装甲的高度主要是考虑到在未来海战中，由于射程增加会导致炮弹的下落角度更加陡直；但主水平装甲以及主甲板和上甲板之间炮塔基座装甲厚度的减少又抵消了这一努力，特别是在后来实战中，双方交战距离已经远远超出原先的预想。在最初设计中，侧舷装甲刚刚超过首尾炮塔两端的部分就会被 5 英寸横向装甲封闭。不过 1910 年时，海军部决定延长首尾侧舷装甲（然而并未延伸覆盖至整个舰长）——其厚度为 4 英寸，两端均由 4 英寸

横向装甲封闭；原来的 5 英寸横向装甲被取消，侧舷和水平装甲也进行了相应调整。其（"狮"级）首尾主炮塔两侧装甲带的厚度较"不倦"级略有增加（由 4 英寸增至 5 英寸），B 炮塔两侧同样因为设有 6 英寸厚上层装甲带所以防护性能更好，另外还增加了炮塔基座下部防破片装甲的厚度；不过，增加侧舷装甲高度带来的好处最终由于炮塔基座装甲的削弱而被抵消。"狮"级对于盒型装甲两端的改进以及增设上甲板装甲的措施也在"澳大利亚"号和"新西兰"号上得以体现，并在稍加改进后被运用到了"玛丽女王"号和"虎"号上。"虎"号侧舷装甲高度因为增设的副炮装甲而大大增加，但该舰上位于上甲板和首楼甲板之间的主炮塔基座装甲厚度却因为处于副炮装甲后方而被削减至 3 英寸。

战列巡洋舰的防护系统不断改进却仍然缺陷重重的境况终于在"声望"级上消失了。在最初设计中，"声望"级的防护水平与"无敌"级大致相当，可以说这是因为费舍尔对战列巡洋舰的相关要求就是如此。事实上，该级舰的防护性能还要略低于"无敌"级，毕竟不像早期战列巡洋舰那样，"声望"级各舰采用燃油作为动力，因而失去了储煤对军舰的保护作用（但在战前，储煤是军舰防护性能的重要一环，尤其是位于侧舷装甲带后方的上层煤舱）。另外，它们的中部水平装甲带与侧舷装甲带上端平齐，这样炮弹就很容易越过侧舷装甲带，击穿 2 英寸厚倾斜装甲甲板后进入军舰的重要部位。日德兰海战后，相关部门对该级各舰的水平装甲进行了零敲碎打的改进，不过都只是一些临时措施，结果"声望"号和"反击"号后来分别于 1918—1921 年和 1923—1926 年准备进行大幅度重建时，才布置了一套全新的装甲防护体系。

大型轻巡洋舰的防护系统非常特别，其主炮和司令塔的防护性能与战列巡洋舰相当，但侧舷防护水平却与轻巡洋舰一致——至少作者本人认为如此布置在逻辑上是不合理的，因为这就意味着前者可以防御（口径相对大的）重炮，后者却只能抵御中小口径舰炮。一个可能的解释是这些军舰本来用于与敌方轻型舰艇交战，不过由于主炮的炮室均为标准设计，因此只能布置重型装甲，同时这也延续了早期战列巡洋舰上为炮塔基座和司令塔提供重型防护的传统。

"胡德"号当然属于完全不同的一类。以 1914 年

"虎"号 Q 炮塔在日德兰海战中所受战损——破口左侧的凹陷处就是弹着点；炮弹爆炸时炸飞了位于炮塔中心位置的观察孔护罩，并形成右侧的长方形破口，但该位置还遗留有部分观测设备；炮塔内部也受到伤害，不过火炮很快就恢复了战斗力。（帝国战争博物馆：SP1597）

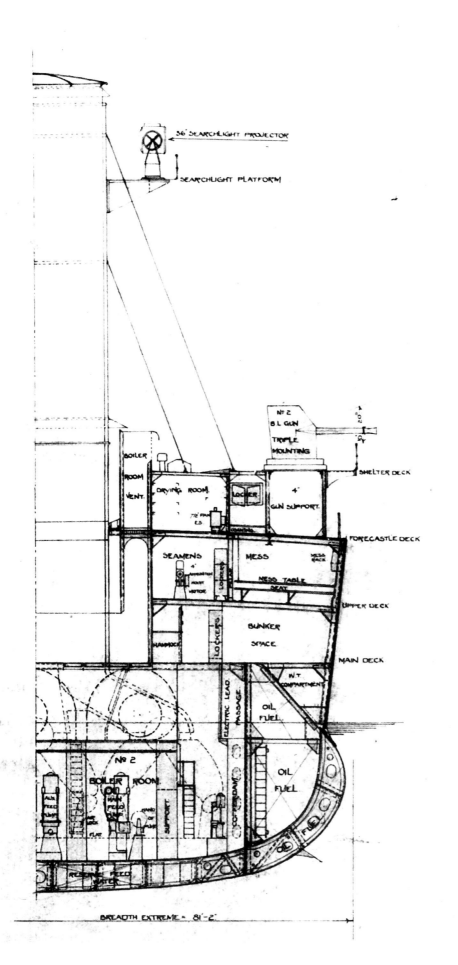

36" SEARCHLIGHT PROJECTOR

SEARCHLIGHT PLATFORM

No 2
B L GUN
TRIPLE
MOUNTING

BOILER ROOM VENT.

DRYING ROOM.

LOCKER

4"
GUN SUPPORT.

SHELTER DECK

FORECASTLE DECK

SEAMENS

MESS

MESS TABLE
SEAT

MESS RACK

UPPER DECK

HAMMOCK

LOCKERS

LOCKERS

BUNKER
SPACE

MAIN DECK

W.T.
COMPARTMENT

ELECTRIC LEAD

PASSAGE

OIL
FUEL

OIL
FUEL

No 2

BOILER OIL ROOM.

COFFERDAM

SUPPORT

BREADTH EXTREME = 81'-2"

这张"勇敢"号的中部截面图展示出了舰体及整体式膨出部。膨出部这一设计主要用于将鱼雷爆炸后产生的冲击力向上方引导，并将其排出舰体外侧。（国家海事博物馆，伦敦）

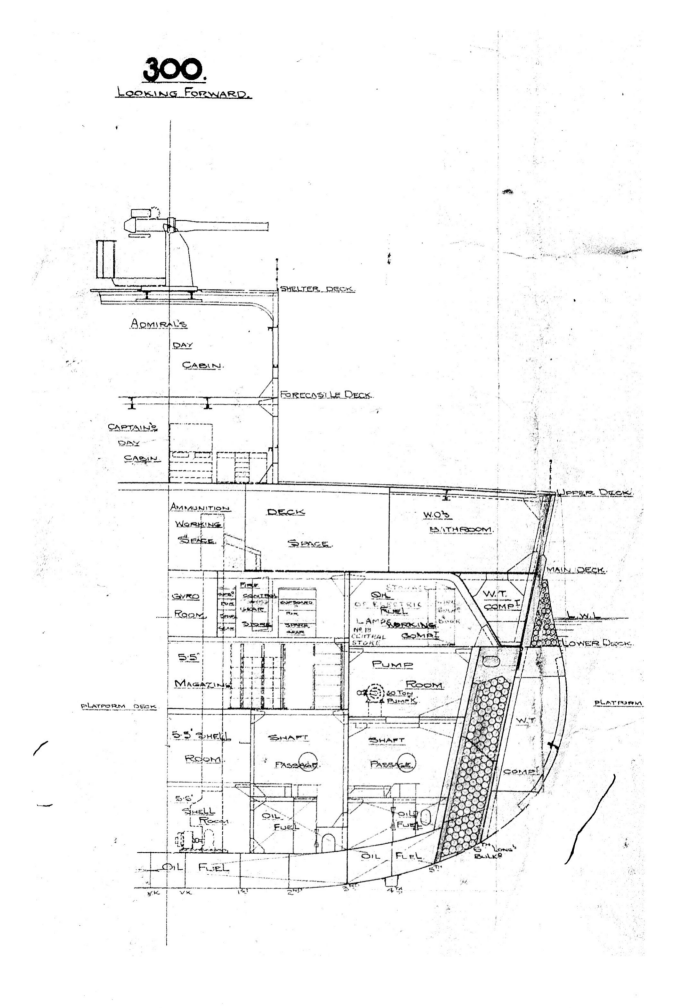

的标准来看，其防护水平与战列舰相当，但这并非最早就体现在该舰原始设计中，而是随着设计不断变化才达成的。事实上，"胡德"号的防护水平介于战前及战后（战列舰的）标准之间——比战前标准更高，然而以战后标准来看还是相对不足。战后的设计标准尤其要求要有重型（而不是轻型）水平装甲甲板，并且取消了对破片的防御要求。20 世纪 20 年代里，英国海军采用的是美国海军从一战前就实施的重点防御原则（all or nothing），即为军舰布置重型盒型装甲，但除此之外几乎就没有设置装甲用以防御。

炮塔

实战经验表明，英国军舰炮塔现有的防护性能远不能满足实际需求，而且在结构上存在着诸多不足。首先就是炮塔顶部及正面装甲有一定坡度，当敌方炮弹以较小入射角击中装甲时就很容易将其击穿。"胡德"号在设计时考虑到了这一问题，因此其主炮塔相对其他战列巡洋舰就显得更为方正。英式炮塔存在的其他弱点可以总结如下：

（1）炮孔是炮塔上的薄弱区域，弹片可以由此飞入炮室，虽然这几乎也是无法避免的一个缺点。早期的 12 英寸炮塔炮孔甚至是完全敞开的，之后的（炮塔）型号才在炮孔内增设了破片防盾（这一防盾同时也有抵御炮口风暴的作用）。

（2）在早期的 12 英寸炮塔中，炮室的底部和基座的顶部之间有较大空隙，如果敌弹击中了炮塔侧面装甲，破片就可以从空隙处飞入炮塔内部。

（3）设置在炮塔顶部的观察孔不仅可能引爆掠过炮塔上方的炮弹，而且这种开孔也会削弱炮塔顶部的防护能力，弹片和炮弹都可能由此进入炮塔——作战中曾有数次观察孔防护罩被炮弹削去，以及炮弹在开孔处或附近爆炸的实例。

（4）从炮塔后方升起的测距仪防护罩为敌弹

提供了另一个弹着点，而且比炮塔顶部装甲更容易被击穿。不过后来的设计对此有所改良。在改良后的 12 英寸炮塔上，为适应炮塔结构，测距仪防护罩的位置仍然较高，但 13.5 英寸炮塔和 15 英寸炮塔上的测距仪防护罩就相对扁平。

鱼雷防护

费舍尔非常重视鱼雷和水雷对军舰造成的威胁，特别是这些武器已在日俄战争中证明了它们能够快速击沉大型主力舰之后。事实上这也是费舍尔唯一一项愿意以降低航速为代价进行加强的被动防护项目，在设计委员会的第一次会议上他就宣称：

> 俄国的一级战列舰"彼得巴甫洛夫斯克"号因为被一枚水雷引爆弹药舱，在两分钟内便沉没了；日本的一级战列舰"初濑"号也出于相同原因在仅仅 90 秒内发生沉没。新型战列舰和装甲巡洋舰的设计中要最大限度地降低此类风险，因此需要为其布置没有开孔的横向舱壁，保证舱室的水密性，同时将每座炮塔下方的弹药舱布置在尽量远离可能遭到水雷爆炸而造成损害的区域。我建议将弹药舱尽可能靠近舰体中心线布置，并远离舰底，同时在舰底和舰体两侧设置防护装甲。[2]

设计委员会成立前，安德鲁·诺伯尔向费舍尔建议过使用低硬度钢板作为装甲（在断裂之前能最大限度变形，而不致被破坏），在水线以下保护弹药舱。他还建议通过试验来验证这一理论——于 1904 年得以实施。此次试验使用了 5 英寸厚的低硬度钢板，但从实用角度来看这种钢板（的重量）显得过重。不过试验表明，由爆炸造成的损害会随着距离的增加迅速减小，这说明在舰体内布置较薄装甲就可以对在军舰侧舷外发生的爆炸提供良好的防御效果。1905 年 2 月 21 日，设计委员会对此进行讨论，指出即使在弹药舱的两侧和底部布置 2 英寸厚装甲同样会增加太多重量；最后他们达成妥协，即取消弹药舱底部的防护部分，因为鱼水雷通常只会在军舰侧舷位置爆炸，而且这一区域（的装甲）也只需要防御鱼雷和小型水雷。在"无敌"号的设计中，发射药舱和炮弹舱两侧布置有厚度为 2.5 英寸的纵向装甲，其

"胡德"号 5.5 英寸副炮弹药舱后方截面图（见左页）。该弹药舱位于 X 炮塔前方，图中还可见在浮力舱（位于膨出部外侧舱室与防鱼雷纵向装甲之间）和膨出部外侧上方三角形空间内的易形变钢管。注意这部分以及舰首部位的膨出部浮力舱在舰体内侧，但中部的浮力舱突出于舰体外侧。（国家海事博物馆，伦敦）

高度从内层舰底延伸至装甲甲板。这些纵向装甲与侧舷距离不远——中部弹药舱（的纵向装甲，下同）距侧舷8 英尺，首尾弹药舱与侧舷的平均距离为 10 英尺（因为侧舷呈弧形，所以距离并不完全相同）。这种布置纵向装甲的方式在战列巡洋舰上一直被沿用到"虎"号；之后的战巡增加了首尾弹药舱两侧纵向装甲与侧舷的距离，但这种布置方式却成为纵向装甲厚度被削减的原因——在装备 13.5 英寸主炮的战列巡洋舰上，B 炮塔弹药舱两侧纵向装甲的厚度被减为 1.75 英寸，Q 炮塔左侧纵向装甲（因为弹药舱偏离中心线，所以左侧纵向装甲比右侧距离侧舷更远）的厚度被减为 1 英寸。尽管从 1905 年到 1914 年鱼雷的尺寸和威力都大有增加，由鱼水雷造成的威胁也愈发明显，不过一直到一战爆发，这种布置方式都没有得到任何改进。

"声望"号、"反击"号和大型轻巡洋舰采用了一种内置的防鱼雷膨出部，它有一部分会凸出于舰体外侧，目的是将水下爆炸的冲击力向上引导——试验表明这是水下爆炸所形成冲击波的自然走向。但这种膨出部的防护深度仍然显得不够，而且它内部的纵向装甲仅有 0.75 英寸厚。在费舍尔要求下，大型轻巡洋舰上（膨出部内部的）纵向装甲的厚度得以增加；不过当时由于进度关系，已无法再对"声望"号和"反击"号两舰的设计进行类似修改。

"胡德"号的水下防御系统得到了人们的高度重视。1914 年，海军部展开了有关水下防护设计的一系列试验，直到 1915 年底已在查塔姆基地进行多次大规模试验，这些试验的结果最终成了"胡德"号水下防御系统的设计基础。相关人员在试验中观察了多种设计方案的效果，最后选出的最佳方案不仅具有最优良的防护能力，还可满足岸基设施的使用以及军舰动力布置相关要求。"胡德"号上的内部膨出部与"声望"号相似，但被完全置于舰体外侧。它分为内外两部分，外部为空气层，内部则以钢管填充——这些两端封闭、可以形变的钢管主要被用于吸收（和最大限度地分散）由于水下爆炸产生的能量，并减少破片的动能；钢管层的内壁实际上等同于侧舷外壳板，包含了以 12 英寸"工"形钢梁支撑的 1.5英寸厚纵向防鱼雷装甲。这种设计虽不完美，不过相比之前的战列舰和战巡已经大有进步，也为在此之后直到二战的军舰设计打下了基础。

一战前，战列巡洋舰普遍使用防鱼雷网作为第二种水下防御手段。但它只有在港口内或当军舰以极慢速度航行时才能使用，而且如果对方使用带有割网器的鱼雷就会大大削弱其效能。1912 年，海军部对此展开讨论，认为防鱼雷网的缺点主要包括重量过大、破损的网线和撑杆会被卷进螺旋桨，以及撑杆的固定装置会削弱侧舷装甲带的防御效果等，因此决定从次年起在新建军舰上将其取消。然而直到在 1916 年早期建造的战列巡洋舰上都还保留有防鱼雷网，原因可能是海军部认为罗赛斯港的反潜能力不足（所以驻于此地的战巡需要加强防御）；这可能也是决定为"声望"号和"反击"号安装防鱼雷网的缘故，不过两舰在建造过程中取消了这一设计。此外，由于斯卡帕湾的反潜能力大大强于罗赛斯，因此那些（驻于此地的）大舰队战列舰们很早就拆掉了防鱼雷网。

表 43：各舰装甲数据

"无敌"级

侧舷装甲带：	中部 6 英寸克虏伯渗碳装甲（KC，以下简称为渗碳装甲），首部 4 英寸渗碳装甲，尾部无装甲
横向装甲：	6 英寸渗碳装甲，位于 X 炮塔基座和侧舷装甲带末端之间
炮塔基座：	侧舷装甲带以上及 X 炮塔基座位于 6 英寸横向装甲之间部分为 7 英寸渗碳装甲
前部司令塔：	前部及两侧 10 英寸渗碳装甲，后部 7 英寸渗碳装甲，信号塔 3 英寸克虏伯非渗碳装甲（KNC，以下简称为非渗碳装甲），顶部和地板 2 英寸非渗碳装甲，垂直通道 4 英寸非渗碳装甲
后部司令塔：	围壁 6 英寸渗碳装甲，顶部和地板 2 英寸非渗碳装甲，垂直通道 3 英寸非渗碳装甲
炮塔：	围壁 7 英寸渗碳装甲，顶部 3 英寸非渗碳装甲，地板 3 英寸装甲
主甲板：	A、P、Q 炮塔基座周围 1 英寸装甲，尾部和首部下层司令塔顶部分别为 1 英寸和 2 英寸装甲
下甲板：	中部水平部分 1.5 英寸装甲，两侧倾斜部分 2 英寸装甲，首部和尾部分别为 1.5 英寸和 2.5 英寸装甲
防破片装甲：	（主甲板至上甲板之间）炮塔基座、首部和尾部下层司令塔周围 2 英寸装甲
防鱼雷装甲：	（弹药舱两侧）2.5 英寸低硬度装甲（MS，即"低强度钢"材质装甲）

（续前表）

"不倦"号

侧舷装甲带：	中部 6 英寸渗碳装甲，首部和尾部 2.5 英寸非渗碳装甲，A、X 炮塔两侧 4 英寸渗碳装甲
横向装甲：	首部 4 英寸或 3 英寸渗碳装甲，尾部 4.5 英寸渗碳装甲
炮塔基座：	侧舷装甲带以上 7 英寸渗碳装甲，主甲板和下甲板之间的弹药升降机设有 2 英寸防破片装甲（X 炮塔基座在主甲板和下甲板之间部分为 4 英寸渗碳装甲）
前部司令塔：	围壁 10 英寸渗碳装甲，顶部和地板 3 英寸非渗碳装甲，垂直通道 4 英寸非渗碳装甲
信号及观测塔：	围壁 4 英寸渗碳装甲，顶部和地板 3 英寸装甲
鱼雷指挥塔：	围壁、顶部及地板 1 英寸镍钢装甲（NS）
炮塔：	围壁 7 英寸渗碳装甲，顶部 3 英寸非渗碳装甲，地板及后部 3 英寸装甲
主甲板：	炮塔基座下方 2 英寸镍钢装甲
下甲板：	中部水平部分 1.5 英寸镍钢装甲，两侧倾斜部分 2 英寸镍钢装甲，首部和尾部分别为 2 英寸和 2.5 英寸镍钢装甲
烟囱：	（主甲板和首楼甲板之间）侧面 1.5 英寸镍钢装甲，末端 1 英寸镍钢装甲（主甲板以上 2 英尺的风道布置有防破片装甲）
防鱼雷装甲：	（弹药舱两侧）2.5 英寸镍钢装甲

"澳大利亚"号和"新西兰"号不同于"不倦"号的部分

侧舷装甲带：	中部 6 英寸渗碳装甲，首尾两端 4 英寸渗碳装甲，A、X 炮塔两侧 5 英寸渗碳装甲
横向装甲：	首部和尾部 4 英寸渗碳装甲，首部 4 英寸横向装甲上方、位于主甲板和上甲板之间部分为 1.5 英寸镍钢装甲
前部司令塔：	围壁 10 英寸渗碳装甲，顶部 3 英寸非渗碳装甲，观测塔 6 英寸铸铁装甲及 3 英寸顶部装甲（"不倦"号的观测塔位于司令塔内部），垂直通道 4 英寸非渗碳装甲
主甲板：	炮塔基座下方 1 英寸或 2 英寸镍钢装甲
下甲板：	中部 1 英寸镍钢装甲，首部及尾部分别为 2 英寸和 2.5 英寸镍钢装甲

"狮"级

侧舷装甲带：	中部 9 英寸渗碳装甲，首部和尾部 4 英寸装甲，B 炮塔两侧 6 英寸渗碳装甲，A、X 炮塔两侧 5 英寸渗碳装甲
上部装甲带：	中部 6 英寸渗碳装甲，首部和尾部 4 英寸装甲，A、B、X 炮塔两侧 5 英寸渗碳装甲
横向装甲：	首部和尾部 4 英寸渗碳装甲
炮塔基座：	上甲板以上 8 英寸或 9 英寸渗碳装甲，上甲板以下 3 英寸或 4 英寸渗碳装甲
前部司令塔：	围壁 10 英寸渗碳装甲，顶部 3 英寸非渗碳装甲，地板 4 英寸非渗碳装甲，垂直通道 3 英寸或 4 英寸非渗碳装甲
鱼雷指挥塔：	围壁、顶部和地板 1 英寸镍钢装甲
炮塔：	正面及两侧 9 英寸渗碳装甲，后部 8 英寸非渗碳装甲，顶部前方 3.25 英寸装甲，顶部后方 2.5 英寸装甲，后部地板 3 英寸装甲
上甲板：	装甲盒顶部 1 英寸镍钢装甲
下甲板：	中部 1～1.5 英寸镍钢装甲，两端 2.5 英寸装甲
烟囱：	（主甲板和首楼甲板之间）侧面 1.5 英寸镍钢装甲，末端 1 英寸镍钢装甲
防鱼雷装甲：	（弹药舱两侧）1.5～2.5 英寸镍钢装甲（左舷横向装甲至 Q 炮塔弹药舱为 1 英寸镍钢装甲）

"玛丽女王"号不同于"狮"级的部分

后部鱼雷指挥塔：	围壁 6 英寸渗碳装甲，顶部 3 英寸铸铁装甲，地板 4 英寸非渗碳装甲，垂直通道 4 英寸非渗碳装甲
前部 4 英寸炮炮座：	侧面 3 英寸渗碳装甲，顶部甲板 2 英寸高强度钢装甲（HT）
首楼甲板：	1～1.25 英寸高强度钢装甲
防护装甲板：	防鱼雷纵向装甲、甲板、烟囱等均为高强度钢材质装甲
前部司令塔：	底部设有 2 英寸非渗碳装甲

"虎"号

侧舷装甲带：	中部 9 英寸渗碳装甲，首部和尾部 4 英寸渗碳装甲，A、B、X 炮塔两侧 5 英寸渗碳装甲
上部装甲带：	中部 6 英寸渗碳装甲，首部 4 英寸渗碳装甲，A、B、X 炮塔两侧 5 英寸渗碳装甲
下部装甲带：	3 英寸渗碳装甲
6 英寸炮炮座：	中部 6 英寸渗碳装甲，前部两侧和前部横向舱壁 5 英寸渗碳装甲，后部横向舱壁 4 英寸渗碳装甲
横向装甲：	首部 2 英寸渗碳装甲和 4 英寸非渗碳装甲，尾部 4 英寸渗碳装甲
炮塔基座：	装甲盒以外为 8 英寸或 9 英寸渗碳装甲，以内为 3 英寸或 4 英寸渗碳装甲，A、B 炮塔位于下甲板和主甲板之间的基座及横向舱壁为 3 英寸非渗碳装甲
前部司令塔：	围壁 10 英寸渗碳装甲，顶部 3 英寸非渗碳装甲，测距仪防护罩 3 英寸铸铁装甲，火控指挥塔 3 英寸非渗碳装甲，地板 3 英寸非渗碳装甲，底部 2 英寸非渗碳装甲，垂直通道 3 英寸和 4 英寸非渗碳装甲
后部鱼雷指挥塔：	围壁 6 英寸装甲，顶部 3 英寸铸铁装甲，地板 4 英寸非渗碳装甲，垂直通道 4 英寸非渗碳装甲
观察孔防护罩：	6 英寸装甲（由 6 英寸副炮使用）
6 英寸副炮防盾：	侧面 6 英寸渗碳装甲，后部 2 英寸非渗碳装甲，顶部 1 英寸高强度钢装甲（此项所包括的 6 英寸副炮均位于首楼甲板上）

（续前表）

炮塔：	正面及两侧 9 英寸渗碳装甲，后部 8 英寸渗碳装甲，顶部前方 3.25 英寸装甲，顶部后方 2.5 英寸装甲
首楼甲板：	6 英寸炮炮座上方 1 英寸（中部）或 1.5 英寸（两侧）高强度钢装甲
上甲板：	首尾分别为 1 英寸和 1.5 英寸高强度钢装甲
主甲板：	1 英寸高强度钢装甲
下甲板：	1 英寸（中部）或 3 英寸（首部）高强度钢装甲
防鱼雷装甲：	（弹药舱两侧）1.5 英寸或 2.5 英寸高强度钢装甲（X 炮塔弹药舱后部 1 英寸高强度钢横向装甲）

"声望"号和"反击"号

侧舷装甲带：	中部 6 英寸渗碳装甲，首部 4 英寸渗碳装甲，尾部 3 英寸装甲
横向装甲：	首部 4 英寸渗碳装甲，尾部 3 英寸渗碳装甲
炮塔基座：	4 英寸或 5 英寸或 7 英寸渗碳装甲
前部司令塔：	围壁 10 英寸渗碳装甲，顶部 3 英寸非渗碳装甲，防护罩 3 ~ 6 英寸铸铁装甲，底部 2 英寸装甲，地板 3 英寸非渗碳装甲，垂直通道 2 英寸或 3 英寸非渗碳装甲
炮塔：	正面 9 英寸渗碳装甲，两侧前部 9 英寸渗碳装甲，两侧后部 7 英寸渗碳装甲，后部 11 英寸装甲，顶部 4.25 英寸非渗碳装甲
鱼雷指挥塔：	3 英寸渗碳装甲
主甲板：	水平部分 1 英寸（弹药舱上方为 2 英寸）高强度钢装甲，倾斜部分 2 英寸高强度钢装甲（1917 年时，位于动力舱上方的水平和倾斜装甲分别被增厚至 3 英寸和 4 英寸）
下甲板：	首尾 2.5 英寸高强度钢装甲（1917 年时，舵机上方部分被增至 3.5 英寸），中部 1.75 英寸高强度钢装甲（A、Y 炮塔弹药舱上方为 1.75 英寸高强度钢装甲）
烟囱：	（首楼甲板和露天甲板之间）侧面 1.5 英寸高强度钢装甲，末端 1 英寸高强度钢装甲

"勇敢"级

侧舷装甲带：	中部 2 英寸高强度钢装甲以及 1 英寸高强度钢外壳板，首部 1 英寸高强度钢装甲以及 1 英寸高强度钢外壳板
横向装甲：	首部 2 英寸或 3 英寸装甲，尾部 3 英寸装甲
炮塔基座：	主甲板以上 6 英寸或 7 英寸渗碳装甲，下甲板到主甲板之间 3 英寸或 4 英寸渗碳装甲
炮塔：	前部 9 英寸渗碳装甲，后部 11 英寸装甲，两侧前部 9 英寸渗碳装甲，两侧后部 7 英寸渗碳装甲，顶部 4.25 英寸非渗碳装甲
上甲板：	首部和 X 炮塔基座两侧 1 英寸高强度钢装甲
主甲板：	水平部分 0.75 英寸高强度钢装甲，倾斜部分 1 英寸高强度钢装甲（弹药舱上方 2 英寸高强度钢装甲）
下甲板：	首部 1 英寸高强度钢装甲，尾部 1 ~ 1.5 英寸高强度钢装甲（舵机上方 3 英寸装甲）
防鱼雷装甲：	1 ~ 1.5 英寸高强度钢装甲
烟囱：	侧面 0.75 英寸装甲（首楼甲板到露天甲板部分）

"暴怒"号不同于"勇敢"级的部分

炮塔：	正面和侧面 9 英寸渗碳装甲，后部 11 英寸装甲，顶部 5 英寸渗碳装甲

"胡德"号

侧舷装甲带：	中部 12 英寸渗碳装甲，首部 5 英寸或 6 英寸渗碳装甲，尾部 6 英寸装甲
中部装甲带：	中部 7 英寸渗碳装甲，首部 5 英寸渗碳装甲
上部装甲带：	中部 5 英寸渗碳装甲
横向装甲：	首尾 5 英寸非渗碳装甲，上部装甲带尾端 4 英寸渗碳装甲
炮塔基座：	装甲盒以外 10 英寸或 12 英寸渗碳装甲，以内 5 英寸或 6 英寸渗碳装甲
炮塔：	正面 15 英寸渗碳装甲，侧面前部和后部分别为 12 英寸和 11 英寸渗碳装甲，后部 11 英寸渗碳装甲，顶部 5 英寸非渗碳装甲
前部司令塔：	围壁 7 英寸或 9 英寸或 10 英寸或 11 英寸渗碳装甲，顶部 5 英寸非渗碳装甲，地板 2 英寸非渗碳装甲，底部 6 英寸非渗碳及 3 英寸渗碳装甲，垂直通道 3 英寸非渗碳装甲，火控指挥塔 5 英寸或 6 英寸或 10 英寸装甲，指挥仪防护罩 3 ~ 6 英寸铸铁装甲
鱼雷指挥塔：	围壁 3 英寸装甲，顶部 3 英寸装甲，地板 2 英寸装甲，防护罩 3 ~ 4 英寸铸铁装甲，垂直通道 0.75 英寸高强度钢装甲
首楼甲板：	1.75 ~ 2 英寸高强度钢装甲
主甲板：	1 ~ 3 英寸高强度钢装甲（倾斜部分为 2 英寸）
下甲板：	1 ~ 3 英寸高强度钢装甲
防鱼雷装甲：	1.5 ~ 1.75 英寸高强度钢装甲
防破片装甲：	1 ~ 2 英寸高强度钢装甲

日德兰海战后，"虎"号及在其之前建造的战列巡洋舰都在弹药舱顶部和主炮塔顶部加设了 1 英寸厚装甲。此次海战之后建造的战巡在完工前也进行了相同改装（表中数据已有所体现）。

结论

评价费舍尔的战列巡洋舰设计思想并非易事，因为他从来就没有清晰地表达过对这一舰种的设计意图。早期的"无敌"级和"不倦"级仅仅是安装有 12 英寸主炮的装甲巡洋舰，如果它们只需要与其他传统装甲巡洋舰交战，那么这种结合也算是有价值的；但只要外国海军装备了同类军舰，这种价值便会急剧下降，而且这也在后来成为事实。不幸的是，相对英国海军而言，德国战列巡洋舰的发展更像是以二级战列舰，而不是同样以装甲巡洋舰作为基础。英国所有 12 英寸主炮战列巡洋舰都（在性能方面）被其德国对手所压倒，因为后者拥有更好的防护；尤其重要的是，德国战巡同样像费舍尔对这一舰种要求的那样具有更高航速。事实上，当英国第一批战列巡洋舰开工后，海军部内除了费舍尔，几乎所有军官都产生了质疑；因此，之后两年内都没有再开建新的战巡，而且海军部也开始讨论重新采用装备 9.2 英寸主炮装甲巡洋舰的可能。但是，当德国也开始建造这种军舰（即战巡）后，英国别无选择，只能跟进，而且犯下相同错误，建造了与"无敌"级极其相似的"不倦"级。在 13.5 英寸主炮战列巡洋舰方面，也只有"虎"号在航速上让英国人占据了少许却算不上绝对的优势。多戈尔沙洲海战中，虽然英国战巡从后面追上了德国舰队，但这主要是因为后者要掩护航速较慢的"布吕歇尔"号，本就没有以全速航行；日德兰海战中，德国战列巡洋舰也很少达到最高航速——正因如此，在向北航行的过程中，贝蒂才能吸引德国战巡使其尽量靠近己方大舰队，结果在两者相遇时，德方军舰已经无法再执行它们原先的侦察任务。事实上，速度具有的价值在很大程度上是被英国战巡体现出来的——比如在多戈尔沙洲追击撤退的敌舰，或是在日德兰海域摆脱追击的敌人。不过

"不挠"号，本图摄于 1918 年。（帝国战争博物馆：S1796）

"大公主"号，本图摄于 1918 年。（作者收藏）

在普通海战中，如果双方速度性能相近，它（速度）所具有的重要性就会大打折扣。

所有德国战列巡洋舰的侧舷装甲带不仅较其英国对手更厚，而且覆盖面积也更大；更重要的是，装甲带在整个装甲盒上的长度都保持了同样厚度，即使在首尾主炮塔基座两侧也没有遭到削弱。英国人后来虽然通过采用小水管锅炉和口径更小（但射速更高）的副炮来节省重量以加强防御，可德国人的设计更加紧凑，甚至通过牺牲居住性和便利性来最大限度利用空间（不过英国海军认为居住性非常重要，因为他们的军舰需要在从赤道到北海的不同气候环境中作战，同时也是为了保持舰员的健康和士气）。和英国人一样，德国人也削弱了炮塔基座的防护，毕竟这里能得到侧舷装甲和装甲甲板的保护；因此当炮弹以近乎垂直的角度来袭时，英德双方的战巡都相当脆弱。然而值得注意的是，实际上两国战列舰同样在该方面存在缺陷，所以这并不能说是战巡独有的一个缺点。

日德兰海战中，三艘战列巡洋舰的沉没极大震惊了英国人——他们无法接受这样的损失，除非敌方也损失相当。英国人同样无法接受的还包括这三艘战巡是以如此灾难性的爆炸并伴随着大量人员伤亡的形式而损失。一座弹药舱发生爆炸也许还可以将其视为运气不佳，但三艘军舰发生同样的爆炸就肯定是基本设计理念出了问题。尽管日德兰海战后，海军部组建委员会从各个方面对战列巡洋舰的损失原因进行了调查，然而得出的主要结论还是防护性能不足，特别是水平甲板和炮塔顶部；但这也引出了一个新的疑问，即如果弹药舱爆炸是造成军舰损失的直接原因，那么这一结论是否能解释所有问题，弹药舱安全系统和弹药本身的安全性又如何呢？以当时条件来看，要求军舰的防护系统完全对炮弹免疫是不可能的——防护性能毕竟要为（高）航速做出妥协，在大战爆发前同时强调这两个要素会使军舰尺寸过大，从政治上讲这是不可接受的——因此完美的防护系统并不存在。战前设计思想要求军舰的防护体能将外来伤害限制在最低程度，并增强动力和武备系统的生存力；在这两者中，由于动力系统更为重要，因此最厚重的侧舷装甲都被布置在发动机舱和锅炉舱两侧。这是因为军舰在一部分主炮失去作用时仍能继续战斗，可一旦动力系统受损就会立即丧失战斗力。这种思想在当时是极其合理的。动力系统受损时，最好的结果是军舰被迫退出战场，最坏的则是落入追击敌人的手中任其宰割——多戈尔沙洲海战中的"狮"号和"布吕歇尔"号就正好分别处于这两种境况。

日德兰海战爆发前，英国海军认为弹药库发生爆炸尽管不是不可能，但可能性也是非常小的——除非有鱼水雷在紧邻弹药舱的区域爆炸。1907 年，他们在索伦（Solent）使用老式战列舰"巨人"号（HMS Colossus）试验了弹药库的安全性，海军上将图波尔（Tupper）对试验结果的看法颇具代表性：

> ……我们在一个满载的弹药舱内引爆了数箱发射药，弹药舱能在达到一定压力时自动泄压。每个人都认为弹药舱会爆炸，可事实上并没有，所以我一直对"玛丽女王"号和"无敌"号在日德兰海战中发生爆炸感到不解。我个人非常肯定即使弹药舱出现火灾也不会导致爆炸，因为"巨人"号的试验已经证明了这一点，而且我们（在海战时）还采取了更多的措施来防止爆炸发生。[1]

在"巨人"号上进行的试验以及其他有关海战中军舰生存能力的试验主要是为了验证发射药降解时弹药舱的安全性。发射药在长时间存放后会发生降解，而且高温和污染还会加速这一进程——后者很可能就出现在发射药的生产过程中。"无敌"级的 12 英寸主炮发射药最初是被储存在气密的大型容器中。1907 年时，有研究表明如果一包发射药在容器内自燃会产生剧烈爆炸，所以之后便使用了较小的圆柱形铜质容器，每个容器中可储存两包发射药（进行一次全装药发射需要装填四包发射药）。铜质容器都被存放在发射药舱内的储存架上，相互之间有一定距离，这样即使一包发射药发生自燃，火灾也不会迅速蔓延；容器的一端设有盖子，后来生产的盖子是易碎型的，这样就能在发射药发生自燃时让燃气冲破容器释放压力，从而（最大可能地）避免损坏附近其他发射药容器。

为了防止因为高温引发危险，发射药舱里设有制冷装置，使舱内温度保持在 21 摄氏度（约 70 华氏度）以下；军舰条令也要求相关人员定期检查弹药舱温度（有关温度的条令后来有所改动，因为发射药温度会影响炮

于 1916 年 7—9 月间拍摄的"狮"号，其 Q 炮塔已被移除并进行修理。（帝国战争博物馆：SP1039）

弹发射时的初速）。

1908 年"巨人"号进行试验后，英国海军决定为所有弹药舱布置通风泄压系统，以便在发射药发生火灾时将燃气压力迅速降低——包括在弹药舱和弹药处理间之间的舱壁上方设置开口，开口位置以薄板覆盖；这块薄板会在内部压力增大的情况下自动打开，但外部压力不会（将其打开）。此外，当时的海军造舰总监瓦茨声称，弹药舱和弹药处理间之间的舱壁"主要是用于防止进水和作为顶部甲板的支撑件，而不是像水密舱壁那样起分割作用"[2]，暗示了它不具有良好的防护功能。按照规定，处理间和弹药舱之间的舱门只会在有弹药通过时才被打开，也只有在此时，火灾才能从弹药处理间进入弹药舱；不过在很多军舰——尤其是战列巡洋舰上，这些舱门在实战中总是处于被打开状态，因而导致了火灾不受阻碍地向外蔓延。

实战中由敌弹引发的弹药舱爆炸不大可能源于那些被用于限制火灾蔓延的铜质发射药容器。另外，如果只是一部分发射药起火，那么弹药舱内的压力也不怎么可能达到危险水平，因为发射药的燃烧需要氧气，当燃烧在不断消耗氧气时压力会在舰体内部被逐渐排泄——主要方向是炮塔和通风系统。日德兰海战无疑已经证明了理想与现实之间的巨大差距，在英国战列巡洋舰上发生的主要相关灾难如下文所述：

"不倦"号：该舰与德国战列巡洋舰"冯·德·塔恩"号交火。下午 4 时后（即双方交火约 15 分钟后），"冯·德·塔恩"号一次齐射中的两枚（也可能是三枚）11 英寸炮弹在击中"不倦"号舰尾 X 炮塔侧面的上甲板后发生爆炸；在此之后，"不倦"号很快向右偏航，舰尾开始迅速下沉。紧接着，它被另一次齐射形成跨射，两枚 11 英寸炮弹再次直接命中，一枚击中 A 炮塔，一枚击中舰桥；经过短暂间隔之后，A 炮塔的弹药舱发生剧烈爆炸，致使军舰迅速沉没。由于"不倦"号在第一次爆炸时并未出现大量黑烟，因此可以推测其 X 炮塔弹药舱的一部分发生爆炸，不仅撕开舰底，还摧毁了舵机系统的动力设备（位于发动机舱）和传动系统（位于舰尾的各舵机之间）。在该舰共 1024 名成员（包括 4 位平民）中，只有 2 人被德国驱逐舰救起。

"玛丽女王"号：下午 4 时 20 分后不久，遭到"德弗林格"号和"赛德利茨"号集火射击的"玛丽女王"号的 Q 炮塔被一枚炮弹击中，该炮塔右侧主炮当即受损失灵。大约 4 分钟后，该舰舰首弹药舱爆炸，舰体在主桅前方区域发生断裂。"玛丽女王"号很快就被大团烟云所笼罩，不过有人看见它的后半部分舰身向上扬起，舰尾露出水面，螺旋桨仍在转动，随后该舰很快翻转沉没。有数位目击者认为军舰的中部弹药舱发生了爆炸，但因为之后有来自（位于军舰中部的）Q 炮塔的人员幸存，所以这并不是事实。不过舰上有幸存者认为弹药处理室发生了因发射药引发的火灾，因此 Q 炮塔基座很有可能是被一枚炮弹洞穿，而这枚炮弹和摧毁前部舰体的那枚都来自于同一轮齐射。在 1275 名舰员中，只有 9 人最终幸存（阵亡者中包括海军造舰总监部门的助理造舰师 K. 斯蒂芬斯）。

"狮"号：该舰在海战开始阶段便被击中多次，但只有一枚敌弹造成了严重损害。下午 4 时，一枚来自"吕措夫"号的 12 英寸炮弹击中"狮"号 Q 炮塔顶部装甲与正面装甲相连、并且距左侧主炮炮孔较近的位置。炮弹击穿装甲后在炮塔内左侧主炮上方发生爆炸，致使顶部装甲板和正面装甲板的中心部分被炸飞，炮塔和炮塔工作室里的人员非死即伤；炮塔内燃起大火，不过损管人员使用了水管从受损敞开的炮塔顶部向内喷水，很快就将其扑灭（但炮塔内部仍存在尚未完全熄灭的火焰，后来发现是电缆表皮在燃烧）。军舰被命中 30 分钟后，大火引燃了位于装填系统顶端的发射药；随后炮塔工作室内、中部提弹篮和弹药舱提弹斗中的发射药被接连引燃，一团巨大的火球从已经敞开的炮塔顶部升至空中，爆炸导致仍位于炮弹舱和发射药舱中的大部分人员遇难。幸运的是，当时弹药舱门已被关闭，相关舱室也早就注水——炮塔指挥官、皇家海军陆战队炮兵少校弗朗西斯·哈维（Francis Harvey）在身负重伤的情况下发出向弹药库注水的命令，他也因此被追授维多利亚十字勋章。杰利科在 1916 年 6 月 16 日的一份备忘录中记述道"炮塔指挥官（哈维）命令军士长到舰桥报告炮塔已失去作用"[3]；同时备忘录还提到火炮军官在 Q 炮塔被命中后不久前往该炮塔弹药舱查看，数名（从上往下）来到炮塔基座的炮塔工作室成员向他通报了情况。根据这一版本的记录可以得知，关闭弹药舱舱门的命令是后来下达的，而随后才从舰桥上传来了向弹药舱注水的命令；当然，向火炮军官报告情况的炮塔工作室成员也可能是哈维派去的，总之是因为他的命令才开启了拯救炮塔的一系列行动，使"狮"号摆脱由于殉爆而最终沉没的命运。不过，来自陆战队轻步兵部队的士兵威尔逊（Wilson）的说法是他当时就站在弹药舱门口，听到了炮塔指挥官下达的关闭舱门的命令。[4]

"无敌"号：在与德国战列巡洋舰的交火中，"无敌"号遭到了来自"德弗林格"号和"吕措夫"号的集火打击。下午6时30分后不久，一枚来自"吕措夫"号的炮弹击穿了该舰Q炮塔的正面装甲并在炮塔内部爆炸，导致炮塔顶部被炸飞，紧接着中部弹药舱发生殉爆，将舰体炸成了两段；但同样可能的是此次爆炸波及舰首和舰尾，引燃了X炮塔（或是A炮塔）的弹药舱。对沉没舰体拍摄的影像资料显示X炮塔已经没有顶部装甲，而这也只可能是由于一次强烈的内部爆炸造成的。

相对发生在英国战列巡洋舰上的灾难而言，德国海军显然就幸运多了——他们使用的发射药虽然也会被引燃，但都没有引发弹药舱殉爆。最典型的例子是多戈尔沙洲海战中的"赛德利茨"号。当时该舰Y炮塔基座上方的9英寸装甲被一枚来自"狮"号的13.5英寸炮弹击中，然而并没有洞穿。炮弹爆炸后产生的破片飞入炮塔工作室，引燃了一些待用发射药，火灾迅速从弹药升降机向下蔓延至弹药处理间和弹药舱。弹药舱成员为了逃生打开了通向X炮塔弹药处理间的舱门，致使火灾继续向前蔓延，也导致这两座炮塔的弹药舱均被摧毁，并造成了惨重的人员伤亡。但在舱内压力和温度达到足以引起爆炸的阈值之前，弹药舱就被注水——在此情况之下，英国军舰肯定早已发生弹

"澳大利亚"号首楼及A炮塔，本图摄于1917年。注意炮塔顶部使用螺栓固定的1英寸附加装甲。（帝国战争博物馆：18717）

1918 年，停泊在罗赛斯的"虎"号，其远处是一艘美国战列舰。（帝国战争博物馆：SP2181）

药舱殉爆。"布吕歇尔"号在多戈尔沙洲，"德弗林格"号（主要是两座炮塔）、"赛德利茨"号和"吕措夫"号在日德兰都发生过发射药火灾；后三艘军舰上的火灾均是由击中炮塔或基座装甲的炮弹所引起，不过只有"德弗林格"号的装甲被完全击穿。

在英国战列巡洋舰发生的灾难中，"狮"号的遭遇被关注得最多，因为事故发生的过程被完整记录了下来。尽管只有供 8 次全装药射击所需的发射药（共 2344 磅）被引燃，但猛烈的爆炸甚至使弹药舱舱壁发生了弯曲变形，虽然注入的水压也对此起了一定作用。另外，从记录中还可发现火焰已经穿过了弹药舱舱壁顶端的通风口盖板，幸运的是这并没有引燃弹药舱内的弹药（此时弹药舱内可能还没有被完全注水）。值得一提的是，多戈尔沙洲海战中的"赛德利茨"号上有供 32 次全装药射击所需的发射药（共 14322 磅）被引燃——这绝对足够

让一艘英国军舰发生致命的殉爆。

日德兰海战后，英国海军采取了大范围的改进措施来降低发射药发生火灾的几率，相关内容总结如下：

（1）改进炮塔的防爆设施。

（2）在弹药舱门上布置防爆窗口（作战中，舱门本身在任何时刻都会处于关闭状态）。

（3）密封所有的弹药舱泄压板。

（4）改进弹药舱门（如有必要的话），使之可以朝弹药处理室方向打开。

（5）所有通往弹药舱的通风管道、弹药舱冷却管道、舱门等设备在作战时都必须保持关闭状态，空气流量只能用于维持成员生存。

（6）弹药舱中的发射药容器只有在需要时才允许打开，容器顶盖只有在绝对必要时才能移除。尤其值得指出的是，在多戈尔沙洲海战之后和日德兰海战之前，英国战列巡洋舰队非常强调在战斗中保持高射速——这导致炮塔成员经常提前将发射药从容器中取出，结果就是弹药处理室和弹药舱中堆

积了大量没有采取防护措施的发射药。

（7）在弹药舱中安装喷淋系统，用于给发射药降温。

（8）在弹药舱顶部和炮塔顶部增设1英寸厚装甲板。

以上改进措施的实施耗时良久，直到20世纪20年代初才全部完成。那些（改进措施的）内容最初都只是舰上官兵提出的临时做法，后来经过逐渐改良才成为永久性措施，并被固定下来。除加装防护装甲板外，这些措施主要都是为了限制发射药火灾的蔓延，但仍然没有解决"火灾为何会迅速而猛烈蔓延"这一根本问题。一个显而易见的结论就是德国海军所用发射药的引燃和燃烧速度都较慢，因而延缓了压力升高的速度。有关该问题的进一步分析如下：

（1）德式发射药被装在薄壁黄铜箱内，这可以延缓发射药所引发火灾在黄铜箱之间的蔓延。

（2）英式发射药包的两端都设有火药引燃装

"狮"号在1919年展现出了它的最终状态——战争后期，海军在该舰第一烟囱上安装了防尘罩（这也是唯一一艘拥有该装置的战列巡洋舰）；在司令塔顶部前端安装了一座测距仪塔（最初的测距仪防护罩被一个瞭望战位所取代），并像"大公主"号那样在上层建筑末端也安装了一座。（作者收藏）

置，这既使得燃烧可在药包之间延续，也导致药包（有更大可能）被火苗引燃。

（3）由于德式发射药采用的制造工艺更加先进，在纯度控制方面优于英式发射药，因此其化学性质更为稳定。

（4）英式发射药的逐步降解现象使其随着时间推移更容易被引燃，也会更快和更猛烈地燃烧，特别是在发射药中混有杂质的情况下。

以上问题中最严重的就是最后那个。到1917年4月，英国所产发射药的质量控制已经有了很大进步，并开始在本国舰队中逐步淘汰老旧型号。另外，英国效仿德国，开始对发射药进行一系列改良，比如研制新的容

1920 年 4 月 24 日，停泊在新西兰奥克兰的"声望"号。（作者收藏）

器（包括金属封套）和取消引燃装置，以及改进制造工艺；然而这些措施中只有最后一项产生了良好效果。英国海军最后得出结论——虽然采用了各种措施来阻止发射药所引起火灾在炮塔和装填系统中的蔓延，但如果有炮弹或破片击穿装甲进入弹药舱，那就没有任何一种方法能保证弹药舱的绝对安全；因此在这种情况下，这些关键舱室应该拥有足够的装甲防护，使之在可预见的交战距离内不被敌弹（或破片）击穿。不过日德兰海战证明了几乎所有的弹药舱殉爆都是在炮塔或炮塔基座被击中后发生的。大多数德军炮弹在击穿厚度为 6 英寸以下的装甲后，在距装甲 5 ~ 20 英尺处爆炸（一枚击中"大公主"号的炮弹甚至在穿透 54 英尺后才发生爆炸）；同时英国人发现这些在炮弹爆炸后产生的破片很少能击穿装甲板（这种情况只发生过一次。在仅被命中一次

的情况下，"新西兰"号的 X 炮塔被击中，爆炸后产生的破片击穿了该舰主甲板，但没有造成严重损害）。当然也有这样一种可能——几乎垂直下落的炮弹会越过侧舷装甲，在炮塔基座的底部附近爆炸，这样它的破片就可能由顶部进入弹药舱。这类情况尤其可能在那种将弹药舱布置于主甲板下方的战列巡洋舰上发生（除那些装备 13.5 英寸主炮战列巡洋舰的 Q 炮塔外）；而在最新型战巡上，弹药舱的位置会（相对以往的战巡）低一个甲板高度。

也许可以得出这样的结论，即如果有性能更稳定的弹药和效果更好的防爆措施，英国战巡在第一次世界大战中的声望就能得到大幅提高，同时也会使这一舰种的建造显得更为合理。可即使是在这种理想状态下，人们也会质疑战列巡洋舰到底更适合扮演何种角色。除火力更强大、可以支援本方战列舰作战外，没有哪种任务是仅限于战列巡洋舰可以而装备 9.2 英寸主炮的装甲巡洋舰所不能执行的——在执行保交作战或侦察任务而与敌方装甲巡洋舰交战时，（前者装备的）大口径主炮并不

是必要的。一战爆发后不久，战列巡洋舰的对手只是装甲巡洋舰，前者占据了绝对优势；但当它们需要面对相同级别的对手时，费舍尔迫切希望获得的那种压倒性优势便不复存在了。他实际上创造出了一种仅拥有短期优势却不具长久价值的混合型军舰。福克兰群岛海战清楚地证明了战列巡洋舰在执行于 1905 年所赋予它们的任务时是非常成功的；然而在执行支援大舰队作战时，英国战巡就需要面对德国舰队中那些类型相同、但在设计理念上并非完全一致的军舰，因此也就无法发挥出面对装甲巡洋舰时的火力优势了——所以很难看出将装甲巡洋舰升级为这样一种价格更加昂贵的大口径主炮主力舰存在什么合理依据。

英国海军在战前对己方的兵员素质、舰艇和装备信心十足，尤其相信他们的大口径舰炮和先进火控系统能做到"先敌命中""沉重打击"。这种思想无疑影响了费舍尔对所需装备的判断，也使他过于轻视装甲的防护性能。从"无敌"级到"声望"级的防护设计进步甚微这一方面来看，费舍尔对装甲的轻视一直都没有改变。人们不禁要问，如果技术进步到允许发展一种真正的高速战列舰，就像 20 世纪 30 年代中各国海军已经做到的那样，费舍尔的选择是接受这种更为理想的主力舰，还是继续要求削减这种军舰的装甲防护，以追求更高的航速和更强的火力呢——至少在作者看来，后者的可能性应该更大。

从某种程度上讲，英国海军对舰炮威力的重视是正确的，因为口径更大的炮弹和威力更强的装药能使英国军舰给德国军舰带来更沉重的打击，这远远超过了后者的炮弹对前者的损害（不过弹药舱殉爆除外）。日德兰海战后，返回基地的英方战列巡洋舰虽然伤痕累累，但大多是程度较轻的损伤——最严重的就是"狮"号的 Q 炮塔；而德方的"吕措夫"号、"赛德利茨"号和"德弗林格"号遭受了严重的结构损伤，特别是各舰舰首部位（均导致大量进水）。其中，"吕措夫"号由于进水过多，德国海军甚至不得不在返回基地的途中放弃救援，由其他军舰用鱼雷将其击沉。"赛德利茨"号最终极为

艰难地返回了基地。"德弗林格"号的维修一直持续到 10 月中旬，而"赛德利茨"号也是直到 9 月 16 日才完成修理；英国方面，"虎"号、"大公主"号和"狮"号分别在 7 月 1 日、15 日和 28 日就已经维修完毕，只是"狮"号的 Q 炮塔由于被彻底移除（到 9 月才更换了新炮塔），因此火力有所减弱。

毫无疑问的是，如果英国海军所用的弹药质量与德制弹药相当，并且采取更安全的弹药舱隔离措施，他们的损失肯定会（相较实际结果而言）更轻微，甚至可能不会损失任何一艘战巡；关键是如果弹药本身以及弹药供应的安全性较高的话，其损失就绝对不会这么大。此外，英制炮弹的设计劣于德制型号，这也抵消了英国军舰本身具有的强大攻击力（主要是因为战前英国海军将经费集中用在了纳税人看得到的舰艇规模发展上，而忽略了那些本应广泛进行的试验工作）——比如被帽穿甲弹质量拙劣、缺乏延时引信，以及战列巡洋舰队的炮术不精等，这些问题使战场优势转移到了德国一方。由此可以得出结论，英国在没有实战经验的情况下为军舰各种性能之间的平衡所做选择是正确的，但从整体政策看却在细节上出现了严重失误。从学术研究角度来加以分析的确有些事后之明，可必须澄清的是，英国战前的战列巡洋舰设计并没有出现根本错误。海军造舰总监相关部门是按照海军部相关要求来设计军舰的，他们不用为概念上的错误负责；他们也无需对弹药的性能负责，虽然该部门人员对装甲布置的薄弱性至少要承担一部分责任。本书作者的基本观点是——导致所有问题出现的主要原因是战列巡洋舰的设计概念。将大口径主炮安装在装甲巡洋舰上的决定是应作为满足快速侧翼部队支援主力舰队作战的要求而做出的，这就使战列巡洋舰最终还是要与对方舰队中的同类军舰交战，而不是支援本方战列舰队。如果英国没有建造战巡，那么德国也不会，进而舰艇设计的发展将使装甲巡洋舰装备统一口径的主炮，这就有可能成为向高速战列舰发展的开端。当然，我们没有理由相信北海上的战斗会有什么不同，但实战本身便已经明示了战列巡洋舰具有的价值。

各舰服役简史

"无敌"号

1908 年 9 月 8 日：马克·E.F. 科尔（Mark E.F.Kerr）被任命为首任舰长。

1908 年 9 月 26 日：出坞。

1908 年 10 月 21 日：从泰恩驶往斯比得海德。

1908 年 10 月 23 日：抵达朴茨茅斯。

1908 年 11 月 3 日至 11 日：在英吉利海峡海试。

1909 年 1 月 23 日至 3 月 6 日：在位于泰恩的赫伯恩船坞。

1909 年 3 月 16 日：完工。

1909 年 3 月 17 日：从泰恩驶往朴茨茅斯。

1909 年 3 月 20 日：在朴茨茅斯服役，加入的是本土舰队第 1 分舰队第 1 巡洋舰中队。

1909 年 8 月 17 日至 1910 年 1 月 17 日：在朴茨茅斯维修。

1910 年 8 月 3 日至 10 月 26 日：在朴茨茅斯维修。

1911 年 3 月 13 日至 6 月 2 日：处于维修状态（仅保留有核心舰员）。

1911 年 3 月 28 日：R.P.F. 普里福伊（R.P.F.Purefoy）被任命为舰长。

1911 年 5 月 16 日：在朴茨茅斯重新加入第 1 巡洋舰中队。

1911 年 12 月 15 日至 1912 年 1 月 11 日：在朴茨茅斯维修。

1912 年 4 月 16 日至 5 月 4 日：在朴茨茅斯维修。

1912 年 5 月 1 日：M. 库尔姆西摩（M.Culmseymour）被任命为舰长。

1912 年 11 月 1 日至 28 日：在朴茨茅斯维修。

1913 年 1 月 1 日：第 1 巡洋舰中队改称为第 1 战列巡洋舰中队。

1913 年 3 月 17 日：在斯托克斯湾与 C-34 号潜艇相撞，未有损伤，相撞责任被归咎于潜艇。

1913 年 8 月：加入地中海舰队第 2 战列巡洋舰中队，H.B. 佩利（H.B.Pelly）被任命为舰长。

1913 年 10 月 30 日至 11 月 5 日：在马耳他维修。

1913 年 12 月：返回英国大修。

1914 年 3 月至 7 月：在朴茨茅斯大修（将炮塔的驱动方式由电力改为液压），仅保留有核心舰员。佩利舰长留任。

1914 年 8 月 1 日：C.M. 德巴尔托姆（C.M.de Bartolome）被任命为舰长。

1914 年 8 月 3 日：加入第 2 战列巡洋舰中队。

1914 年 8 月 12 日：成为第 2 战列巡洋舰中队司令，即海军少将A.G.H.W. 摩尔爵士（A.G.H.W.Moore）的旗舰。

1914 年 8 月 28 日：参与赫尔格兰湾海战。

1914 年 9 月中旬：加入第 1 战列巡洋舰中队。

1914 年 10 月 1 日：加入第 2 战列巡洋舰中队。

1914 年 11 月 5 日：离开大舰队序列，即将被调往南大西洋。

1914 年 11 月 8 日至 11 日：在德文波特入坞维修；于 11 月 9 日成为海军少将斯特迪（Sturdee）的旗舰，旗舰长为 P.T.H. 比米什（P.T.H.Beamish）。

1914 年 11 月 11 日：驶往南大西洋。

1911 年 12 月 8 日：参与福克兰群岛海战。

1914 年 12 月 16 日：在搜索"德雷斯顿"号后起航返回英国。

1915 年 1 月 11 日至 2 月 13 日：在直布罗陀维修。

1915 年 2 月底：抵达斯卡帕湾。

1915 年 3 月底：在罗赛斯加入第 3 战列巡洋舰中队。

1915 年 4 月至 5 月：在泰恩维修。

1915 年 5 月 26 日：成为第 3 战列巡洋舰中队司令，即海军少将 H. 胡德（H.Hood）的旗舰。

1916 年 5 月：维修后在斯卡帕湾加入大舰队。

1916 年 5 月 31 日：在日德兰海战中战沉。

1916 年 6 月 3 日：官方正式将其除役。

"不屈"号

1908 年 6 月 1 号：亨利·H. 托莱斯（Henry H.Torlesse）被任命为舰长。

1908 年 10 月 20 日：在查塔姆正式服役，加入本土舰队诺尔中队。

1908 年 10 月至 1909 年 1 月：因在火炮试验中受损，遂前往查塔姆维修。

1909 年 3 月：加入新成立的本土舰队第 1 巡洋舰中队。

1909 年 9 月 16 日：为参加在纽约举行的哈德逊—富尔顿庆典，成为海军元帅 F.H. 西摩（F.H.Seymour）的旗舰。

1909 年 10 月：返回英国。

1909 年 10 月 11 日至 12 月：处于维修状态。

1909 年 12 月 14 日：C.L. 纳皮尔被任命为舰长。

1910 年 8 月 23 日至 10 月 12 日：在查塔姆维修。

1911 年 5 月 26 日：与"贝勒罗丰"号在波特兰外海相撞，导致舰首受损；责任被归咎于"贝勒罗丰"号。

1911 年 10 月 9 日至 11 月 25 日：在查塔姆维修。

1911 年 11 月 21 日：R.F. 菲利摩尔（R.F.Phillimore）被任命为舰长。

1911 年 11 月 18 日至 1912 年 5 月 8 日：在"不挠"号维修期间临时担任第 1 巡洋舰中队司令，即海军少将贝利（Bayly）的旗舰（5 月 8 日时由"狮"号接任）。

1912 年 5 月 8 日：R.S. 菲普斯－霍恩比被任命为舰长。

1912 年 10 月至 12 月：在查塔姆维修。

1912 年 11 月 5 日：在查塔姆重新服役，成为地中海舰队司令，即海军上将 A. 伯克利－米尔恩爵士（A.Berkeley-Milne）的旗舰，舰长为 A.N. 洛克斯利（A.N.Loxley）。

1914 年 8 月：参与（但最终并未成功的）搜索"格本"号和"布雷斯劳"号的行动。

1914 年 8 月 18 日：离开马耳他返回英国。

1914 年 8 月 28 日：F. 菲利摩尔（F.Phillimore）被任命为舰长。

1914 年 8 月底：在罗塞斯加入大舰队第 2 战列巡洋舰中队。

1914 年 11 月：脱离大舰队，准备前往南大西洋。

1914 年 11 月 8 日至 11 日：在德文波特维修。

1914 年 12 月 8 日：参与福克兰群岛海战。

1914 年 12 月至 1915 年 1 月：在直布罗陀维修。

1915 年 1 月 24 日：抵达达达尼尔，取代"不倦"号成为地中海舰队司令，即海军元帅卡登（Carden）的旗舰。

1915 年 2 月 19 日至 3 月 18 日：参与达达尼尔战役。

1915 年 3 月 18 日：在达达尼尔触雷。

1915 年 4 月至 6 月：在马耳他和直布罗陀维修。

1915 年 6 月 19 日：返回英国，并加入第 3 战列巡洋舰中队。

1916 年：西顿－埃利斯（Heaton-Ellis）被任命为舰长。

1916 年 5 月 31 日：参与日德兰海战。

1916 年 6 月 5 日：加入第 2 战列巡洋舰中队。

1918 年 2 月 1 日：在梅岛与 K-22 潜艇相撞。

1918 年 11 月 21 日：参加德国公海舰队投降仪式。

1919 年 3 月：成为诺尔预备役舰队旗舰。

1920 年 3 月 31 日：退役。

1921 年 12 月 1 日：被出售给位于多佛的斯坦利拆船公司。

1922 年 4 月 8 日：离开德文波特并被拖往多佛，经重新出售后在德国解体。

"不挠"号

1908 年 6 月 20 日：在朴茨茅斯服役，舰长为 H.G. 金－霍尔（H.G.King-Hall）。搭载乔治王子前往加拿大参加魁北克殖民 300 周年庆典。7 月 15 日与"米诺陶"号巡洋舰一同离开英国，后于 8 月 2 日返回。

1908 年 8 月 10 日：返回查塔姆，由制造商完成最后的建造工作。

1908 年 10 月 28 日：离开船厂加入本土舰队诺尔中队。

1909 年 3 月：加入本土舰队第 1 巡洋舰中队。

1909 年 7 月 26 日：成为第 1 巡洋舰中队海军少将 S. 科尔维尔（S.Colville）的旗舰，C.M. 德巴尔托姆（C.M.de Bartolome）被任命为舰长。

1910 年 7 月至 8 月：在查塔姆维修。

1911 年 1 月 3 日：A.A.M. 杜夫（A.A.M.Duff）被任命为舰长。

1911 年 2 月 13 日至 4 月 1 日：处于维修状态。

1911 年 2 月 24 日：成为海军少将刘易斯·贝利（Lewis Bayly）的旗舰。

1911 年 11 月 25 日：仅保留有本舰核心舰员。

1911 年 11 月 20 日至 1912 年 2 月 14 日：处于维修状态。

1912 年 2 月 21 日：重新服役，成为第 2 巡洋舰中队司令，即海军少将乔治·瓦伦德爵士（George Warrender）的旗舰，舰长为 G.H. 拜尔德（G.H.Baird）。

1912 年 12 月 11 日：临时加入本土舰队第 1 巡洋舰中队（从 1913 年 1 月起改称第 1 战列巡洋舰中队），舰长为 F.W. 肯尼迪（F.W.Kennedy）。

1913 年 8 月 27 日：加入位于地中海的第 2 战列巡洋舰中队。

1914 年 7 月：在马耳他维修。

1914 年 8 月：参与搜索"格本"号和"布雷斯劳"号的行动。

1914 年 9 月至 11 月：参与达达尼尔战役（于 11 月 3 日炮击敌军外围防御阵地）。

1914 年 12 月 26 日：返回本土，加入在北海活动的战列巡洋舰队。

1915 年 1 月初：维修后加入第 2 战列巡洋舰中队。

1915 年 1 月 24 日：参与多戈尔沙洲海战。

1915 年 2 月：加入第 3 战列巡洋舰中队。

1915 年 2 月至 3 月：由于电力系统起火而处于维修状态。

1915 年 5 月 31 日：参与日德兰海战。

1916 年 6 月 5 日：加入第 2 战列巡洋舰中队。

1916 年 8 月：处于维修状态。M.H. 霍奇斯（M.H.Hodges）被任命为舰长。

1918 年 11 月 21 日：参加德国公海舰队投降仪式。

1919 年 2 月：加入诺尔预备役舰队。

1920 年 3 月 31 日：退役。

1921 年 12 月 1 日：被出售给位于多佛的斯坦利公司。

1922 年 8 月 30 日：被拖往多佛进行解体。

"不倦"号

1911 年 1 月 17 日：A.C. 莱韦森（A.C.Leveson）被任命为舰长。

1911 年 2 月 24 日：在德文波特加入本土舰队第 1 巡洋舰中队。

1913 年 1 月：第 1 巡洋舰中队改称为第 1 战列巡洋舰中队。

1913 年 2 月 24 日：C.F. 索尔比（C.F.Sowerby）被任命为舰长。

1913 年 12 月：加入位于地中海的第 2 战列巡洋舰中队。

1914 年 8 月：参与搜索"格本"号和"布雷斯劳"号的行动。

1914 年 11 月 14 日至 1915 年 1 月：参与达达尼尔战役。

1915 年 1 月 24 日：前往马耳他维修。

1915 年 2 月 14 日：离开马耳他返回英国。

1915 年 2 月：加入大舰队第 2 战列巡洋舰中队。

1916 年 4 月至 5 月：临时代替"澳大利亚"号，成为第 2 战列巡洋舰中队旗舰。

1916 年 5 月 31 日：在日德兰海战中战沉。

"新西兰"号

1912 年 9 月 21 日：莱昂内尔·哈尔西（Lionel Halsey）被任命为舰长。

1912 年 11 月 19 日：在加文服役，但仅保留有核心舰员。

1912 年 11 月 23 日：在朴茨茅斯以满员状态加入本土舰队第 1 巡洋舰中队。

1913 年 2 月 6 日：离开朴茨茅斯进行环球航行，并访问新西兰。

1913 年 12 月 8 日：返回德文波特。

1913 年 12 月：在德文波特维修，随后加入本土舰队第 1 战列巡洋舰中队。

1914 年 8 月 19 日：加入第 2 战列巡洋舰中队。

1914 年 8 月 28 日：参与赫尔格兰湾海战。

1914 年 9 月 1 日：重新加入第 1 战列巡洋舰中队。

1915 年 1 月 15 日：成为第 2 战列巡洋舰中队司令，即海军少将 A.G.H.W. 摩尔爵士（A.G.H.W.Moore）的旗舰。

1915 年 1 月 24 日：参与多戈尔沙洲海战。

1915 年：J.E.F. 格林（J.E.F.Green）被任命为舰长。

1916 年 4 月 22 日：与"澳大利亚"号相撞。

1916 年 4 月至 5 月：在罗赛斯维修。

1916 年 5 月 31 日：参与日德兰海战。

1916 年 11 月：在罗赛斯维修。

1916 年 11 月：临时加入第 1 战列巡洋舰中队。

1916 年 11 月 29 日至 1917 年 1 月 7 日：取代"澳大利亚"号，成为第 2 战列巡洋舰中队旗舰。

1918 年 12 月至 1919 年 2 月：处于维修状态。

1919 年 2 月至 1920 年 2 月：参与帝国巡游航行。

1920 年 3 月 15 日：退役，并加入罗赛斯预备役舰队。

1920 年 7 月：成为罗赛斯预备役舰队旗舰。

1921 年 10 月：降至最低维护状态。

1922 年 4 月 19 日：正式退役。

1922 年 12 月 19 日：被出售给位于罗赛斯的 SB 公司，随后进行了解体。

"澳大利亚"号

1913 年 5 月 17 日：S.H. 拉德克利夫（S.H.Radcliffe）被任命为舰长。

1913 年 6 月 21 日：在朴茨茅斯服役，成为皇家澳大利亚海军旗舰。

1913 年 6 月 23 日：舰上升起了海军少将 G.E. 佩蒂的将旗。

1913 年 7 月：在"悉尼"号巡洋舰陪同下，离开朴茨茅斯前往澳大利亚。

1913 年 10 月 4 日：抵达悉尼。

1914 年 12 月：经合恩角前往英国。

1915 年 1 月 28 日至 29 日：抵达普利茅斯，临时退役并进行了维修。

1915 年 2 月 17 日：加入第 2 战列巡洋舰中队。

1915 年 2 月 22 日：成为第 2 战列巡洋舰中队旗舰（司令为海军中将 G.E. 佩蒂）。

1915 年 3 月 8 日：海军中将佩蒂相关职位由海军少将 W.C. 帕肯汉姆接替。

1916 年 4 月 22 日：与"新西兰"号相撞。

1916 年 4 月至 6 月：先后在位于泰恩的浮动船坞和德文波特维修。

1916 年 6 月 9 日：在罗赛斯重新加入第 2 战列巡洋舰中队。

1917 年 12 月 12 日：与"反击"号相撞。

1917 年 12 月至 1918 年 1 月：处于维修状态。

1918 年 11 月 21 日：参加德国公海舰队投降仪式。

1921 年 4 月 23 日：前往澳大利亚。

1921 年 5 月 28 日：抵达弗里曼特尔。

1921 年至 1923 年：担任澳大利亚海军旗舰。

1924 年 4 月 24 日：在悉尼以东 23 海里处自沉。

"狮"号

1911 年 11 月：A.A.M. 杜夫被任命为舰长。

1912 年 1 月：首次进行动力海试。

1912 年 1 月至 5 月：在德文波特重建。

1912 年 6 月 4 日：在德文波特服役，成为本土舰队第 1 巡洋舰中队司令，即海军少将刘易斯·贝利的旗舰。

1913 年 1 月 1 日：第 1 巡洋舰中队改称第 1 战列巡洋舰中队。

1913 年 3 月 1 日：A.E.M. 查特菲尔德（A.E.M.Chatfield）被任命为舰长，同时该舰成为海军少将戴维·贝蒂的旗舰，并在整个战争期间一直担任大舰队战列巡洋舰队旗舰。

1914 年 8 月 28 日：参与赫尔格兰湾海战。

1915 年 1 月 24 日：参与多戈尔沙洲海战。

1915 年 1 月至 4 月：处于维修状态。

1915 年 4 月 7 日：在罗赛斯重新加入战列巡洋舰队。

1916 年 5 月 31 日至 6 月 1 日：参与日德兰海战。

1916 年 6 月 2 日：返回罗赛斯准备维修。

1916 年 6 月 3 日至 26 日：在罗赛斯维修。

1916 年 6 月 27 日至 7 月 7 日：在泰恩维修。

1916 年 7 月 9 日至 19 日：在罗赛斯维修。

1916 年 7 月 19 日：在罗赛斯重新加入战列巡洋舰队，但当时仍然缺失 Q 炮塔。

1916 年 9 月 6 日至 23 日：在泰恩重新安装 Q 炮塔。

1916 年 12 月：成为战列巡洋舰队司令，即海军中将 W.C. 帕肯汉姆的旗舰，同时贝蒂成为大舰队司令。

1919 年 4 月：加入大西洋舰队。

1920 年 3 月：加入罗赛斯预备役舰队。

1922 年 5 月 30 日：退役。

1924 年 1 月 31 日：被出售并解体。

"大公主" 号

1912 年 8 月 1 日：O. 德·B. 布洛克（O.de B.Brock）被任命为舰长。

1912 年 11 月 14 日：在德文波特服役，并加入第 1 战列巡洋舰中队。

1914 年 8 月 28 日：参与赫尔格兰湾海战。

1914 年 9 月 28 日：离开克罗马蒂，准备与来自加拿大的运兵船队会合，并为其提供护航。

1914 年 10 月 10 日：与运兵船队在北大西洋会合。

1914 年 10 月 26 日：重新加入第 1 战列巡洋舰中队。

1914 年 11 月：离开舰队，在大西洋参加搜索冯·斯佩舰队的行动。

1914 年 11 月 21 日：抵达哈利法克斯，在纽约外海活动，随后前往加勒比海执行对巴拿马运河的监视。

1914 年 12 月 19 日：离开牙买加的金斯顿返回英国。

1915 年 1 月 24 日：参与多戈尔沙洲海战。

1915 年 1 月：W. 科万（W.Cowan）被任命为舰长。

1916 年 5 月 31 日至 6 月 1 日：参与日德兰海战。

1916 年 6 月 14 日至 7 月 15 日：在朴茨茅斯维修。

1916 年 7 月 15 日：重新加入舰队。

1919 年 4 月至 10 月：转隶于大型巡洋舰舰队。

1920 年：加入罗赛斯预备役舰队。

1922 年 2 月 22 日：成为苏格兰海岸防御舰队旗舰。

1923 年 8 月 13 日：抵达拆船厂。

"玛丽女王" 号

1913 年 7 月 1 日：W.R. 霍尔（W.R.Hall）被任命为舰长。

1913 年 9 月 4 日：在朴茨茅斯加入本土舰队第 1 战列巡洋舰中队。

1914 年 10 月 13 日：C.I. 普劳斯（C.I.Prowse）被任命为舰长。

1914 年 8 月 28 日：参与赫尔格兰湾海战。

1915 年 1 月至 2 月：在朴茨茅斯维修。

1916 年 5 月 31 日：在日德兰海战中战沉。

"虎" 号

1913 年 8 月 3 日：H.B. 佩利（H.B.Pelly）被任命为舰长。

1914 年 10 月 3 日：在克莱德河服役，并加入大舰队第 1 战列巡洋舰中队。

1915 年 1 月 24 日：参与多戈尔沙洲海战。

1915 年 12 月：在泰恩维修。

1916 年 5 月 31 日：参与日德兰海战。

1916 年 6 月 6 日：在罗赛斯修理，同时 R.W. 本廷克（R.W.Bentinck）被任命为舰长。

1916 年 7 月 2 日：重新加入舰队。

1916 年 11 月 10 日至 1917 年 1 月 29 日：在罗赛斯维修。

1919 年 4 月：加入大西洋舰队。

1921 年 8 月 22 日：转为预备役。

1922 年 3 月：在罗赛斯维修。

1924 年 2 月 14 日：在罗赛斯重新服役，后在朴茨茅斯担任火炮训练舰。

1926 年 4 月至 6 月：在朴茨茅斯维修，随后加入大西洋舰队战列巡洋舰中队。

1931 年 5 月 15 日：在罗赛斯退役。

1932 年 2 月：被出售给 T.W. 沃德公司，随后进行了解体。

"声望" 号

1916 年：H.F.P. 辛克莱尔（H.F.P.Sinclair）被任命为舰长。

1916 年 9 月 18 日：离开法尔菲尔德。

1916 年 9 月 19 日：进行火炮试验。

1916 年 9 月 21 日：进行动力试验，随后前往朴茨茅斯入坞。

1917 年 1 月：加入第 1 战列巡洋舰中队。

1917 年 2 月 1 日至 4 月 1 日：在朴茨茅斯维修。

1918 年：A.W. 克雷格（A.W.Craig）被任命为舰长。

1918 年 11 月 21 日：参加德国公海舰队投降仪式。

1919 年 4 月 7 日：加入大西洋舰队战列巡洋舰中队。

1948 年 8 月：被出售并进行解体。

"反击" 号

1916 年 8 月 15 日：在克莱德湾进行动力海试。

1916 年 8 月 18 日：进行火炮试验，随后前往朴茨茅斯完成最后的建造工作，并入坞。

1916 年 9 月 15 日：北上加入大舰队途中，在阿兰进行了动力海试。

1916 年 9 月 21 日：加入大舰队，并成为第 1 战列巡洋舰中队旗舰。

1917 年 11 月 17 日：参与赫尔格兰湾行动。

1918 年 11 月 21 日：参加德国公海舰队投降仪式。

1918 年 12 月 17 日：退役并长期处于维修状态。

1941 年 12 月 10 日：在马来亚外海被日本飞机击沉。

"光荣" 号

1916 年 10 月 23 日：服役并进行海试。

1917 年 1 月：成为大舰队第 3 轻巡洋舰中队旗舰。

1917 年 11 月 17 日：参与赫尔格兰湾行动。

1918 年 11 月 21 日：参加德国公海舰队投降仪式。

1919 年 2 月 1 日：在罗赛斯加入预备役舰队。

1920 年 12 月：在德文波特成为火炮训练舰。

1921 年至 1922 年：担任德文波特预备役舰队旗舰（司令军衔为海军少将）。

1923 年 9 月：在朴茨茅斯转为预备役军舰。

1924 年 2 月 14 日：在罗赛斯退役，并被改装成为航空母舰。

1940 年 6 月 8 日：在挪威战役中被"沙恩霍斯特"号和"格奈森诺"号击沉。

"勇敢" 号

1917 年：隶属于大舰队第 3 轻巡洋舰中队。

1917 年 11 月 17 日：参与赫尔格兰湾行动。

1918 年：转隶于大舰队第 1 巡洋舰中队。

1918 年 11 月 21 日：参加德国公海舰队投降仪式。

1919 年至 1920 年：在朴茨茅斯担任火炮训练舰。

1921 年至 1924 年：处于预备役状态。

1924 年 6 月 29 日：在德文波特，并开始被改装为航空母舰。

1939 年 9 月 17 日：被 U-29 潜艇击沉。

"暴怒" 号

1917 年 7 月 4 日：在斯卡帕湾加入大舰队。

1917 年至 1918 年：被改装成航空母舰。

1922 年至 1925 年：被重建成航空母舰。

1948 年 3 月 15 日：被出售并解体。

参考资料

出版物

海军部，《日德兰海战实录》（HMSO，1942 年）

海军部，《日德兰海战官方记录》（HMSO，无具体日期）

海军上将 R.H. 培根爵士，《约翰·拉什沃思·杰利科子爵》（卡塞尔，1936 年）

海军上将 R.H. 培根爵士，《海军元帅费舍尔爵士》（2 卷本，霍德与斯特罗顿，1929 年）

——，《海军杂记》（赫钦森，1940 年）

——，《1900 年以来》（赫钦森，1940 年）

J. 布鲁克斯，《无畏舰炮术与日德兰海战》（鲁特莱基，2000 年）

R.A. 伯特（R.A.Burt），《第一次世界大战中的英国战列舰》（武器与装甲出版社，1986 年）

N.J.M. 坎贝尔（N.J.M.Campbell），《战列巡洋舰》（《战舰》特刊 1，康威海事出版社，1978 年）

——，《日德兰海战分析》（康威海事出版社，1978 年）

J.S. 科比特爵士（J.S.Corbett），《海军行动》（1 ~ 3 卷，朗曼，1920—1923 年）

E.H.W.T. 迪恩古尔爵士，《一个造船师的轶事》（赫钦森，无日期，但大约为 1947 年）

海军元帅费舍尔爵士，《回忆录》（霍德与斯特罗顿，无日期）

——，《记录》（霍德与斯特罗顿，无日期）

W.H. 亨德森（编辑），《海军评论》（第 5 卷，海军学会，约 1920 年）

A.W. 乔斯，《1914—1918 年战争澳大利亚官方史，第九卷：皇家澳大利亚海军》（安格斯与罗宾逊，1928 年）

海军中校 P.K. 肯普，《海军上将费舍尔爵士文件》（2 卷本，海军记录学会，1960 年及 1964 年）

R.F. 麦凯，《基尔维斯顿的费舍尔》（克拉伦敦出版社，1973 年）

A.J. 马德尔，《英国海上力量剖析》（弗兰克·卡斯，1964 年，但初版已经于 1940 年发行）

——，《恐神与无畏》（2 卷本，乔纳森角，1952 年及 1956 年）

——，《从无畏舰到斯卡帕湾》，（5 卷本，牛津大学出版社，1961—1970 年）

《海军年鉴》，1900—1914 年诸版（格里芬，1900—1914 年）

莫里斯·诺斯科特，《军旗特刊："胡德"——设计与建造》（比沃亚图书，1975 年）

——，《军旗 8："声望"与"反击"》（英国战争国际出版公司，1978 年）

奥斯卡·帕克斯博士，《英国战列舰》（西利出版社，1966 年）

A.T. 帕特森（编辑），《杰利科文件》（2 卷本，海军记录学会，1966 年及 1968 年）

B. 兰福特（编辑），《贝蒂文件》（第一卷——1902—1918 年，海军记录学会，1989 年）

A. 雷文与 J. 罗伯茨，《第二次世界大战中的英国战列舰》（武器与装甲出版社，1976 年）

阿历克斯·理查德森，"帕森斯涡轮蒸汽机的发展"，摘自《工程》（1911 年）。

西奥多·罗普（但具体文字编辑为 S. 罗伯茨），《一支现代海军的发展：法国海军政策 1871—1904 年》（海军学院出版社，1987 年）

乔恩·墨田哲郎，《捍卫海军优势：财政、技术与英国海军政策，1889—1914 年》（昂温·海曼，1989 年）

海军上将 R. 图波尔德爵士，《回忆》（杰洛茨，约 1923 年）

海军中将 C.V. 厄斯本，《冲击与反冲击》（莫里，1935 年）

非出版物

机密文件摘要，地中海舰队，1899—1902 年（海军部）

皇家海军舰队炮术手册（第一卷），1915 年（海军部）

液压手册增补——BL-12 英寸 B VIII 型炮塔（维克斯），1907 年（海军部）

军舰手册（国家海事博物馆收藏）

"无敌"级，ADM138/284/285

"贝勒罗丰"级，ADM138/250/251

"E"级战列巡洋舰和"F"级战列舰，ADM138/319

"圣文森特"级，ADM138/265

"不倦"级，ADM138/324/325

"海王星"号，ADM138/264

"大力神"号和"巨人"号，ADM138/320

"猎户座"级，ADM138/346/347

"狮"号和"大公主"号，ADM138/348/349

"国王乔治五世"级，ADM138/338/339

"玛丽女王"号，ADM138/378

"虎"号，ADM138/420

"伊丽莎白女王"级，ADM138/340/341

"王权"级，ADM138/417/418

"声望"号、"反击"号和"抵抗"号（1914—1915 年计划所造战列舰），ADM138/416

"声望"号和"反击"号（战巡），ADM138/463/464

"勇敢"级，ADM138/453/454

"胡德"级，ADM138/449 ~ 452

"G3"级战列巡洋舰，ADM138/623/624

国家档案馆及基尤（前公开记录办公室），均来自海军部文件

战术演习评注——ADM1/7597

火炮新技术对舰队战术的影响，1910 年——ADM1/8051

12 英寸 A* 型舰炮设计——ADM1/8064

战斗演习规则的变化——ADM1/8065

战列巡洋舰设计，1916 年—— ADM1/9209

"胡德"级，装甲，1916 年——ADM1/9210

皇家海军舰艇设计，1909 年—— ADM116/1013A

火控委员会报告，1921 年——ADM116/2068

弹药舱的防护——ADM116/2348

皇家海军舰载武器的发展——ADM116/4041

德雷尔火控平台使用手册——ADM137/466

日德兰委员会报告——ADM137/2028

多戈尔和日德兰海战报告集——ADM137/2134

Mk II 及 Mk II* 型炮塔（装载 BL-13.5 英寸主炮）液压系统手册增补—— ADM185/190

火炮装备的发展，1920 年——ADM186/244

海军炮术的发展，1914—1918 年—— ADM186/238

英国的蒸汽动力船舶——ADM186/837

皇家海军舰载武器——ADM186/865

海军军械总监处理的主要问题，1900—1911 年——ADM256/36 ~ 44

指挥仪手册，1917 年——ADM186/227

战列巡洋舰舰志—— ADM53

海军部图书馆

皇家海军舰艇火控技术历史与索引，TH23（海军部，1919 年）

海军上校 F.C. 德雷尔火控平台手册（海军部，1918 年）

注释

起源

1. 《海军杂记》，第225页。培根在《1900年以来》（第24页）中作了进一步评论："费舍尔就是一部活的扬谷机，他欢迎任何有见地的人提出建议；他汲取这些想法，就像把麦粒从壳中剥离一样。我们大部分海军将领从不会向任何上校以下级别的军官征询意见，尤其是那几位顽固至极的将领。费舍尔恰恰相反，只要能收集到自己需要的信息，他才不会在乎对方的级别和资历，他的磨坊从不拒绝任何一种谷物。另外，费舍尔总是对帮助过自己的人全心全意地感激着；他从不会把他所提出的方案都假装成来源于自己的头脑，他在赏识别人这一方面从来都是最为坦荡的。"

2. 《机密文件摘要，地中海舰队，1899—1902年》（以下简称为《地中海文件》），第75～76页。引用的段落写于1902年，其缩写和修改版本后来也出现在多个文件中，包括《海军的必需》和1905年设计委员会所提交的报告。费舍尔至少早在1900年就提出过类似建议。

3. 费舍尔致塞尔伯恩，《恐神与无畏》（第一卷），第177～178页。

4. 这里的法国战列舰是"共和国"级（共2艘）和"自由"级（共4艘），它们属于法国1900年时制订的舰队扩张计划，于1901—1903年间开工。

5. 《地中海文件》，第10～11页。

6. 1901年，海军部要求设计一种（炮弹拥有）高初速的50倍径10英寸舰炮，军械委员会推荐了埃尔斯维克公司的设计；海军部委员会批准了这一设计，但最终并未订购。这有可能是费舍尔建议的，然而没有文件支持该观点。不过费舍尔与安德鲁·诺尔爵士关系密切，如果这一设计存在，后者肯定会告诉他，因为费舍尔已经多次提到过阿姆斯特朗公司所设计的10英寸舰炮。

7. 《现代海军发展》，第301页。

8. 《地中海文件》，第31页。

9. 同上，第3页。这里提到的"追击时3000码距离"考虑的是鱼雷和目标进行相向航行的情况。

10. 《海军杂记》，第241～244页；《1900年以来》，第31～32页。培根并没有提到具体的日期，但这肯定发生在他在地中海舰队指挥"印度皇帝"号期间。他在1900年6月晋升为海军上校。培根声称数次战术板演习都证明了他的观点是正确的。

11. 《地中海文件》，第90页。

12. 美国海军刚刚经历了1898年的美西战争。战后，美国海军的舰艇设计目标从执行近岸防御转向了建立一支蓝水海军；为此，他们需要建造更大的远洋型战列舰，所以将重型副炮和重型装甲视为新型战列舰的标准装备。

13. 虽然"纳尔逊勋爵"号和"阿伽门农"号属于1903—1904财年的造舰计划，但两舰的建造被推迟了一年，直到1905年才开工。

14. 这些军舰属于"康涅狄克"级（标准排水量16000吨，装备4门12英寸、8门8英寸和12门7英寸舰炮，侧舷装甲带厚11英寸，航速18节）和"田纳西"级（标准排水量14500吨，装备4门10英寸和16门6英寸舰炮，侧舷装甲带厚5英寸，航速为22节）。两级军舰的设计均于1901年12月得到批准，它们的前两艘都在1903年开工，并于1906年建成。

15. 《决定性海战中战列舰航速与加强装甲和舰炮相比下的战术价值》，ADM1/7597。虽然该文件完成于1902年2月，但直到该年5月才有印刷版出现。（请注意，培根于前一年就教授了海战课程）

16. 同上。卡斯腾斯对费舍尔和他的建议不屑一顾，后来还成为反对后者实施改革的领军人物。对费舍尔来说，幸运的是

卡斯腾斯的继任者是巴腾堡的路易斯亲王，他是自己的好友，于1902年11月就任海军情报总监（DNI）。

17. 《海军上校H.J.梅关于格林威治皇家海军学院开展的战术演习及其问题的评注》，ADM1/7597。

18. 培根，《费舍尔勋爵》（第一卷），第248页。

19. 其他成员还包括海军上校杰利科、麦登和杰克逊，海军中校W.亨德森和A.格拉西。费舍尔将这个非官方的委员会称为"七个大脑"。

20. 《费舍尔勋爵》（第一卷），第256页。

21. 委员会的全部成员如下：海军——海军少将巴腾堡的路易斯亲王（海军情报总监）、海军工程少将约翰德斯顿爵士（海军总工程师）、海军少将阿尔弗雷德·L.温斯洛（鱼雷和潜艇部队指挥官）、海军上校亨利·B.杰克逊（候任第三海军大臣和海军审计官）、海军上校约翰·R.杰利科（候任海军军械总监）、海军上校查斯·E.麦登（候任海军助理审计官）、海军上校雷金纳德·H.S.培根（第一海军大臣助理）；文职——菲利普·瓦茨（海军造舰总监）、开尔文勋爵士（物理学家及数学家）、J.H.拜尔斯（格拉斯哥大学法学教授）、约翰·桑尼克罗夫特爵士（任职于桑尼克罗夫特造船公司）、亚历山大·格拉西（任职于法尔菲尔德造船公司）、R.E.弗劳德（海军部哈斯拉尔试验基地主管）、W.H.加德（朴茨茅斯船厂总设计师和候任助理海军造舰总监）；另外，海军中校威尔弗雷德·亨德森担任秘书，助理造舰师E.H.米切尔担任秘书助理。

22. 这些细节都来自于委员会1905年2月提交的第一号进展报告（《费舍尔文件》，第一卷，第215页）。但有证据表明这些细节有少量修改，比如原方案中航速为25节，而委员会的报告中则是25.5节。

23. 这些结论在很多方面都是可以商榷的，但限于篇幅未进行讨论。详见D.K.布朗，"皇家海军从日俄战争中汲取的战术教训"，《战舰1996》（伦敦，1996年），第66页。

24. 《费舍尔勋爵》（第一卷），第251页。

25. 鉴于为装甲巡洋舰装备12英寸主炮的决定是较晚做出的，因此也就没必要让加德重新设计装备9.2英寸主炮的军舰。不幸的是我们对1904年10—12月间相关设计的发展过程知之甚少，特别是费舍尔最初将战列舰和装甲巡洋舰的排水量都限制在16000吨，只有一个方案例外（即只装备了6门12英寸主炮的装甲巡洋舰方案C）。其实所有那些经过委员会审议的方案都超过了这一规定排水量——有些战列舰方案的排水量甚至远远大于16000吨。

26. "无敌"级，军舰手册（ADM138/284）。

设计与建造（1905—1914年）

1. 动力系统的重量已增至3430吨，舰体重量达6225吨；同时其他装备和装甲的重量分别减至665吨和3360吨。

2. 该级舰其实应为"不挠"级（这是新一级军舰中第一艘开工并建成的），但作者依据传统仍将其归为"无敌"级。

3. 遗失设计线图的情况很常见。没有必要追查那些已经遗失或是递交给海军部委员会审阅的图纸，设计方案在递交到更高层之前就很可能被海军造舰总监或海军审计官驳回了。

4. J.T.墨田教授，《捍卫海军优势》，第60页。

5. 注意200英尺的长度并不足以完全覆盖发动机舱、中部弹药舱，以及部分锅炉舱。

6. 1907—1908财年战列舰的设计草图是与同财年战列巡洋舰草图同时制作的。在1907年12月获得批准的那个方案（F）与方案E的总体布置相同，但在侧舷位置上采用了三联50倍径

12 英寸主炮。

7. 1907 年 6 月 5 日出现了修改后的方案 E 的重量数据，其排水量增至 22000 吨（其他装备 720 吨，武备 2960 吨，动力 4190 吨，储煤 1000 吨，装甲 5470 吨，舰体 7560 吨，预留重量 100 吨）。1908 年 4 月，海军部试验基地主管 R.E. 弗劳德询问是否需要对方案 E 和方案 E*（后者是前者的进一步修改版本，但也可能是采用了不同的舰体设计）进行更多的试验研究，不过海军部回答不需要。

8. 麦凯，《基尔维斯顿的费舍尔》，第 386 页。

9. 马德尔，《恐神与无畏》（第二卷），第 195 页。

10. 同上，第 229 页。"巡洋舰 H"就是德国 1909 年计划中的"格本"号战列巡洋舰，其姊妹舰"毛奇"号的代号为"G"，此外"冯·德·塔恩"号和"布吕歇尔"号分别为"F"和"E"。以上这些代号用于在获得正式命名前指代相关军舰。

11. 同上，第 239 页。

12. 1909 年 5 月 12 日海军部委员会会议纪要（ADM167/43）。德国战列舰（"凯撒"级）的动力输出功率为 31000 马力，但设计航速只有 21 节。如果费舍尔得知德国战列舰的排水量与英国的 23 节战列舰方案相同，而且比（英国）最终建造的"猎户座"级还要多出 2000 吨，他一定会更加郁闷。

13. "狮"级，军舰手册（ADM138/348）。

14. 同上。

15. "虎"号，军舰手册（ADM138/420）。

16. W.S. 丘吉尔，《世界危机，1911—1918 年》（1930 年版本）。

17. "虎"号，军舰手册（ADM138/420）。

战列巡洋舰的复兴

1. 马德尔，《恐神与无畏》（第二卷），第 451 页。

2. 1914—1915 财年战列舰计划包括三艘"王权"级——"抵抗"号、"声望"号和"反击"号，以及一艘"伊丽莎白女王"级——"阿金库尔"号。其中的两艘，"抵抗"号和"阿金库尔"号本应分别在德茨波特和朴茨茅斯海军船厂建造，但它们的建造计划于 1914 年 8 月 26 日被取消；另两艘由私人船厂承建的战列舰建造项目也于同日暂停，它们的双联 15 英寸主炮塔亦被运往别处。八座建造中的 Mk I* 型炮塔相较早期 Mk I 型略有改进。1915 年初，各有三座炮塔被指定由"声望"号和"反击"号装备，另两座则分别由"勇敢"号和"光荣"号使用，不过后两艘军舰仍然各缺少一座炮塔；海军还需要更多的两座炮塔用来分别装备浅水重炮舰"内依元帅"号和"索尔特元帅"号。因此，海军部于 1915 年初订购了四座 Mk I 型炮塔（由阿姆斯特朗公司和维克斯公司分别制造两座）。但根据各型军舰建造的优先性，海军部对阿姆斯特朗公司的炮塔建造计划进行了修改。两座原计划由"反击"号装备的 Mk I* 型炮塔被分配给了"勇敢"号，代替它们的是来自"皇家橡树"号上的两座 Mk I 型；"皇家橡树"号使用来自其姊妹舰"决心"号的两座炮塔，后者则装备 1915 年 3 月时向阿姆斯特朗公司订购的两座 Mk I* 型。原计划装备于"勇敢"号的一座 Mk I* 型炮塔被指定给了浅水重炮舰"厄瑞玻斯"号。"光荣"号在完工时装备的两座 Mk I* 型炮塔都是 1915 年 3 月向维克斯公司订购的——原本分配给它的那座 Mk I* 型（正由考文垂兵工厂建造）后来成为备用装备。但奇怪的是，"内依元帅"号和"索尔特元帅"号所用 Mk I 型炮塔（由维克斯公司建造）的编号属于新建炮塔（采用的是 1913—1914 财年计划的战列舰所用炮塔及其备用型号的编号）。尽管海军部要求这两艘浅水重炮舰要在一年之内完工，它们却没能从更早订购的大批 Mk I 型炮塔（维克斯公司获得了为"复仇"号和"拉米利斯"号建造八座炮塔的合同）中得到两座可以更快完成的炮塔。另外，"战时皇家海军舰艇武备的变更"（《技术史与索引》第四卷）声称"厄瑞玻斯"号装备的是"原本为'暴怒'号订购的替代性炮塔"——这意味着如果为"暴怒"号所研制 18 英寸主炮的性能让人不满意的话，它也可能会装备 15 英寸主炮。然而包括备用炮塔在内，所有 15 英寸炮塔的相应编号似乎都没有属于"暴怒"号的。不过，因为"内依元帅"号和"索

尔特元帅"号实际装备了 Mk I 型炮塔，而原本它们应该装备的是两座于 1915 年 3 月订购的 Mk I* 型炮塔——这其实就是前面所提到重新指定炮塔的结果。这一重新指定的分配方案会打乱原有的军舰和炮塔建造顺序。之前提到的炮塔都相应地指定给了最后完工的军舰。请注意，每座炮塔均有两个编号，以此对应每一部炮座。

3. 从两座炮塔改为三座的原因可能是费舍尔想充分利用所有六座炮塔，因为他原本希望建造三艘战列巡洋舰，但内阁只批准了两艘。

4. 迪恩古尔，《造船师秩事》，第 69 ~ 70 页。

5. 同上，第 65 ~ 66 页。

6. 费舍尔，《记录》，第 208 ~ 209 页。

动力

1. 帕森斯从 1891 年就开始研制船用涡轮机，于三年后创建了船用涡轮蒸汽机公司。他建造的"透比尼亚"号是一艘排水量为 44 吨的钢制船，以全功率航行时他达到 34.5 节航速。1897 年，在斯比得海德举行的维多利亚女王登基 60 周年阅舰式上，"透比尼亚"号获准进行表演并大获成功。海军部在第二年订购了一艘采用涡轮机的"毒蛇"号驱逐舰，另外还向阿姆斯特朗－惠特沃斯公司订购了一艘"响尾蛇"号驱逐舰；后者采用了由私人投资研制的涡轮机，但这两艘驱逐舰都在 1901 年损失掉了，因此没来得及对它们的动力进行全面评估。1902 年，海军部决定在"河"级驱逐舰"伊甸"号和"宝石"级三级巡洋舰"紫水晶"号上采用涡轮机，以便与其姊妹舰进行性能对比。"伊甸"号相关试验于 1904 年初开始，不过直到设计委员会成立并开始运行时"紫水晶"号也未完工。海军部唯一可用于评估的另一艘涡轮机动力军舰是 1902 年时向帕森斯订购、在 1904 年完工的"维洛克斯"号驱逐舰。当时还有一些采用涡轮机的小型商用渡轮，但是到 1904 年就已经有了建造采用涡轮机的远洋客轮的计划。

2. 所示重量为动力系统的重量，不过没有包括工程设备。最终的方案 E 采用往复式发动机，其重量在 1 月底被惠廷上调，动力系统和舰体重量分别为 3800 吨和 6300 吨，总排水量为 17850 吨。在重量方面总共节省了 600 吨。然而最初采用涡轮发动机的动力系统（1904 年 12 月 28 日时）预估的重量仅为 2300 吨！

3. 弗劳德的结论作为一份中期报告的一部分在 1 月 21 日被递交给委员会，后来也出现了在 1 月 27 日呈递委员会的最终报告里。其中最重要的内容是"动力输出与螺旋桨尺寸无关，而与航速成正比；但如果螺旋桨转速过快就会在其表面形成空泡，降低螺旋桨的效率，所以螺旋桨的深度也非常重要。"

4. "不倦"号，军舰手册（ADM138/324）。

5. 此处需要强调的是，通过比较锅炉舱长度呈现出来的是一种简单明了的印象。很多因素都会影响设计中的整体平衡，各部门节省出的重量也对其他部门有不同影响；此外还有一些因素，比如德国军舰较大的舰宽要求其动力系统在航速相当的情况下要比英国军舰拥有更高的输出功率，所以重量也更大。不一一研究所有细节是无法进行全面比较的。更有效的研究方法是比较装备大水管和小水管锅炉的英国军舰，虽然后来的军舰也很难进行这样的比较，因为它们装备的齿轮涡轮机会影响到所需的锅炉功率。

6. "胡德"号，军舰手册（ADM138/449）。

7. 螺旋桨效率是通过比较"理想"和"实际"两种不同状态获得的。比如——假设一副螺旋桨的桨距为 10 英尺，那么它在理想状态下每旋转一周就应该将军舰推进 10 英尺；但由于存在高滑流，如果螺旋桨旋转一周军舰只前进 5 英尺，那么它的（实际）效率便是 50%。

8. "狮"级，军舰手册（ADM138/349）。

9. 同上。

武备

1. 海军军械总监处理的主要问题，1907 年（ADM256/43）。

2. 海军上将雷金纳德·图波尔爵士，《回忆》，第 184 页。

3. 我（作者）原本认为那些加有星号（*）的型号是指经过了改进的炮弹处理系统，不过"皇家橡树"号的四座炮塔也和"反击"号的 A、B 炮塔一样采用了这一系统，但其型号仍为 Mk I 型。另外，"反击"号的两座 Mk I 型炮塔设有弧形防盾，而"决心"号的两座 Mk I* 型炮塔则是平面形防盾。因此关于（本书中）型号命名的问题实际上是未完全解决的。

4. "狮"号及"大公主"号，军舰手册（ADM138/349）。

5. 坡伦也制造出了能与阿果钟一起工作的绘图仪，但这种绘图仪是独立的，并非阿果钟的一部分。"猎户座"号战列舰是唯一一艘同时安装了阿果速率绘图仪和阿果钟的试验舰，这两部仪器、另外五部阿果钟，以及四十五部陀螺稳定（方向机）测距仪就是阿果公司向英国海军提供的全部装备。

6. 这里应当公平地指出，海军部的试验结果表明带有陀螺罗盘输入系统的 Mk V 型阿果钟更为先进；但新一代德雷尔平台的电动机可以自动设定速率变化——不过到 1914 年，阿果钟和德雷尔平台都已经可以自动运行。

7. 装备在"大力神"号上的 Mk II 型火控平台在 1916 年下半年被拆除，取而代之的是 Mk I 型平台。"Mk II"编号被赋予给了阿果钟／德雷尔绘图仪组合系统——当时装备这一系统的只有"酋长"号、"阿贾克斯"号和"征服者"号；另两艘装备这一系统的是"玛丽女王"号和"大胆"号，但前者在日德兰海战中战沉，后者更早在 1914 年就已经损失掉了。注意在"猎户座"号上，"Mk III*"被临时用来命名了该舰的绘图仪；不过这一设备后来和其他装备阿果钟军舰上的同类设备一样被命名为 Mk II 型，不清楚"猎户座"号是一直使用该设备，还是后来以德雷尔绘图仪代之。"Mk III*"最初是德雷尔绘图仪所用编号，但后来被赋予给了装备在"卡莱尔"级和"D"级轻巡洋舰上、经过了改进的 Mk III 型平台。没有记录表明"不挠"号安装了任何型号的火控平台，所有火控手册名单，包括 1918 年版本的德雷尔火控平台手册中都没有出现过该舰名字。1916 年的全部名单中都没有提到过"玛丽女王"号装备的炮塔火控平台，原因可能是这一设备（与后来英国海军装备的炮塔火控平台有所不同）已被拆除，或是由于作为原型机只装备了一座炮塔，因此没有必要出现在手册中。注意 1916 年 4 月的手册名单中列有"安装"和"预订安装"德雷尔平台的军舰——后者似乎是指那些正在建造的军舰；而且名单中也可能包括那些使用 Mk I 型平台的军舰，特别是"无敌"号这样的老式军舰。本条内容的主要资料来源包括 1914 年 3 月的 AWO/972 名单，《德雷尔火控平台使用手册》，1916 年 4 月的 TNA、ADM137/466、CB1456 文件，《海军上校 F.C. 德雷尔火控平台手册》，以及 1918 年时海军部图书馆的相关资料。

8. 这可能是由撰写作战报告的"狮"号旗舰长查特菲尔德首先提出的（《贝蒂文件》，第 232 页）。与之观点类似的包括《1915 年 9 月大舰队炮术和鱼雷训令第 34 号》（ADM137/2006），该训令指出"'落点过远'完全是一种浪费"，但并没有提到"远程"或是查特菲尔德所建议的使落点向目标小幅接近的方法（因为这一方法在战前被普遍认为不可行）。

9. ADM137/2134。

10. 同上。没有证据表明德国海军采用了阶梯式炮术，事实上大部分证据都显示他们采用了与英国海军相同的火控方式。

装甲

1. 即从弹头到全半径部分的弧长相对炮弹直径的倍数。12 英寸 4crh 炮弹弹头到全半径部分的弧长为 48 英寸。

2. 《费舍尔文件》（第一卷），第 220 页。

结论

1. 海军上将雷金纳德·图波尔爵士，《回忆》，第 186 页。

2. "圣文森特"级，军舰手册（ADM138/265）。

3. ADM137/2134。

4. 《贝蒂文件》，第 354 页。

海洋文库

世界舰艇、海战研究名家名著

大卫·霍布斯
（David Hobbes）著

The British Pacific Fleet: The Royal Navy's Most Powerful Strike Force

英国太平洋舰队

- 在英国皇家海军服役 33 年、舰队空军博物馆馆长笔下真实、细腻的英国太平洋舰队。
- 作者大卫·霍布斯在英国皇家海军服役了 33 年，并担任舰队空军博物馆馆长，后来成为一名海军航空记者和作家。

1944 年 8 月，英国太平洋舰队尚不存在，而 6 个月后，它已强大到能对日本发动空袭。二战结束前，它已成为皇家海军历史上不容忽视的力量，并作为专业化的队伍与美国海军一同作战。一个在反法西斯战争后接近枯竭的国家，竟能够实现这般的壮举，其创造力、外交手腕和坚持精神都发挥了重要作用。本书描述了英国太平洋舰队的诞生、扩张以及对战后世界的影响。

布鲁斯·泰勒
（Bruce Taylor）著

The Battlecruiser HMS Hood: An Illustrated Biography, 1916–1941

英国皇家海军战列巡洋舰"胡德"号图传：1916—1941

- 250 幅历史照片，20 幅 3D 结构绘图，另附巨幅双面海报。
- 详实操作及结构资料，从外到内剖析"胡德"全貌。它是舰船历史的丰碑，但既有辉煌，亦有不堪。深度揭示舰上生活和舰员状况，还原真实历史。

这本大开本图册讲述了所有关于"胡德"号的故事——从搭建龙骨到被"俾斯麦"号摧毁，为读者提供进一步探索和欣赏她的机会，并以数据形式勾勒出船舶外部和内部的形象。推荐给海战爱好者、模型爱好者和历史学研究者。

保罗·S.达尔
（Paul S. Dull）著

A Battle History of the Imperial Japanese Navy, 1941-1945

日本帝国海军战争史：1941—1945 年

- 一部由真实人——美退役海军军官保罗·达尔写就的太平洋战争史。
- 资料来源日本官修战史和微缩胶卷档案，更加客观准确地还原战争经过。

本书从 1941 年 12 月日本联合舰队偷袭珍珠港开始，以时间顺序详细记叙了太平洋战争中的历次重大海战，如珊瑚海海战、中途岛海战、瓜岛战役等。本书的写作基于美日双方的一手资料，如日本官修战史《战史丛书》，以及美国海军历史部收集的日本海军档案缩微胶卷，辅以各参战海军编制表图、海战示意图进行深入解读，既有完整的战事进程脉络和重大战役再现，也反映出各参战海军的胜败兴衰、战术变化，以及不同将领各自的战争思想和指挥艺术。

尼克拉斯·泽特林
（Niklas Zetterling）著

Bismarck: The Final Days of Germany's Greatest Battleship

德国战列舰"俾斯麦"号覆灭记

○ 以新鲜的视角审视二战德国强大战列舰的诞生与毁灭……非常好的读物。——《战略学刊》

○ 战列舰"俾斯麦"号的沉没是二战中富有戏剧性的事件之一……这是一份详细的记述。——战争博物馆

本书从二战期间德国海军的巡洋作战入手，讲述了德国海军战略，"俾斯麦"号的建造、服役、训练、出征过程，并详细描述了"俾斯麦"号躲避英国海军搜索，在丹麦海峡击沉"胡德"号，多次遭受英国海军追击和袭击，在外海被击沉的经过。

约翰·B.伦德斯特罗姆
（John B.Lundstrom）著

Black Shoe Carrier Admiral:Frank Jack Fletcher At Coral Sea, Midway & Guadalcanal

航母舰队司令：弗兰克·杰克·弗莱彻、美国海军与太平洋战争

○ 战争史三十年潜心力作，争议人物弗莱彻的平反书。

○ 还原太平洋战场"珊瑚海"、"中途岛"、"瓜达尔卡纳尔岛"三次大规模海战全过程，梳理太平洋战争前期美国海军领导层的内幕。

○ 作者约翰·B.伦德斯特罗姆自1967年起在密尔沃基公共博物馆担任历史名誉馆长。

本书是美国太平洋战争史研究专家约翰·B.伦德斯特罗姆经三十年潜心研究后的力作，为读者细致而生动地展现出太平洋战争前期战场的腥风血雨，且以大量翔实的资料和精到的分析为弗莱彻这个在美国饱受争议的历史人物平了反。同时细致梳理了太平洋战争前期美国海军高层的内幕，三次大规模海战的全过程，一些知名将帅的功过得失，以及美国海军在二战中的航母运用。

马丁·米德尔布鲁克
（Martin Middlebrook）著

Argentine Fight for the Falklands

马岛战争：阿根廷为福克兰群岛而战

○ 从阿根廷军队的视角，生动记录了被誉为"现代各国海军发展启示录"的马岛战争全程。

○ 作者马丁·米德尔布鲁克是少数几位获准采访曾参与马岛行动的阿根廷人员的英国历史学家。

○ 对阿根廷军队的作战组织方式、指挥层所制订的作战规划和反击行动提出了全新的见解。

本书从阿根廷视角出发，介绍了阿根廷从作出占领马岛的决策到战败的一系列有趣又惊险的事件。其内容集中在福克兰地区的重要军事活动，比如"贝尔格拉诺将军"号巡洋舰被英国核潜艇"征服者"号击沉、阿根廷"超军旗"攻击机击沉英舰"谢菲尔德"号。一方是满怀热情希望"收复"马岛的阿根廷军，另一方是军事实力和作战经验处于碾压优势的英国军队，运气对双方都起了作用，但这场博弈毫无悬念地以阿根廷的惨败落下了帷幕。

British and German Battlecruisers: Their Development and Operations

英国和德国战列巡洋舰：技术发展与作战运用

○ 全景展示战列巡洋舰技术发展黄金时期的两面旗帜——英国战列巡洋舰和德国战列巡洋舰，在发展、设计、建造、维护、实战等方面的细节。
○ 对战列巡洋舰这种独特类型的舰种进行整体的分析、评估与描述。

　　本书是一本关于英国和德国战列巡洋舰的"全景式"著作，它囊括了历史、政治、战略、经济、工业生产以及技术与实战使用等多个角度和层面，并将之整合，对战列巡洋舰这种独特类型的舰种进行整体的分析、评估及描述，明晰其发展脉络、技术特点与作战使用情况，既面面俱到又详略有度。同时附以俄国、日本、美国、法国和奥匈帝国等国的战列巡洋舰的发展情况，展示了战列巡洋舰这一舰种的发展情况与其重要性。

　　除了翔实的文字内容以外，书中还有附有大量相关资料照片，以及英德两国海军所有级别战列巡洋舰的大比例侧视与俯视图与为数不少的海战示意图等。

米凯莱·科森蒂诺
（Michele Cosentino）、
鲁杰洛·斯坦格里尼
（Ruggero Stanglini）著

British Destroyers: From Earliest Days to the Second World War

英国驱逐舰：从起步到第二次世界大战

○ 海军战略家诺曼·弗里德曼与海军插画家 A.D. 贝克三世联合打造
○ 解读早期驱逐舰的开山之作，追寻英国驱逐舰的壮丽航程
○ 200 余张高清历史照片、近百幅舰艇线图，动人细节纤毫毕现

　　诺曼·弗里德曼的《英国驱逐舰：从起步到第二次世界大战》把早期水面作战舰艇的发展讲得清晰透彻，尽管头绪繁多、事件纷繁复杂，作者还是能深入浅出、言简意赅，不仅深得专业人士的青睐，就是普通的爱好者也能比较轻松地领会。本书不仅可读性强，而且深具启发性，它有助于了解水面舰艇是如何演进成现在这个样子的，也让我们更深刻地理解了为战而生的舰艇应该如何设计。总之，这本书值得认真研读。

——澳大利亚海军学会

诺曼·弗里德曼 著
（Norman Friedman）
A. D. 贝克三世 绘图
（A. D.BAKER III）

Maritime Operations in the Russo - Japanese War, 1904-1905

日俄海战 1904—1905（共两卷）

○ 战略学家科贝特参考多方提供的丰富资料，对参战舰队进行了全新的审视，并着重研究了海上作战涉及的联合作战问题。
○ 以时间为主轴，深刻分析了战争各环节的相互作用，内容翔实。
○ 译者根据本书参考的主要原始资料《极密·明治三十七八年海战史》以及现代的俄方资料，补齐了本书再版时未能纳入的地图和态势图。

朱利安·S. 科贝（Julian S.Corbett）**著**

　　朱利安·S. 科贝特爵士，20 世纪初伟大的海军历史学家之一，他的作品被海军历史学界奉为经典。然而，在他的著作中，有一本却从来没有面世的机会，这就是《日俄海战 1904—1905》。1914 年 1 月，英国海军部作战参谋部的情报局（the Intelligence Division of the Admiralty War Staff）发行了该书的第一卷（仅 6 本），其中包含了来自日本官方报告的机密信息。1915 年 10 月，海军部作战参谋部又出版了第二卷，其总印量则慷慨地超过了 400 册。虽然被归为机密，但在役的海军高级军官却可以阅览该书。然而其原始版本只有几套幸存，直到今天，公众都难以接触这部著作。学习科贝特海权理论不仅可以促使我们了解强大海权国家的战略思维，而且可以辨清海权理论的基本主题，使中国的海权理论研究有可借鉴的学术基础。虽然英国的海上霸权已经被美国取而代之，但美国海军从很多方面继承和发展了科贝特的海权思想。如果我们检视一下今天的美国海权和海军战略，可以看到科贝特理论依然具有生命力，仍然是分析美国海权的有用工具和方法。

大卫·K.布朗
（David K.Brown）著

Warship Design and Development

英国皇家海军战舰设计发展史（共五卷）

○ 英国皇家海军建造兵团的副总建造师大卫·K.布朗所著，囊括了大量原始资料及矢量设计图。

○ 大卫·K.布朗是一位杰出的海军舰船建造师，发表了大量军舰设计方面的文章，为英国皇家海军舰艇的设计、发展倾注了毕生心血。

　　这套《英国皇家海军战舰设计发展史》有五卷，分别是《铁甲舰之前，战舰设计与演变，1815—1860年》《从"勇士"级到"无畏"级，战舰设计与演变，1860—1905年》《大舰队，战舰设计与演变，1906—1922年》《从"纳尔逊"级到"前卫"级，战舰设计与演变，1923—1945年》《重建皇家海军，战舰设计，1945年后》。该系列从1815年的风帆战舰说起，囊括了皇家海军历史上有代表性的舰船设计，并附有大量数据图表和设计图纸，是研究舰船发展史不可错过的经典。

亚瑟·雅各布·马德尔
（Arthur J. Marder）、
巴里·高夫
（Barry Gough）著

From the Dreadnought to Scapa Flow

英国皇家海军：从无畏舰到斯卡帕湾（共五卷）

○ 现在已没有人如此优雅地书写历史，这非常令人遗憾，因为是马德尔在记录人类文明方面的天赋使他有能力完成如此宏大的主题。——巴里·高夫

○ 他书写的海军史具有独特的魅力。他具有把握资源的能力，又兼以简洁地运用文字的天赋……他已无需赞美，也无需苛求。——A. J. P. 泰勒

　　这套《英国皇家海军:从无畏舰到斯卡帕湾》有五卷，分别是《通往战争之路，1904—1914》《战争年代，战争爆发到日德兰海战，1914—1916》《日德兰及其之后，1916.5—12》《1917，危机的一年》《胜利与胜利之后：1918—1919》。它们从费希尔及其主导的海军改制入手，介绍了1904年至1919年费舍尔时代英国海军建设、改革、作战的历史，及其相关的政治、经济和国际背景。

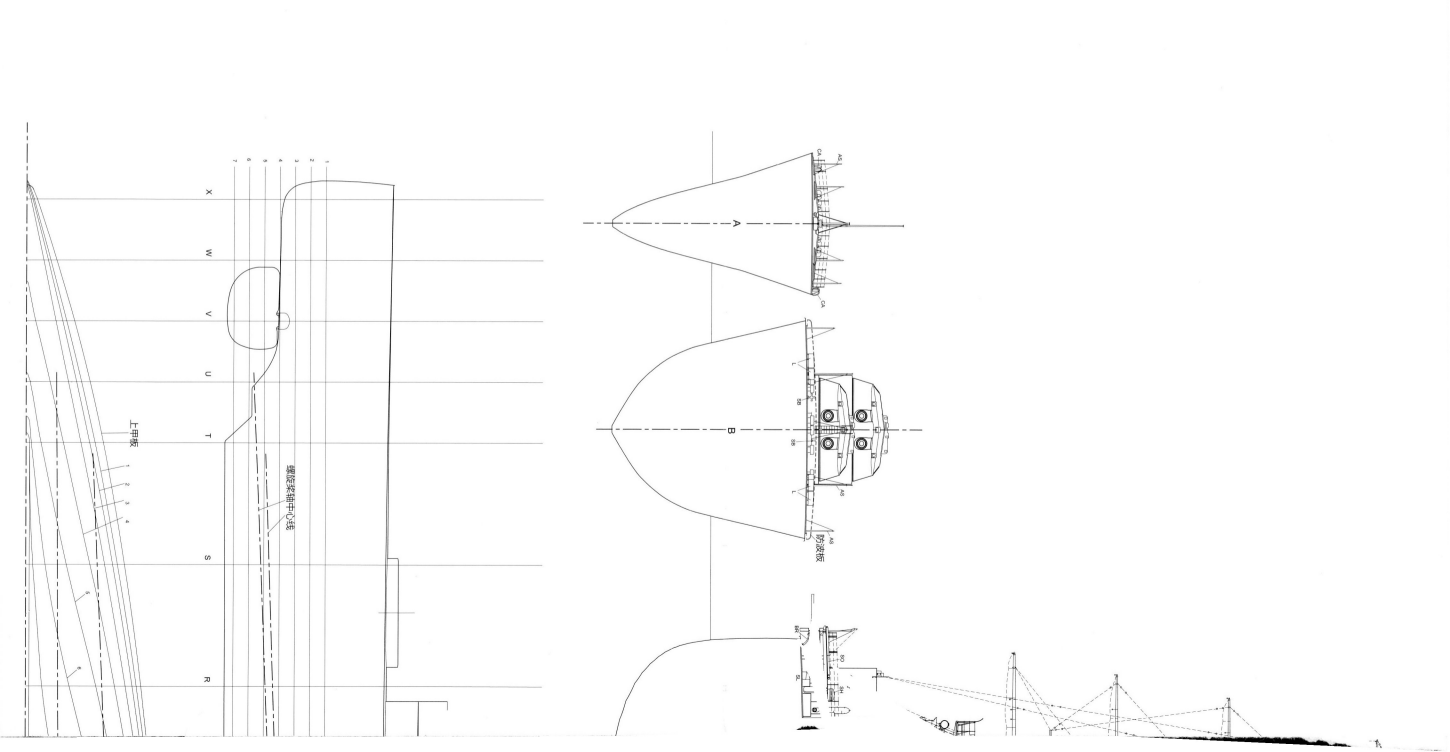

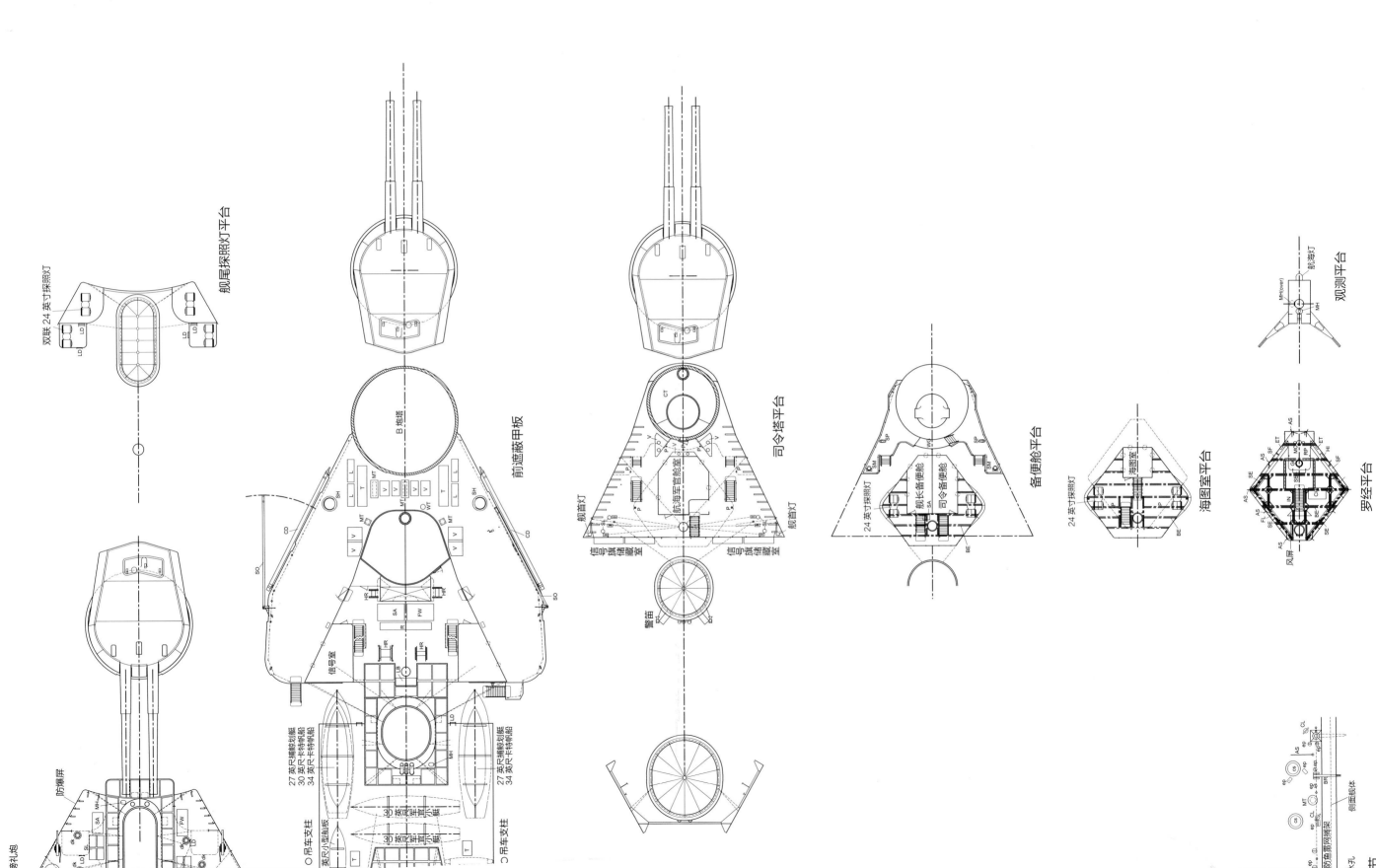

双联 24 英寸探照灯　舰尾探照灯平台

前遮蔽甲板　B炮塔

司令塔平台　航海军官舱室　舰首灯　警笛　信号旗储藏室　信号旗储藏室　舰首灯

备便舱平台　24 英寸探照灯　舰长备便舱　司令备便舱

海图室平台　24 英寸探照灯

观测平台　航海灯　MH(over)　MH

罗经舱平台　风屏　海图室

防爆屏

信号室

○吊车小型舰艇　27英尺捕鲸划艇　30英尺卡特帆船　34英尺卡特帆船

○吊车支柱　30英尺至宝小艇　30英尺至宝小艇

○吊车支柱　英尺小型舰艇

3 磅礼炮

防鱼雷网撑架　侧面舰体

节

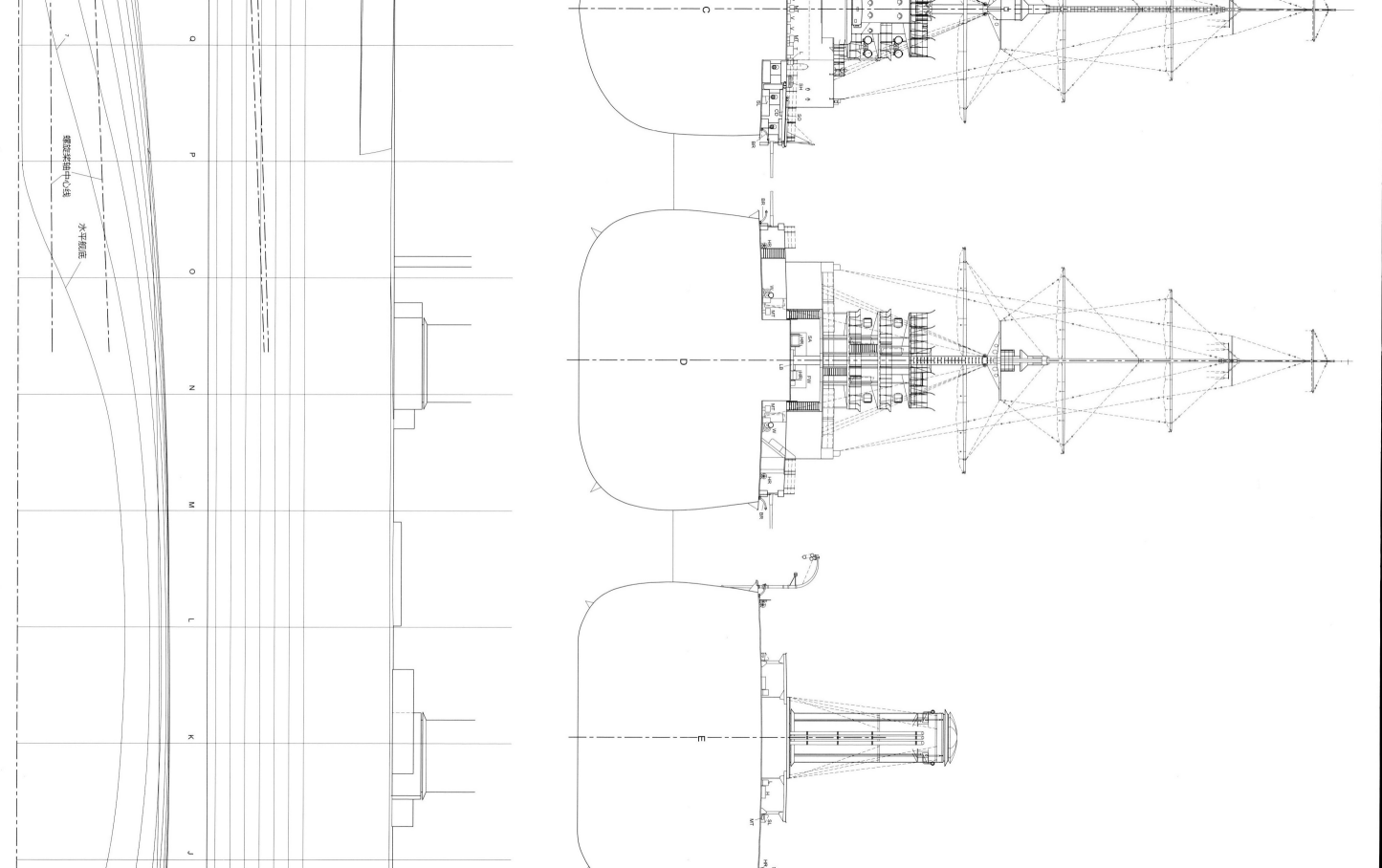

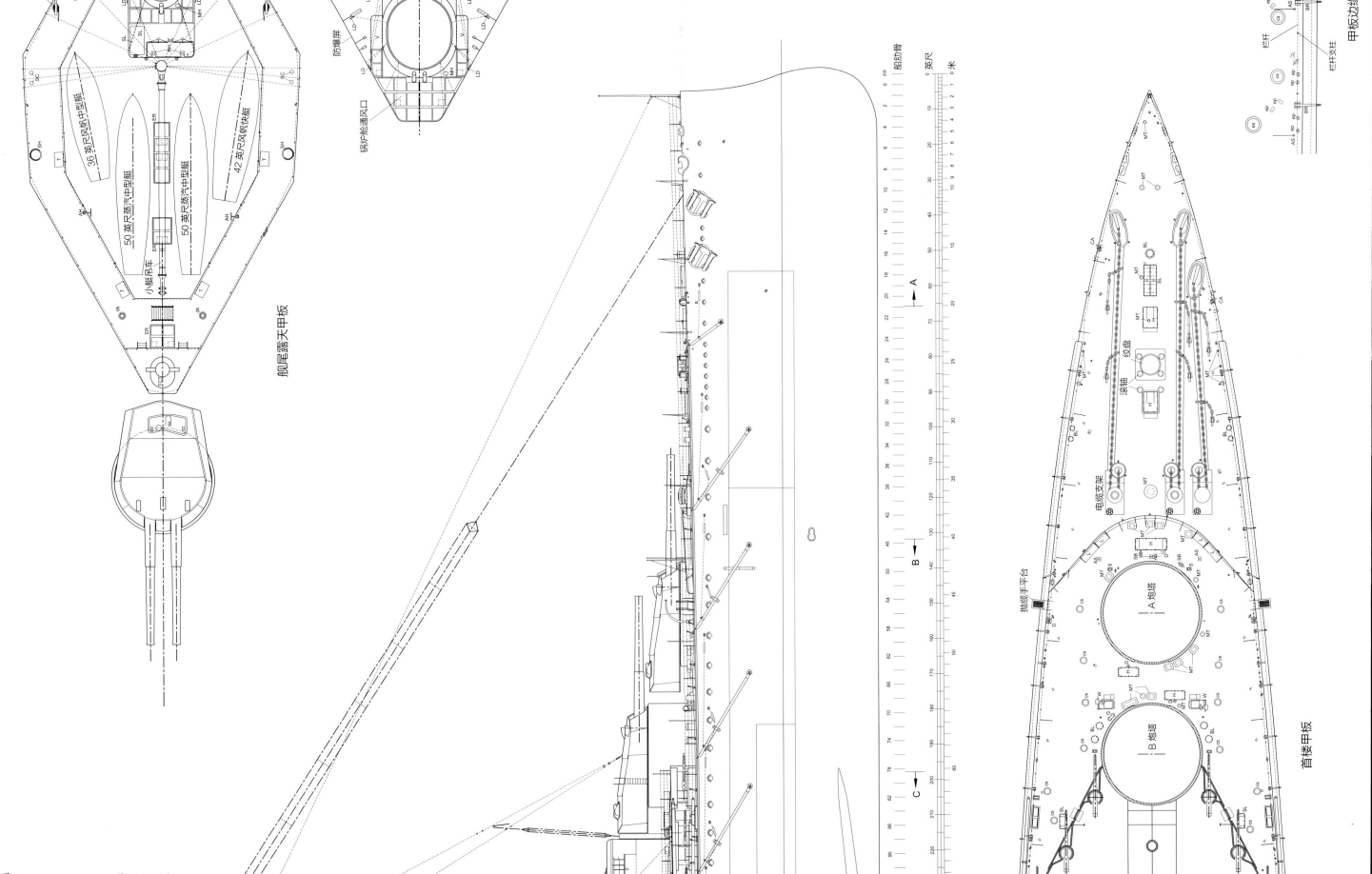

舰尾露天甲板

36英尺风帆快中型艇

50英尺蒸汽中型艇

50英尺蒸汽中型艇

42英尺风帆快中型艇

小艇吊车

防爆屏

锅炉舱通风口

英尺

米

FP 船肋骨

A

B

C

电缆支架

抛缆平台

A炮塔

B炮塔

纹盘

滚轴

甲板边缘

栏杆

栏杆支柱

首楼甲板

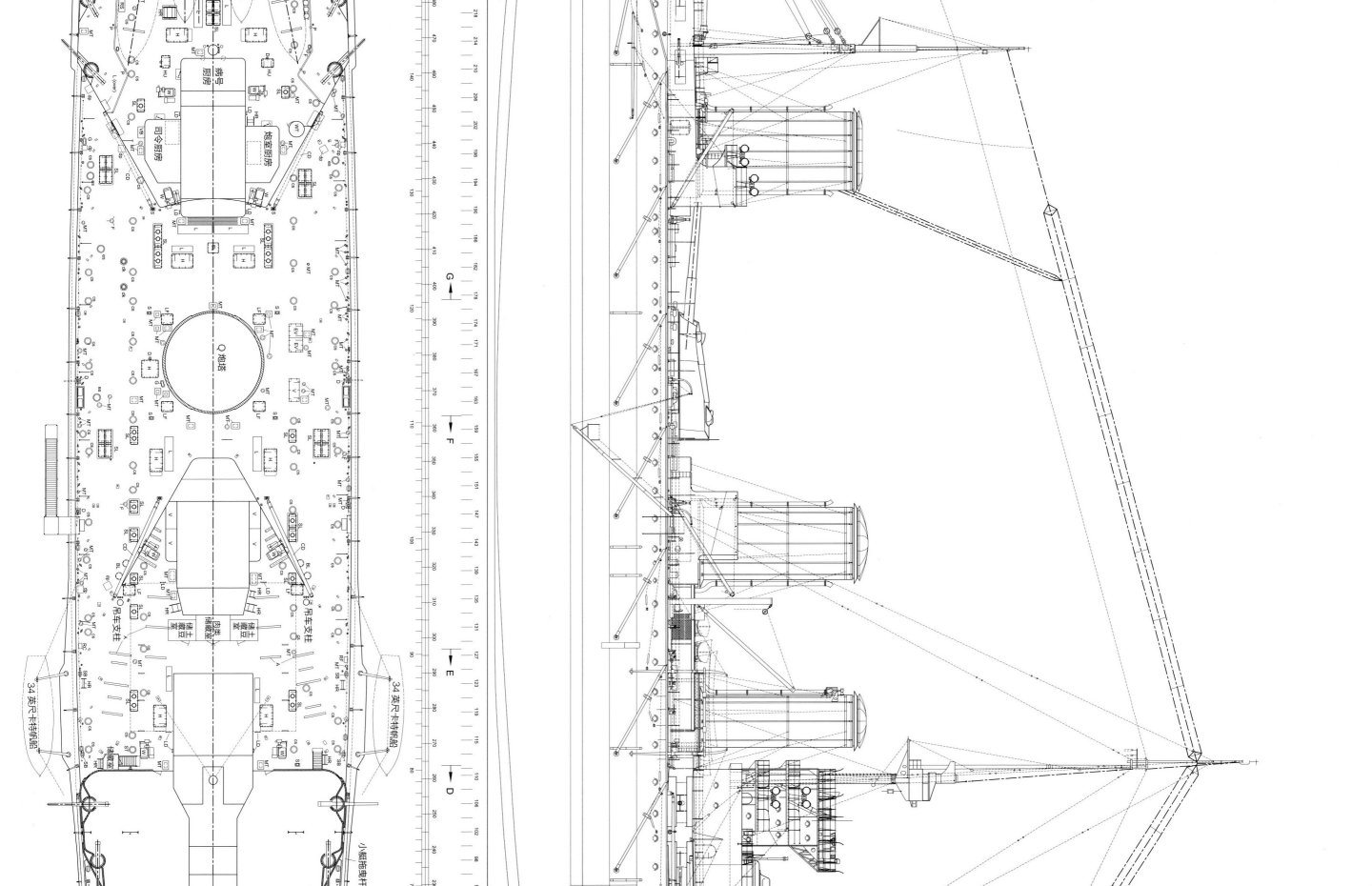

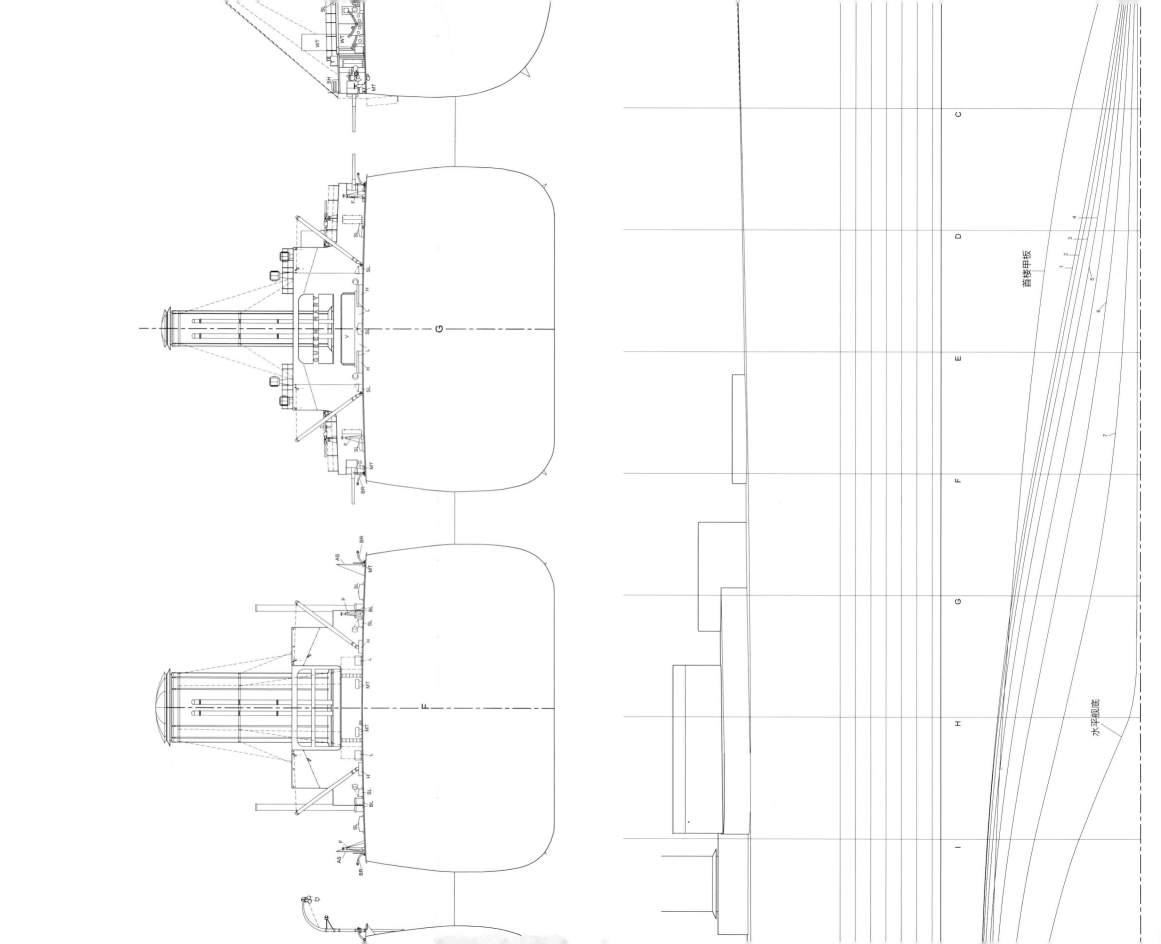

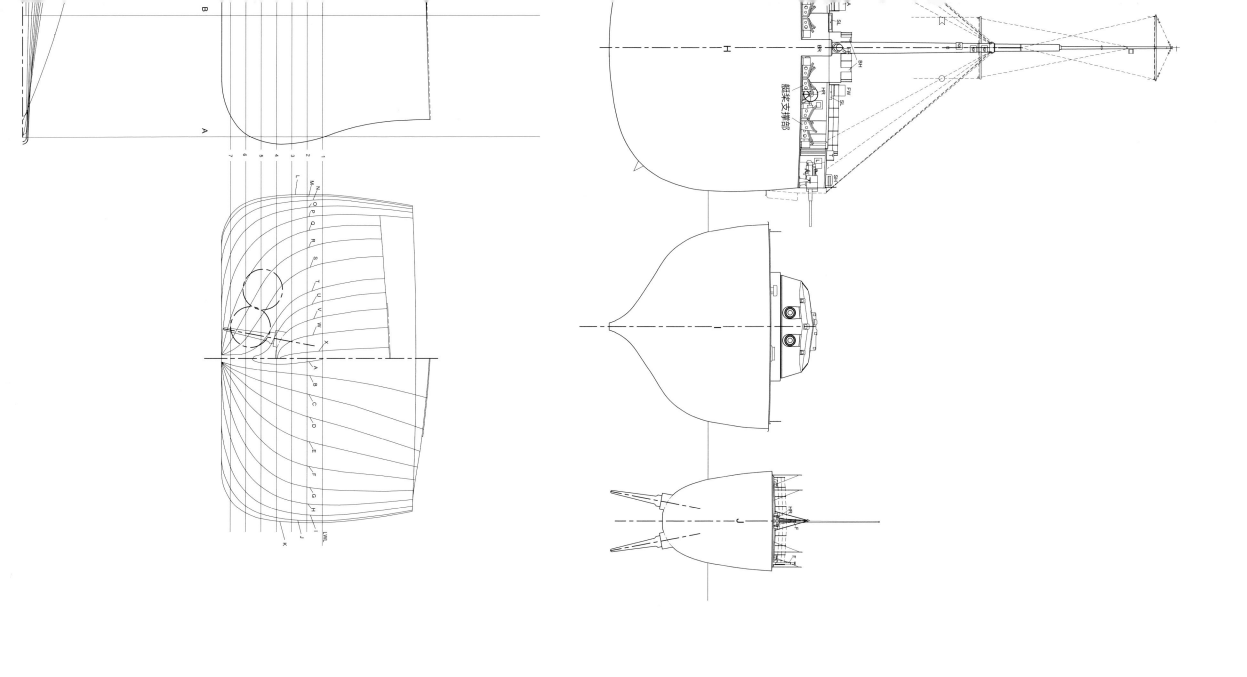

"玛丽女王"号俯顶线图

尺寸 703 英尺 6 英寸（全长）×89 英尺 ×28 英尺（平均）
制造商 帕尔默斯
最终命运 于 1916 年 5 月 31 日沉没

甲板
首楼甲板、后甲板和前部露天甲板为柚木铺板；后部露天甲板和舰桥甲板覆有油毡；其余甲板平台为钢制表面。

A	战时小艇存放系柱位置	ER	发动机舱通风口	MT	蘑菇状通风口	SO	水舵杆
AH	4 英寸弹药吊臂	es	煤舱逃生舱口	NT	夜间救生浮标	SP	旗语信号
AS	遮阳篷	ES	电锯	P	支柱	ST	信号中继器
B	卷扬式伸缩吊臂，用于在港内收放小艇、包	ET	发动机舱电报设备	R	搁架	T	滑轮储藏箱
	括最靠近舰尾船的一对 30 英尺小艇、左舷	EV	辅机舱逃生与通风通道	RC	垃圾抛弃滑槽	TCT	鱼雷控制塔
	前部 2 艘 27 英尺小艇，以及右舷前部 2	F	厨房烟囱	RP	升高的罗经平台	V	通风管
	艘 16 英尺小艇）	FW	淡水舱	RS	舷窗框架	VB	钳工台
BB	舰尾小艇吊杆	G	鹅颈形通气孔	RUS	礼炮备用弹药	VR	垂直滚柱
BE	桁梁（下）	GC	陀螺罗盘中继器	S	加煤吊车插孔	W	加煤绞盘
BH	小艇吊臂控制箱	H	舱口	SA	消毒水箱	WG	木质围栏平台
BL	系缆柱	HI	舰舵指示仪	SB	十字带缆柱		
BR	卷扬式吊臂	HR	锚链卷轴	SC	探照灯控制箱		
CA	系锚杆	HU	4 英寸弹药传送带	SE	台阶		
CD	加煤用吊车	IN	速度指示仪	SH	观察孔防护罩		
CH	海图桌	L	储物柜	SL	天窗		
CL	系索耳	LB	救生带储藏箱	SM	测深仪		
CP	4 英寸副炮火控军官观察平台	LD	舷梯				
cs	加煤舱口	LF	升降机				
CT	司令塔	MC	磁力罗盘				
D	吊臂	MH	人孔				
dk	甲板灯						
dp	甲板铺板						
ep	眼板						

X 炮塔

舱室 舱室

绞盘

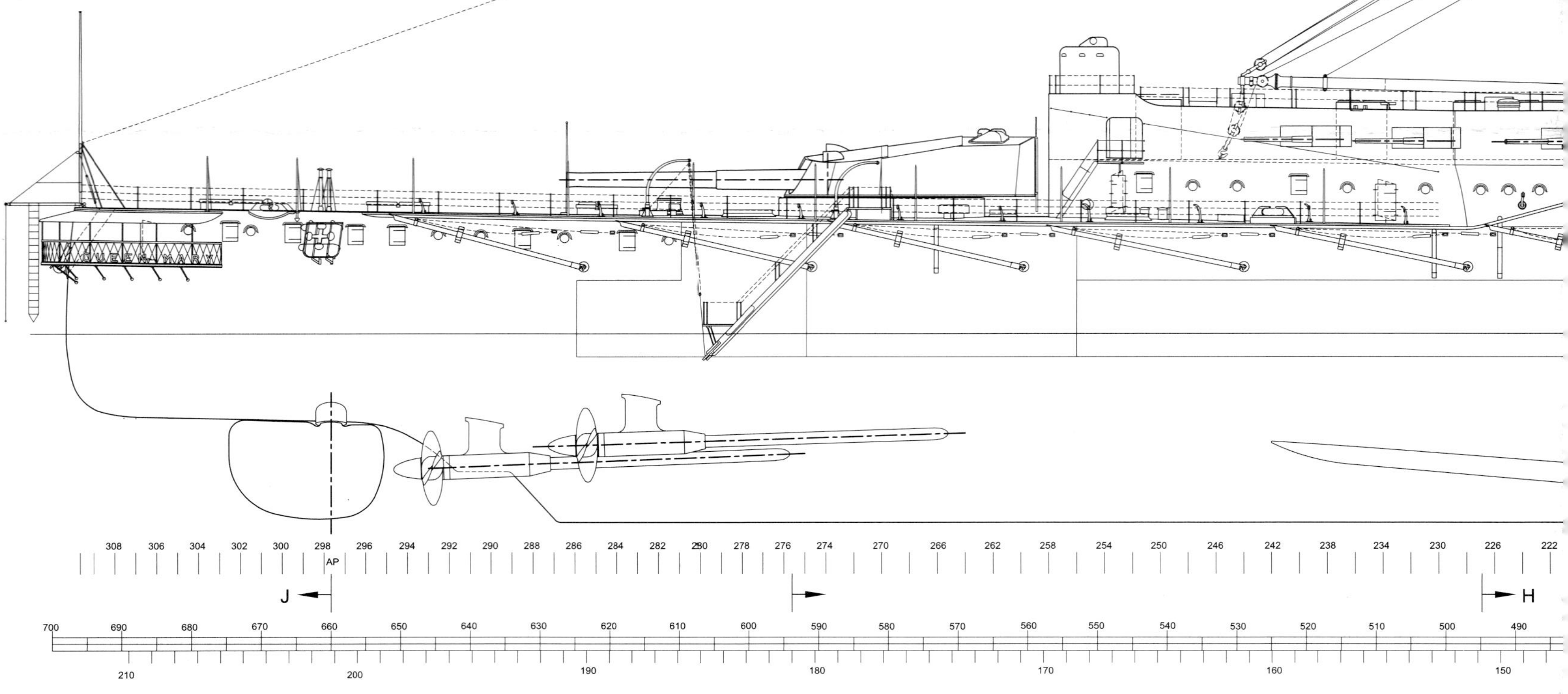

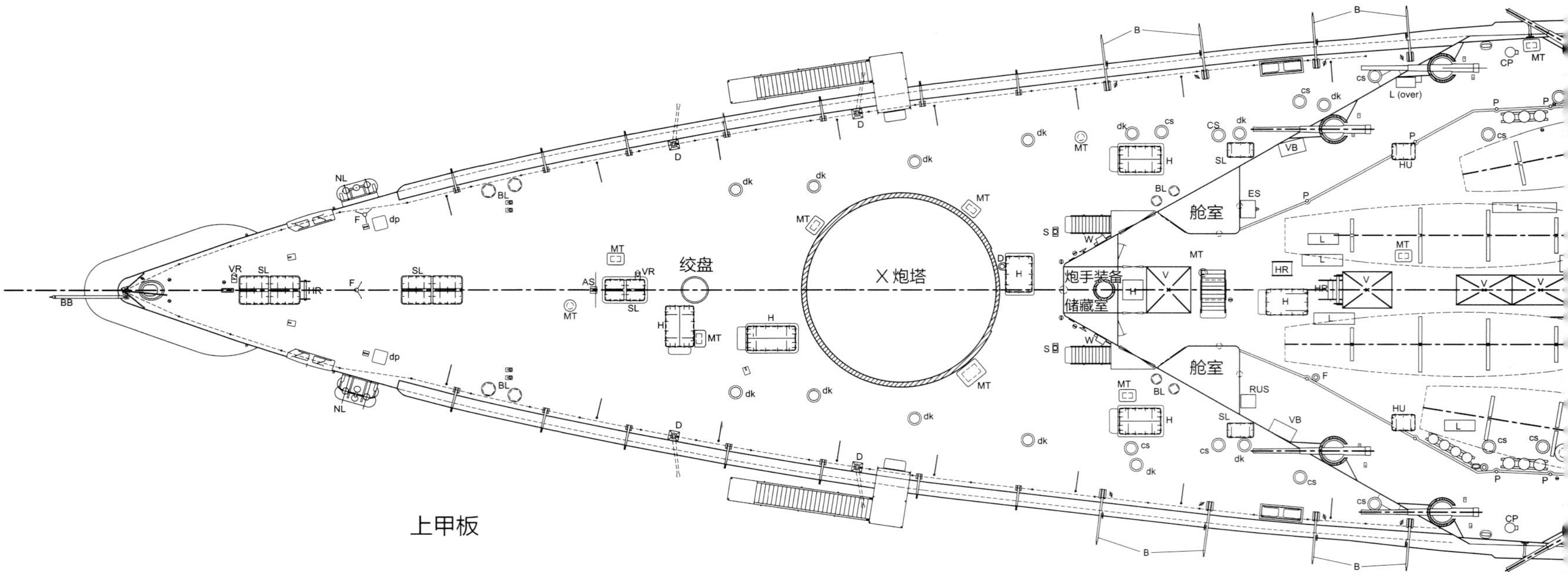

上甲板